全球合成生物学战略布局
与发展态势研究

王晓梅　杨小薇　杨　娇　辛竹琳
聂迎利　何　微　林　巧　孔令博　著

中国农业科学技术出版社

图书在版编目（CIP）数据

全球合成生物学战略布局与发展态势研究／王晓梅等著 . --北京：
中国农业科学技术出版社，2024. 6. --ISBN 978-7-5116-6890-5

Ⅰ . Q503

中国国家版本馆 CIP 数据核字第 202456SM23 号

责任编辑	史咏竹	
责任校对	马广洋	
责任印制	姜义伟	王思文

出 版 者	中国农业科学技术出版社	
	北京市中关村南大街 12 号　　邮编：100081	
电　　话	（010）82105169（编辑室）　　（010）82106624（发行部）	
	（010）82109709（读者服务部）	
网　　址	https://castp.caas.cn	
经 销 者	各地新华书店	
印 刷 者	北京建宏印刷有限公司	
开　　本	185 mm×260 mm　1/16	
印　　张	13.75	
字　　数	318 千字	
版　　次	2024 年 6 月第 1 版　2024 年 6 月第 1 次印刷	
定　　价	85.00 元	

前　言

　　合成生物学是当今世界科技领域中备受瞩目的前沿学科之一，其以生物学、化学、工程学等多学科交叉融合的方式，致力于设计、构建和优化生物系统，为解决人类面临的各种挑战提供了前所未有的可能性。我们站在科技进步的十字路口，探索合成生物学如何重塑人类对生命科学的理解和利用。本书旨在全面审视全球合成生物学科技领域，通过深入分析战略与规划、发展现状、科研论文、专利技术以及产业发展等多个维度，为读者揭示这一多学科领域的复杂性和多样性。

　　第一章从宏观的视角出发，系统梳理了全球合成生物学科技领域的战略与规划。一方面，通过概述合成生物学科技发展的环境、特点和趋势，为读者提供了一个认知全局的框架。另一方面，通过按不同国家、领域细分的方式，对合成生物学在社会伦理、材料化工、能源环境、生命科学、医疗健康、农业科学等领域的发展规划进行了深入分析，使读者能够全面了解不同国家在各个领域的布局与发展方向。

　　第二章着重介绍了全球合成生物学科技的发展现状，涵盖了从科研机构、研究项目到研究成果的全方位展示。通过对合成生物学领域主要科研机构、研究项目以及最新研究进展的跟踪，使读者能够深入了解各国在合成生物学领域的科技实力和创新成果，把握全球科技竞争的脉搏。

　　第三章和第四章重点分析了全球及中国合成生物学在学术研究和专利技术方面的发展态势。通过对科研论文和专利技术的发展趋势进行分析，使读者能够了解合成生物学领域在学术研究与技术创新方面的最新进展和未来发展趋势。

　　第五章探讨了合成生物学产业的发展现状和趋势，涉及产业类型、产品、产业主体以及投资环境等方面。通过对全球范围内合成生物学产业的概况和中国合成生物学产业的特点进行分析，使读者能够更加清晰地认识合成生物学产业的全貌。

　　第六章深入研究了合成生物学技术在细胞农业领域的应用，着重介绍了人造肉与人造奶产业的发展现状、市场布局以及技术路线，为读者展现了对未来农业产业的展望和思考。

第七章针对我国的实际情况，提出了合成生物学发展的启示，并就我国合成生物学发展中存在的问题提出了相应的策略建议，探讨了我国合成生物学领域的发展方向。

本书旨在为读者（不仅是科学家和研究人员，也包括政策制定者、产业界人士和公众）提供一个全面、深入的合成生物学领域视角，希望能够激发读者对合成生物学领域的兴趣，促进更多的讨论、合作和创新，共同推动合成生物学为人类社会带来更多的福祉。

著 者

2024 年 5 月

目　　录

1　全球合成生物学科技领域战略与规划

　　合成生物学是生物学、工程学、化学和信息技术等相互交叉融合的一个新兴前沿学科，在医学、制药、化工、能源、材料、农业等领域都有广阔的应用前景。合成生物学的发展离不开政府的战略引导和大力支持。面向未来技术、面对新的挑战，亟须开展长期的战略研究和政策研究，对适应技术发展和应用的相关政策及管理进行探讨与实践，以保障合成生物学更加快速、健康地发展。

　　政府部门、科学界和产业界力图通过推动战略谋划、加强技术研发、扩大资金支持等多种措施来促进合成生物学的发展。

　　目前，合成生物学进入全球共识、合作与竞争的快速发展时期，已经形成"政产学研用金"协同发展六要素体系，包括政策支持、产业参与、学术研究、人才培养、应用场景和资金投入，各要素共同促进合成生物学创新发展。我国是国际合成生物学领域中的一支重要的中坚力量，在合成生物学的政策规划、产业布局、学术网络、科研体系、产品开发和金融投资等方面取得了实质性进展，但快速发展中仍暴露出一些不容忽视且亟待解决的问题。本研究通过借鉴全球合成生物学发展路线经验，结合我国合成生物学发展现状与存在问题，形成我国合成生物学战略发展路线启示建议，以期为推动我国合成生物学发展提供理论借鉴和政策引导。

1.1　合成生物学

　　19 世纪下半叶以来，生命科学研究领域每 50 年左右便竖起一座里程碑，包括孟德尔遗传定律（1886 年）、摩尔根的染色体遗传学说（1909—1928 年）、沃森和克里克构建的 DNA 双螺旋结构模型（1953 年）以及人类基因组计划（1990—2003 年）。人类基因组计划的完成推动生命科学进入组学（Omics）和系统生物学时代；而系统生物学与基因技术、工程科学、合成化学、计算机科学等众多学科交叉融合，又催生和振兴了合成生物学。作为一门典型的新兴和汇聚科学领域，合成生物学的影响力在 21 世纪以来迅速上升。它被喻为认识生命的钥匙、改变未来的颠覆性技术[1]。

1.1.1　重新定义合成生物学

　　DNA 双螺旋结构的发现、遗传密码的破译、限制性内切酶的发现、PCR 技术的发明等一系列重大分生物学成就，催生了基因工程技术。德国学者 Hobom[2] 称"基因手术正在开启合成生物学的大门"。2000年，在美国化学学会年会上，斯坦福大学Kool指出，当前许多研究人员，包括他本人，正在利用有机化学和生物化学的合成能力，设计出在生物系统中发挥作用的非天然合成分子。他将之定义为"合成生物学"[3]。还有学者将合成生物学描述为"利用工程学的设计和构建原理来开发、进化生物组件和系统，并使其标准化"[4]。后来，英国工程和物理科学研究委员会（The Engineering and Physical Sciences Research Council，EPSRC）写道："合成生物学是指针对应用目的，对以生物为基础的元件、器件、系统以及对现有天然生物系统的重新设计和工程化。"

如今，对合成生物学的定义已经有许多类似的表述，但其内涵已与原初概念大相径庭。百年前提出的合成生物学，是指利用物理和化学方法合成类生物体系来模拟生命过程，了解生命机制。而现代版定义则是指利用基因技术和工程学概念来重新设计和合成新的生物体系或改造已有的生物体系。

中国科学家用中文对合成生物学作了精辟的概括："造物致知，造物致用"或"建物致知，建物致用"[5]。可解读为，通过建造生物体系而了解生命，通过创造生物体系来服务人类，前者也能更好地促进后者。因此，合成生物学在生命科学和生物技术两个方面都具有重要意义。

合成生物学引入工程学理念，强调生命物质的标准化，对基因及其所编码的蛋白表述为生物元件（biological parts）或生物积木（biobricks），对元件所做的优化、改造或重新设计称为元件工程；由元件构成的具有特定生物学功能的装置称为生物器件或生物装置（biodevices）；对基因元件组成的代谢或调控通路表述为基因回路（gene circuit）、基因电路或基因线路；对除掉非必需基因的基因组和细胞表述为简约基因组（minimal genome）和简约细胞（minimal cell）；结合简约基因组或模式生物进行功能再设计和优化所获得的细胞称为底盘细胞（chassis cell）等。

合成生物学是一门新兴交叉学科，其工程化设计理念，对生物体进行有目标的设计、改造乃至重新合成，突破了生命发生与进化的自然法则，打开了从非生命物质向生命物质转化的大门，将生命科学引入"多学科汇聚式"研究，催生了继DNA双螺旋结构发现和基因组测序之后的"第三次生物科学革命"。

合成生物学是工程生物学与材料科学中的一个重要领域，它将生物学、工程学、计算机科学等学科融合起来，通过对基因、代谢途径等生物学系统的精细调控，实现对细胞和微生物生产特定物质的精确控制和优化。

合成生物学的目标之一是设计和构建具有特定功能的人工生物系统，例如生产特定化合物的微生物。这些系统可以通过改变生物体的基因组、代谢途径和信号传递来实现。此外，合成生物学也涉及开发新的工具和技术，例如合成基因、蛋白质工程、基因组编辑和高通量筛选等。

合成生物学有潜力应用于许多领域，包括药物研发、环境保护、食品生产和能源生产等。例如，可以使用合成生物学来设计更有效的药物、生产更环保的化学品、开发更高效的生物能源、提高农作物的产量和质量等。

合成生物学也将促进生命科学的发展，帮助人类更好地理解生命的本质和生命系统的复杂性。合成生物学的研究成果有望揭示生命系统的奥秘,帮助人类更好地解决一些重大的生物学问题,例如细胞信号传递、发育生物学和神经科学等。

1.1.2　系列颠覆性创新开创生命科学新纪元

合成生物学真正被广泛关注始于 21 世纪初,后来产生的一系列颠覆性成果连续入选 *Science* 期刊年度十大科学突破。

2000 年,波士顿大学 Collins 团队[6]受噬菌体 λ 开关和蓝藻昼夜节律振荡器的启发,设计合成了双稳态基因网络开关;普林斯顿大学 Elowitz 和 Leibler[7]基于负反馈调控原理设计了基因振荡网络。这些人工生物器件和回路都在大肠杆菌细胞中实现,为基因组编辑及人工基因网络调控提供了设计思想,是合成生物学的经典之作。

2002 年,纽约州立大学石溪市分校 Wimmer 团队[8]通过化学合成病毒基因组获得了具有感染性的脊髓灰质炎病毒,这是首个人工合成的生命体,其研究者说:"通过把这一结论公布于众,你们能警示当局……告诉他们生物恐怖主义者都能做些什么。"

2010 年,美国 Venter 团队[9]宣布首个"人工合成基因组细胞"诞生。他的团队设计、合成和组装了 1.08 Mb 的支原体基因组（*JCVI-syn1.0*）,并将其移植到山羊支原体受体细胞中,产生了仅由合成染色体控制的新支原体细胞。新细胞具有预期的表型特性,并能持续自我复制,被命名为"Synthia",意为"人造儿"。研究人员在基因组中设计了基因缺失和多态性,并留下"水印"（footprints）——包括 46 名科学家和研究员的名字、Venter 研究所的网址,以及爱尔兰作家 Joyce 的名句"生存、犯错、倒下、战胜,用生命创造生命"。这是首次成功合成原核生物基因组及细胞,研究结果入选 *Science* 期刊评选的 2010 年度十大科学突破。

2012 年,美国约翰霍普金斯大学的 Jef Boeke（现纽约大学）开始领导酵母染色体人工版本（Sc.2.0）的合成,这是首次挑战真核细胞基因组的合成,中国学者在其中扮演了重要的角色。至此,人工合成基因组生物涵盖了病毒、原核生物和真核生物,预定特性的人造细胞已悄然实现,这是生命体系从自然发生到人工产生的一个转折点. 目前,科学家已经开始向合成多细胞生物基因组发起挑战。

2014 年,拓展遗传密码子入选 *Science* 年度十大科学突破。美国 Scripps 研究所 Romesberg 团队[10]设计合成了一个非天然碱基配对——X 和 Y,并将它们整合到大肠杆菌基因组。理论上,遗传字母表从 4 个变成 6 个,密码子可以从 64 个扩充到 216 个,这意味着在控制条件下,未来的生命形式有无限种可能。遗传学和合成生物学专家 George Church 说,这是"人类探索生命基石的里程碑事件"。2017 年,Romesberg 团队[11]又成功地让含非天然碱基 dNaM-dTPT3 配对的 DNA 在大肠杆菌中实现转录和翻译,并使非天然氨基酸在绿色荧光蛋白中定位结合,Ewen Callaway 在 *Nature* 期刊上评述其为"外星（Alien）"DNA 在活细胞中制造蛋白质。

2016 年,新"蛋白设计"入选 *Science* 期刊年度十大科学突破。计算生物学家在精确预测蛋白质折叠方式方面取得了长足进展,为新蛋白设计奠定了基础[12,13]。华盛顿大学 Baker 团队设计了一个直径为 25 nm、由三聚体蛋白质组成的正二十面体笼形结构模型，由大肠杆菌表达获得的产物与设计模型几乎相同。亚基与绿色荧光蛋白（green fluorescent protein，GFP）融合表达，能形成荧光"标准蜡烛"，用于显微分子成像。同时，设计了一个蛋白五聚体，来调节蛋白笼出入口通道大小[14]，并且通过电荷互补实现了分子货物的可控包装[15]。这种设计具有原子级精度，实现了百万道尔顿级蛋白材料的可控自组装，展现了靶向给药、疫苗设计方面的应用前景，为新一代基于基因编辑的蛋白质分子机器打开了大门。植物源药物的生产受到资源、地域、气候、病虫害等影响。科学家一直尝试通过微生物来批量生产天然植物药物，但因植物药物的代谢通路十分复杂，有关研究进展缓慢。2006 年，加州大学伯克利分校的 Jay Keasling 团队[16]通过基因网络编辑，成功地在酵母菌中生产出青蒿素前体，成为合成生物学生产植物药物的范例。盖茨基金会立即注资，支持 Jay Keasling 团队与 Amyris 公司联合开展后续研究，将产量从 100 mg/L 提升到 25 g/L。由于知识产权免费，这项技术有可能以较低价格向发展中国家提供更多的一线抗疟疾药物[17]。另一个例子是，斯坦福大学 Smolke 团队[18]通过基因组编辑在酵母菌中完全合成阿片类药物（opioids），未来可能对罂粟种植业产生重大影响。这项研究入选 *Science* 期刊 2015 年度十大科学突破。

1.2　合成生物学战略发展路线

21 世纪，合成生物学进入全球共识、合作与竞争的快速发展时期，欧盟、美国、中国等国家（地区）从学科发展、政策制定和战略布局等多维度促进合成生物学发展。

2000 年，Eric Kool 对合成生物学进行了重新定义标志着这一学科的出现。基因线路工程的建立、使能技术的工程化平台建设与生物信息大数据的开源应用正在全面推动合成生物学的发展。"合成生物学"经历了 2000—2007 年的学科萌发期和产业导入期，2008—2015 年的政策窗口期、学科发展期和产业扩张期后，从 2016 年至今已经进入了政策、学科和产业全面发展的快速增长期，是 21 世纪发展最迅猛的前沿交叉学科之一。

欧盟最早通过第六研究框架计划从政策层面以项目资助的方式促进合成生物学发展，法国、德国等成员国针对合成生物学及相关技术分别制定了针对本国的研究发展战略（图 1-1）。英国政府于 2012 年和 2016 年相继发布《合成生物学路线图》和《英国合成生物学战略计划》，是首个在国家层面通过路线图方式推动合成生物学发展的国家。美国从多个维度来推动合成生物学的发展，自 2019 年开始连续 3 年发布了《工程生物学：下一代生物经济的研究路线图》《微生物组工程：下一代生物经济研究路线图》和《工程生物学与材料科学：跨学科创新研究路线图》等合成生物学相关领域的研究路线图。中国政府也高度重视合成生物学的发展，2008 年香山会议首次探讨了合成生物学背景、进展和展望，并连续多年开展了合成生物学专题学术讨论，中国国民经济和社会发展规划、国家中长期科技发展规划均将合成生物技术列为重点发展方向。新加坡、日本、加拿大等国家也制订了适合本国合成生物学发展的战略计划。

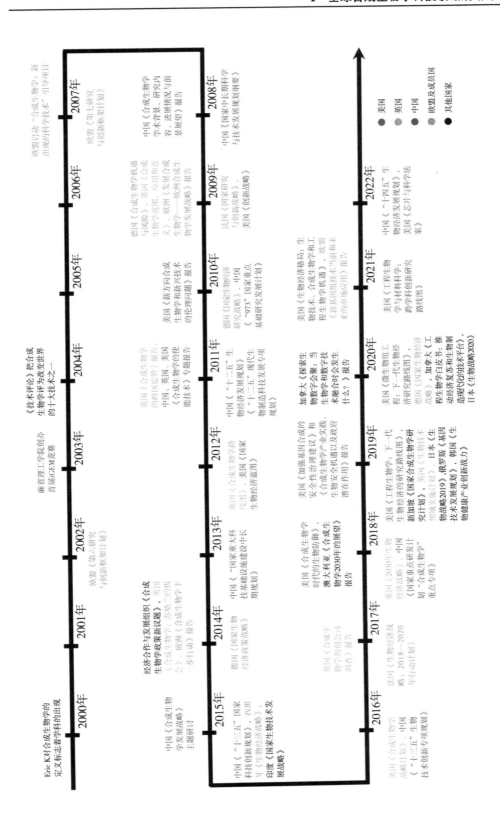

图1-1 全球合成生物学发展路径

1.2.1　美国

在美国，合成生物学领域的研究和应用非常活跃，涉及许多领域，如医学、工业、环境和农业等。美国的一些大学和研究机构，如麻省理工学院、哈佛大学、加州理工学院和斯坦福大学等，一直在推动合成生物学的研究和应用。此外，美国国家科学基金会和美国国家卫生研究院等机构也在资助合成生物学的相关研究项目。在医学领域，合成生物学的应用涵盖了药物开发、生物传感器和基因疗法等方面。在工业领域，合成生物学的应用涉及生物能源生产、化学品生产和材料生产等方面。在环境领域，合成生物学可以应用于污水处理、废物处理和污染物监测等方面。在农业领域，合成生物学可以用于农作物改良和动物遗传改良等方面。总之，合成生物学在美国得到了广泛的研究和应用，为各个领域的发展提供了新的机会和可能性。

合成生物学在美国的发展和应用受到了政府的广泛关注和支持。美国政府制定了许多政策和法规，以确保合成生物学的研究和应用能够安全进行，同时促进其在医疗、能源、环境等领域的应用。国家科学基金会（NSF）和国家卫生研究院（NIH）提供资金支持合成生物学的研究。美国环境保护署（EPA）和美国食品药品监督管理局（FDA）制定了一些法规，以确保生物安全和生态安全。美国总统科学顾问办公室（OSTP）发布了一份《合成生物学的新兴科技咨询报告》（2004 年），指出了合成生物学领域的风险和机会，并提出了建议以促进该领域的发展。美国国家生物技术咨询委员会（NBAC）发布了一份报告，讨论了合成生物学的潜在风险和社会影响，并提出了建议以确保其安全和道德性。美国国会通过了《生物安全法》（2002 年），旨在保护公众免受生物恐怖主义和生物污染的威胁，并规定了生物安全的标准和程序。美国国家科学技术委员会（NSTC）制定了《生物技术研究和发展政策》（2002 年），以规定合成生物学领域的研究和发展政策。总之，美国政府通过制定各种政策和法规，确保合成生物学的研究和应用能够安全进行，并为其在各个领域的应用提供支持和促进。

美国对合成生物学的政策主要是由多个联邦机构共同管理的，包括国家科学基金会、能源部、环境保护局和食品药品监督管理局等。美国政府一直在支持合成生物学的研究和开发，以推动科技创新和经济增长。在 2016 年，白宫发布了一份合成生物学战略文件，强调了合成生物学的重要性和潜在的应用领域，并提出了一些政策建议，包括：加强合成生物学的基础研究和教育培训；支持合成生物学在能源、医疗、农业和环境等领域的应用；制定相应的监管政策，确保合成生物学的安全性和道德性；促进国际合作和知识共享，加强合成生物学的全球合作。此外，美国政府还成立了多个合成生物学研究中心和联合实验室，为科学家们提供研究资源和支持，并鼓励大学、产业和政府机构之间的合作，以促进合成生物学的发展和应用。

（1）《2022 年芯片与科学技术法案》

2022 年 7 月 28 日，美国国会两院历时 2 年多终于出台了《2022 年芯片和科学技术法案》，该立法提供为期 5 年总额 2 800 亿美元的投资，将导致美国创新政策发生重大变化。美国在《2022 年芯片与科学技术法案》中 B 部分《研发、竞争与创新法案》旨在振兴美国国内制造业经济，法案将加强美国的制造业、供应链和国家安全，并投资于研发、科学技术和未来的劳动力，以保持美国在未来产业的领导地位，其中生物技术在能源环境、工程制造中的开发应用作为法案重点关注的领域。

法案关注工程生物学、生物制造和生物计量学等测量技术的研究，支持测量基础设施的开发和测量技术标准的应用。①重点支持工程生物学、生物制造和生物计量学的基础测量科学技术研究。②支持扩展测量基础设施的开发，制定技术标准以建立互操作性并促进生物分子测量技术和工程生物学应用的商业开发，具体行动包括为工程生物学制定技术路线图、提供研究测试的用户设施等。③从事工程生物学研究和开发的联邦机构、高等教育机构、联邦实验室和工业界建立联盟或扩大合作关系，支持生物计量学、生物制造和工程生物学的研究生培养和教育培训。

法案倡议国家科学基金会等多部门联合发起国家工程生物学研究与开发行动计划。①推进生物、物理、化学、数据、计算机和信息科学与工程学交叉领域的研究，优化、标准化、规模化产出新产品，促进产品、工艺和技术的开发和公众认知。②支持本科和研究生教育和培训，涉及工程生物学、生物制造、生物过程工程和应用于工程生物学的计算机科学，以及相关的道德、法律、环境、安全、安保和其他社会领域。③指定或设立一个工程生物学研究与开发咨询委员会，并对道德、法律、环境、安全、安保和社会问题的外部审查，倡议实施机构包括国家科学基金会、商务部、能源部、国防部、航空航天局、农业部、环境保护局、卫生和公共服务部，并对各部门工作作出了规定。

（2）《气候与可持续发展的工程生物学研究路线图》

美国工程生物学研究联盟（EBRC）于 2022 年 9 月发布《气候与可持续发展的工程生物学研究路线图》（*Engineering Biology for Climate & Sustainability*：*A Research Roadmap for a Cleaner Future*），这是 EBRC 自 2019 年以来发布的第四份工程生物学相关路线图。该路线图首次围绕工程生物学在缓解和适应气候变化中的作用，提出了在未来短期、中期、长期实现的相关目标和愿景，有助于减少温室气体排放，降低和消除环境污染，促进生物多样性和生态系统保护[19]。同时，该路线图还分析了在食品和农业领域、运输和能源领域，以及材料与工业领域利用工程生物学使能技术实现可持续发展的机会。路线图主要由两部分共 6 个主题组成，分别是技术主题和应用领域，详细阐述了可持续发展目标下，工程生物学研究可能的突破和里程碑。

第一部分主要包括 3 个技术主题，这些主题侧重于缓解和适应气候变化影响，并旨在建立和确保生态系统复原的新能力。①温室气体的生物封存主题探讨了利用工程学从大气中捕获和去除二氧化碳、甲烷和其他有害气体，并实现和加强碳储存及转化。②减轻环境污染主题强调了利用生物修复、生物封存和生物降解等途径预防与解决环境和点源污染物中工程生物学可以发挥的作用。③保护生态系统和生物多样性主题探讨了工程生物学有助于监测生态系统的状态、分布和多样性等，并提出所有工程生物学应用都需要强有力的生物遏制战略。

第二部分是应用和影响领域，重点关注工程生物在主要应用领域如何提供气候友好、可持续的产品和解决方案。①食品与农业主题探讨了减少食品生产过程和废弃物中温室气体排放的特定机遇，以及如何使农业和食品系统更加适应气候变化。②交通与能源主题讨论了生物燃料、电力生产、储存，以及减少交通、航运和航空的温室气体排放。③材料生产和工业工艺主题确定了在建筑环境、纺织品和其他消费产品中，如何通过工程生物学的发展，减少人为碳足迹，减少毒素和废弃物，并可持续地回收有经济价值的资源等[20]。

（3）《工程生物学与材料科学：跨学科创新研究路线图》

2021 年 1 月 19 日，美国工程生物学研究联盟（EBRC）发布了《工程生物学与材料科学：跨学科创新研究路线图》（*Engineering Biology & Materials Science：A Research Roadmap for Interdisciplinary Innovation*）[21]，评估了工程生物学和材料科学交叉领域的挑战和创新潜力。该路线图梳理了这两个领域的研究基础和技术进步，通过预测未来 20 年的技术突破能力和重大研究进展，明确了创造新的科学和工程的可能性。此外，该路线图还设想了创造性和雄心勃勃的材料解决方案，通过利用和整合工程生物学的机遇和优势，解决长期存在的社会挑战。路线图由合成、组成与结构、加工过程、性质与性能 4 个技术主题组成，并包含了实现未来工程生物学材料所需的工具和技术。

合成主题聚焦通过工程生物学合成材料成分，包括利用工程生物学来生产单体、聚合物、生物分子和大分子。合成主题面临的主要挑战包括：通过工程生物学高效生产基于蛋白质的天然材料，如蜘蛛丝和弹性蛋白；替代性生物生产系统以及对天然和非天然核酸及氨基酸的利用；实现材料的重新合成或回收，以实现更大的可持续性。组成与结构主题旨在通过工程来设计或控制材料成分及其占据的二维和三维空间，包括材料内部相互作用的工程设计，如生物—非生物界面以及生物分子、酶和细胞的嵌入等；还包括材料的物理和体积特性的工程设计，如蛋白质等生物分子的结构和材料的三维结构。加工过程主题包含进行"单元操作"的生物工程进展，通过聚合和降解、模板化、图样化和打印来构建或破坏材料。这包括材料的生物挤出或分泌、材料沉积、自组装和拆卸。加工过程还包括基于生物学的工程技术、工具和系统（如无细胞系统），以制造、回收和纯化材料。性质与性能主题包含材料动态特性和活动的工程化，包括传感和响应、通信和计算，以及通过纳入或激活生物成分进行自修复。

（4）《微生物组工程：下一代生物经济研究路线图》

2020 年 10 月，美国工程生物学研究联盟（EBRC）发布《微生物组工程：下一代生物经济研究路线图》（*Microbiome Engineering：A Research Roadmap for the Next-Generation Bioeconomy*）。这是继 2019 年工程生物学路线图后，EBRC 发布的第二份研究路线图。路线图聚焦微生物组与合成/工程生物学交叉融合后的技术研发与应用，将该领域分为 3 个技术主题（时空控制、功能生物多样性、分布式代谢），阐明了 3 个技术领域未来 20 年的发展目标，以及 5 个应用领域（工业生物技术、健康与医药、食品与农业、环境生物技术、能源）如何利用微生物组工程的进步解决目前面临的广泛社会挑战[22]。

时空控制考虑如何设计微生物组，使其随着空间和时间的推移能够精确、可预测地定位和发挥作用。功能生物多样性讨论了如何根据功能相似但分类不同的有机体来设计为生物群落，从而提高工程化微生物在不同环境中的互作，同时，分布式代谢侧重于设计利用单一微生物物种或具有独特代谢能力的某一类微生物，组成或为生物群落共同产生和/或降解特定化合物。

路线图的应用领域来源于工程生物学路线图（2019），包括5个应用领域：工业生物技术、健康与医药、食品与农业、环境生物技术以及能源。在各个领域，主要聚焦微生物组工程的进展如何帮助解决广泛的社会挑战。微生物组工程的社会挑战与工程生物学存在交叉。技术开发成果将有助于解决这些社会挑战，证实微生物组工程的潜在应用。工程化微生物个体已经应用于许多领域，开发类似应用的微生物组或微生物群落将有助于降低成本、扩展功能并实现更大的可访问性和可用性。在某些情况下，微生物组工程还将实现单一微生物无法实现的全新功能。因此，微生物组工程的发展将对现有技术的应用产生短期影响，也将对人类与微生物世界的相互作用产生更具变革性的长期影响。

（5）《工程生物学：下一代生物经济的研究路线图》

2019年6月19日，美国工程生物学研究联盟（EBRC）发布《工程生物学：下一代生物经济研究路线图》（*Engineering Biology: A Research Roadmap for the Next-Generation Bioeconomy*），对工程生物学的发展现状及未来潜力进行分析，提出了工程生物学的4个技术主题，以及它们在工业生物技术、健康与医学、食品与农业、环境生物技术、能源5个领域的应用和影响。同时，提出了每个技术主题的未来发展目标、突破方向及在未来2年、5年、10年和20年发展的里程碑[23]。

路线图的技术主题聚焦在工程生物学研发的4个关键领域：基因编辑、合成和组装；生物分子、途径和线路工程；宿主和工程联合体；数据整合、建模和自动化。①在基因编辑、合成和组装领域，未来有可能实现快速、从头合成全基因组。目标在于制造、设计10 000个低聚物长度的高保真寡核苷酸，组装成为百万碱基长度的克隆DNA片段，以及没有脱靶效应的高精度基因编辑。②生物分子、途径和线路工程侧重单个生物分子的活性并整合成网络，进一步提升细胞功能，同时，着力于使用天然和非天然材料，设计、创造和发展这些大分子，最终目标是实现线路和途径的整合与控制。路线图设想了对大分子结构和功能的常规设计与预测、非天然氨基酸和其他原料的生物合成，以及根据细胞状态控制转录因子调控的能力。③在宿主和群落的工程化部分，路线图介绍了单个细胞、完整生物体及生物群落的组装和转化，从而实现更大规模和更复杂的功能，包括无细胞系统和合成细胞的定制、特定功能单细胞和多细胞生物体的按需生产和调控，以及多基因组系统和工程化的生物群落。传统上，工程生物学是将微生物作为生产工具，但是路线图希望拓展这一前景，将细胞本身也作为产品，展望对植物、动物和多生物复杂系统的工程化。④实现特定基因组、非天然生物分子线路，定制细胞以及生物体工程化和生产的基础在于整合先进的数据分析、设计和数据建模。数据整合、建模和自动化强调了综合生物数据模型以及生物分子、宿主和组织设计框架的转化潜能，并且有望实现设计—构建—测试—学习过程的自动化。上述4个技术领域共同奠定了工程生物学的快速发展并向工业与应用延伸的基础。

路线图阐明了很多工程生物学的潜在应用，并展示了这些工具和技术在解决与克服社会挑战时的潜在用途和影响，重点关注 5 个领域：工业生物技术；健康与医药；食品与农业；环境生物技术；能源。①工业生物技术着眼于可持续制造、新产品开发、生物相关产品和材料生产工艺流程的整合。②健康与医药注重开发和改良对抗疾病的工具，工程学细胞系统可以为残疾人提供更多选择，还可以解决环境对健康的威胁。③食品与农业关注生产更多更健康、营养更丰富的食品，包括促进不常用和未充分利用的食品和营养素生产的渠道来源，如微生物、昆虫、替代植物品种和"清洁肉类"等。④环境生物技术将会在生物修复、资源回收、工程化有机体、生物支持的基础设施等方面取得进展，实现更清洁的土地、水和空气。⑤能源关注生产能源密集型和碳中性的生物燃料，以及能够减少能源使用和消耗的工具和产品。总之，路线图各个部分都将拓宽工程生物学工具和技术的范围和应用，从而创造更好的世界。

（6）《加强基因合成的安全性：治理建设》

2019 年 11 月，美国约翰·霍普金斯大学卫生安全中心（Johns Hopkins Center for Health Security）发布《加强基因合成的安全性：治理建议》（*Strengthening Security for Gene Synthesis: Recommendations for Governance*）报告。该报告梳理了基因合成技术和市场的新变化，建议政府更新相关政策并参与国际治理，以减少滥用基因合成产品的风险。

报告指出，基因合成技术可用于制造病原体，甚至可发展为生物武器，存在滥用风险。美国卫生与人类服务部（HHS）2010 年曾发布商业基因合成的供应商指南，随后由于基因合成技术及其市场的不断变化，此类生物安全措施的有效性已经大大降低。人们开始考虑是否应更新这一指南，如何提高指南的有效性，以及采取哪些国际治理措施降低基因合成产品的滥用风险。针对这些问题，该报告描述了当前基因合成治理方法的局限性和挑战，并建议美国政府采取行动降低相关风险。

该报告认为，为防止病原体恶意合成，需要与其他类型的生物安全监管同步采取一些措施，旨在预防、阻止、检测、归类和缓解生命科学工具的滥用。具体的建议措施包括：①政府应为受资助的生命科学研究提出要求，确保从进行筛查的公司购买基因合成产品。②政府应要求进行筛查的最低标准，但不能对筛查所用的具体数据库或关注序列作出规定。最低标准应包括受管制的病原体（例如，联邦选择性制剂项目清单和澳大利亚清单）。③政府应将桌面合成器公司认定为基因合成的"供应商"，负有参与义务。④政府应将购买基因、进行其他用途相关修饰并卖给特定用户的第三方公司认定为供应商，须遵守基因合成指南。⑤政府应该资助开发筛查条件和方法，实现具有成本效益的寡核苷酸筛查。⑥美国政府应积极与各国合作，鼓励更广泛地采用基因合成筛查。报告还认为，美国及其他国家的政府应以 HHS 2010 年指南为基础，更新指南以适应不断发展的基因合成产业[24]。

（7）《合成生物学产业实践、生物安全机遇以及美国政府的潜在作用》

2019 年 11 月，美国国防大学（National Defense University）和科学政策咨询公司（Science Policy Consulting LLC）的研究人员合作，发布《合成生物学产业实践、生物安全机遇以及美国政府的潜在作用》（*Synthetic Biology Industry Practices and Opportunities for*

Biosecurity and Potential Roles for the U. S. Government）报告。该报告主要通过研讨会期间的访谈、讨论，收集了 50 多位专业人士的意见，也在广泛参与的活动中收集想法和观点，如合成生物学防御会议和 SynBioBeta 会议。通过这些会议，访谈了参与合成生物学工具和能力开发的 37 位行业代表、风险资本家，以及对行业格局作出贡献的非营利性团体代表。其所代表的机构包括提供合成 DNA、基因或基因组编辑工具和服务，生物信息工具，蛋白质和生物体设计服务，实验室机器人，以及其他生物技术产品和服务的公司。除此之外，还访谈了 19 位政策专家和政府代表。召开了一个包括行业和政策代表在内的研讨会，深入讨论了行业和生物安全问题。基于收集的观点和研讨会的讨论，报告总结了行业代表就当前和未来合成生物学产业结构、工具和能力的潜在滥用和脆弱性的展望，以及防止工具滥用和保护行业资产的商业惯例，确定了可能支持该行业的最佳实践合作和加强生物安全的领域，指出美国政府在支持、指导、召开讨论会和监督行业生物安全方面的潜在作用。此外，报告提出，美国迫切需要建立持续深入讨论生物安全问题的机制，涵盖政府和行业利益相关者。除了向美国政府内部的决策者提供信息，报告还旨在向合成生物学行业提供评估生物安全问题的资源，包括这些工具和功能的潜在滥用和脆弱性。同时也指出，尽管报告广泛地征求了意见，但该报告并不是一份共识文件。

报告通过访谈和研讨会确定了几个可以制定规范实践来提高生物安全的业务领域。其中包括防止滥用的客户筛选、潜在风险的确定、数据安全和知识产权保护等。在每个领域，相关公司介绍了各种实践和方法。这些做法包括非正式的（例如，为了确定潜在风险，公司的员工可以边喝咖啡边讨论其产品被滥用的可能）以及正式的（例如，公司的律师针对数据安全制定合同语言，从而防止与第三方进行不适当的数据共享）。通过在非竞争环境或竞争前环境中分享经验和比较结果，这些领域的各种做法都可以进行提炼和传播。尽管业内人士已经认识到讨论生物安全和滥用可能性的重要性，但他们也强调生物安全考虑并不是整个行业的优先事项，投资者和业内人士对这一领域的关注甚少[25]。

（8）《合成生物学时代的生物防御》

2018 年 6 月，受美国国防部委托，美国国家科学院（NSF）联合工程院、医学院专门评估了合成生物学可能引发的生物安全威胁，并发布了《合成生物学时代的生物防御》报告，几乎与美国政府发布的首份《国家生物防御战略》同步。该报告在介绍合成生物学技术发展与应用概况、风险评估方法与框架的基础上，分别从创构病原体、活性物质生产、人类健康影响、生物武器发展、降低生物防御措施有效性 5 个方面对合成生物学滥用风险进行分析评估，并就美国完善加强生物防御能力提出针对性意见建议。美国在生物技术发展应用、生物防御能力建设等方面处于全球领先地位，美国国家科学院研究理事会发布的此研究成果代表了他们对合成生物学滥用风险及其应对防御的系统认知，富有新意，也值得人们警惕。

报告认为，合成生物学时代的生物技术扩展了潜在防御问题的范围。美国国防部及其合作机构应继续推行持续的化学和生物防御战略，这些战略在合成生物学时代仍有意义。美国国防部及其合作伙伴还将制订方案以应对合成生物学现在和未来所带来的更广泛的能力。报告还建议，美国国防部及机构间合作伙伴应使用一种框架来评估合成生物学能力及其影响。

报告指出，许多传统的生物和化学防御准备方法将与合成生物学相关联，但合成生物学还将带来新的挑战。对此，报告建议美国国防部及其合作机构采取生物和化学武器防御措施，以应对这些挑战。①国防部及其在化学和生物防御体系中的合作伙伴应继续探索适用于各种不同化学和生物防御威胁的策略。②合成生物学武器的显现方式具有潜在的不可预测性，给监控和检测带来了额外的挑战。美国国防部及其合作伙伴应对国家军事和民用基础设施进行评估，这些基础设施能够为针对自然的和蓄意的健康威胁进行基于种群的监测、识别和通报提供信息。③美国政府应与科学界合作，考虑比当前基于生物剂清单及获取管控方法更好的新兴风险管理策略[26]。

（9）《美国创新战略》

为增强自身的创新实力，促进经济增长，同时保持在国际竞争中的优势，2015 年10 月，美国发布新的《美国创新战略》（New Strategy for American Innovation），这是美国政府在 2009 年奥巴马上任伊始出台、2011 年修订的《美国创新战略》基础上，对《美国创新战略》的再次调整和完善，主要力挺以下九大战略领域：先进制造、精密医疗、大脑计划、先进汽车、智慧城市、清洁能源和节能技术、教育技术、太空探索、计算机新领域。

新的《美国创新战略》指出，对于美国而言，创新是经济增长的源泉，在其他国家依靠现有技术和商业实践实现增长的同时，美国必须持续创新，从而确保美国企业处于技术前沿。新战略不仅继续支持 2011 年提出的先进制造、清洁能源、纳米技术、生物技术、空间技术、卫生保健相关技术和教育技术，而且进一步提出了建设由 45 家制造业创新研究所组成制造业创新网络的目标，并强调了国家高度重视的一系列重大计划和 11 项战略目标，其中就包括生物技术。此外，新的战略还提出要加大 4 个方面的投资力度，一是加强在基础研究领域的投资，二是加大和保持对高质量的科学、技术、工程和数学（STEM）教育的投入，三是投资建设 21 世纪先进的物质基础设施，四是投资发展下一代数字基础设施[27]。

2009 年，奥巴马政府发布《美国创新战略》，用于指导联邦管理局工作，确保美国持续引领全球创新经济、开发未来产业，并协助美国克服经济社会发展中遇到的重重困难。2011 年更新的《美国创新战略》确定了维持创新生态系统的新政策。2014 年 7 月，美国白宫科技政策办公室（STOP）和国家经济委员会（NEC）曾联合开展针对创新战略的全民创意征集活动。《美国创新战略》包括 6 个部分，战略强调美国政府在投资创新基础、带动私营部门创新活力、建立创新环境方面发挥的作用；3 个战略计划重点集中在创造高质量就业和促进经济增长、催化国家优先突破点、建立创新型政府。

（10）《新方向合成生物学和新兴技术的伦理问题》

2010 年 12 月 16 日，美国总统生物伦理咨询委员会发布《新方向——合成生物学和新兴技术的伦理问题》报告，对新兴的合成生物学领域进行了全面回顾，同时提出了18项在不影响合成生物学创新前提下解决与其相关的生物安全和伦理问题的方法。

报告建议：第一，总统执行办公室通过科学和技术研究室与联邦机构以及海外合成生物学相关研究机构在监督管理、产品许可及资金资助等方面进行合作。第二，发放许可证需通过政府协调部门进行严格的风险评估。第三，总统执行委员会与自主创新研究团队保持沟通，不断讨论潜在的安全问题。第四，国际合作至关重要。第五，美国国立卫生研究院、能源部和其他联邦机构应通过同时审查对研究提案进行评估。第六，开设合成生物学伦理问题相关课程。第七，建立论坛，提高普通民众对这个领域的了解[28]。

（11）《国家生物经济蓝图》

2012年美国政府发布《国家生物经济蓝图》（*National Bioeconomy Blueprint*），概要阐述了奥巴马政府未来推动生物经济的战略目标。该报告指出，美国当前生物经济的增长很大程度上来源于三大基础性技术的开发：遗传工程、DNA测序和生物分子的自动化高通量操作。虽然这些技术还有巨大的潜力有待发挥，但一些崭新和重要的新技术或技术组合正在兴起。未来的生物经济依赖于新兴技术，如合成生物学、蛋白组学、生物信息学以及其他新技术的开发应用。

《国家生物经济蓝图》提出五大战略目标：①支持科学研究与试验发展（R&D）投资，构建美国未来生物经济基础；②加速研究发明向市场转移，明确转化活动职责，加快生物发明从实验室向市场的流动；③改革管理政策，完善相关法规，减少监管过程中的障碍，提高管理效率，在保护人和环境健康的同时，削减成本；④更新培训项目，将学术研究机构的激励措施与人员培训相结合，满足国家人才需求；⑤促进公私合作和竞争前合作，鼓励竞争者共享资源、知识和专业技能，促使整个生物经济在更大程度上受益。

生物经济在发展健康、能源、环境、制造、农业和其他产业以及创造就业岗位等方面的巨大潜力，美国奥巴马政府将生物经济列为优先政策领域。2010年总统预算申请将"支持构建面向21世纪生物经济的研究基础"作为科技优先领域之一。

（12）国际基因工程机器大赛

国际基因工程机器大赛（International Genetically Engineered Machine Competition，iGEM）由美国麻省理工学院（Massachusetts Institute of Technology，MIT）于2003年创办，是合成生物学领域的顶级国际性学术竞赛，是一个综合性极高、富有影响力的高水平竞赛。iGEM基金会致力于教育和竞争，以及合成生物学的发展。起初，美国麻省理工学院为了推广自己的生物砖（Biobrick）技术举办了该比赛，2012年，iGEM从麻省理工学院独立，给来自全球各地的学生们提供了一个交流和互动的平台，鼓励大学生和中学生积极创新，用创新去改变世界。iGEM在全球范围内有着极好的知名度和曝光度。国外的高等学府，诸如常春藤联盟的院校和多个英国名牌大学每年均参加比赛。我国的名校，如北京大学、清华大学、复旦大学、浙江大学及中国科学技术大学等高等学府也纷纷参加入iGEM的竞赛。

1.2.2　英国

英国合成生物学政策主要由英国政府和其他利益相关方制定和实施。合成生物学是英国政府重点支持的领域之一，政府为此提供了大量的资金和资源。其中，英国科学技术基金会（STFC）和英国生物技术和生命科学研究委员会（BBSRC）是主要的资助机构。合成生物学在英国的商业化也受到政府的支持。政府鼓励企业和创新团队在该领域进行创新和开发，并提供税收和其他方面的支持。英国政府还支持在合成生物学领域进行教育和研究，以培养和吸引更多的专业人才。政府通过提供资金和奖学金来支持相关的研究和教育计划，例如，合成生物学研究所（SynbiCITE）和工程与自然科学学院（EPSRC）的合成生物学中心。合成生物学的法律和伦理问题在英国也受到广泛的关注。政府制定了相关的法规和指导方针，以确保研究和应用在伦理和安全方面得到妥善处理。总的来说，英国政府非常重视合成生物学的发展，并采取了一系列措施来支持和促进该领域的研究、商业化和教育。

英国的合成生物学政策涉及对合成生物学领域的支持和监管。一方面，英国政府一直在支持合成生物学的发展。例如，2012 年，英国政府宣布投资 1.5 亿英镑用于建设合成生物学研究中心，该中心于 2016 年正式开放。此外，英国政府还资助了大量的合成生物学研究项目，旨在推动该领域的技术创新和商业化。另一方面，英国政府也对合成生物学领域进行了一些监管措施。例如，英国政府于 2009 年成立了生物安全委员会（Biosafety Committee），旨在确保合成生物学研究的安全和监管。此外，英国还颁布了一系列法律和政策来管理和监督合成生物学的研究和应用。总体而言，英国政府对合成生物学领域持支持态度，同时也关注其安全和监管问题。

英国政府还发布了一份名为《合成生物学路线图》（*Synthetic Biology Roadmap*）的政策文件，旨在为英国合成生物学领域的未来发展提供指导。该路线图明确了英国政府在未来几年内将采取的措施，包括支持新的合成生物学公司和企业，以推动商业化和创新；建立更多的合成生物学研究中心和实验室，以提高英国在该领域的研究实力；推动合成生物学的社会和伦理问题研究，并确保公众的安全和利益。此外，英国政府还不断地调整和更新合成生物学的监管政策，以适应技术发展的需求。例如，在 2018 年，英国政府发布了一份新的《生物学安全指南》，旨在加强合成生物学研究的安全管理。总的来说，英国政府一直在积极推动合成生物学领域的发展，同时也在不断地完善其监管政策，以确保技术的安全和公共利益。

（1）《生物科技领域实施计划 2019》

2018 年 9 月，英国生物技术与生物科学研究理事会（Biotechnology and Biological Sciences Research Council，BBSRC）发布《英国生物科学前瞻》（*Forward Look for UK Bioscience*）报告。该报告是英国发展生物科学和应对粮食安全、能源清洁增长和健康老龄化挑战的路线图。2019 年 6 月，BBSRC 发布生物科技领域《生物科技领域实施计划 2019》，详细阐述了《英国生物科学前瞻》将要采取的行动，以支持实施目标的实现。

该计划主要围绕推进生物科学前沿发展、应对战略挑战和夯实基础 3 个主题展开，并提出相应的发展目标：①必须通过加强对生命规律的探索和推动技术变革来促进生物科学的前沿发展；②积极推动农业和食品、可再生资源、健康三大领域的产业转型，以推动生物经济发展；③维持英国生物科学领先地位，夯实基础、兼顾人才、设施和合作。该报告明确了 8 个研究与创新优先事项，并制定了详细的长期目标和近期行动（2019—2020 年），分别是探索生命规律、推动技术变革、农业和食品可持续发展、可再生资源和清洁增长、全面理解健康的生物科学、人才队伍建设、基础设施、国际合作与交流目标及行动[29]。

（2）《2030 年国家生物经济战略》

2018 年 12 月 5 日，英国商业、能源与工业战略部（BEIS）发布《2030 年国家生物经济战略》主题是"发展生物经济，改善我们的生活、强化我们的经济"，指出生物经济意味着发掘生命科学的经济潜力，利用可再生的生物资源来替代创新产品、工艺和服务中用到的化石资源。据估计，在 2014 年英国的生物经济贡献了约 2 200亿英镑的经济产值，支持了 520 万个就业机会。建设一个世界级的生物经济将消除英国对化石资源的依赖，改变英国的经济结构。生命科学和技术有潜力创造新的经济和环境解决方案，将有助于应对全球挑战，并为农业食品、化学品、材料、能源和燃料生产、健康和环境等产业创造机会[30]。

一是全球主要挑战。当前，全球资源需求空前旺盛。世界人口每年增长约 8 300 万人，随着技术的发展，人们的寿命也越来越长，并期待着更大的流动性、更好的产品和更好的服务。各国已经不能依靠有限的化石资源来满足这些需求。英国的现代工业战略已经提出了影响未来的四大挑战，包括人工智能、清洁增长、交通运输技术和老龄化社会。

二是全球机遇。英国一直处于全球清洁增长的前列，希望未来在全球的技术、创新、商品和服务方面发挥主导作用。通过研究、创新与发展，英国可以提高国家的生产力，解决食品、化学品、材料、能源生产、健康和环境方面的关键挑战。主要机遇：①创造新形式的清洁能源和新工艺方法以提高工业产品的价值；②生产更便宜的材料，如生物基塑料和日常用品的复合材料，作为循环、低碳经济的一部分；③通过开发新一代先进和环境可持续的塑料，如生物基和生物可降解的包装袋（同时避免微塑性污染）来减少塑料废物和污染；④为所有人提供可持续生产、健康、便宜和营养的食物；⑤提高农业和林业的生产力、可持续性和弹性；⑥制造未来的药物，更有效地改造和生产现有的药物。全球的挑战和研究领域正在迅速转变。为了充分利用这些机遇，使英国处于世界领先地位，必须致力进行科研和创新方面的变革。

三是战略目标及推进措施。《2030 年国家生物经济战略》的愿景是，在 2030 年使英国成为全球领先的开发、制造、使用和出口生物科技及产品的国家。英国的生物经济将成为一个吸引人才与投资的领域，来支持英国的创新并刺激经济的增长。该战略是英国首次制定生物经济战略，希望对现有的相关政策、做法、标准和立法进行全面梳理和整合，使支持生物经济发展的行动与优先领域相一致，如提供清洁空气、清洁增长和提高生产力。包括 4 个主要战略目标：①建立世界级的研究、开发和创新基地来发展生物经济；②最大限度地提高现有英国生物经济部门的生产力和发展潜力；③为英国经济提供实际、可测量的利益；④创造合适的社会和市场环境与条件，让创新的生物类产品和服务蓬勃发展。英国政府希望各界共同努力实现这些战略目标，以满足社会对健康、福祉、食品、能源、材料和化学品的需要。英国政府将组织一系列全英国广度的合作，从研究机构和大学，到地方和国家政府机构以及产业界，通过共同的战略合作，以及更快的技术市场化和成功的商业化，产生更大的经济回报。

（3）《2017年英国合成生物学初创公司调查》报告（2018年）

2018年，英国发布《2017年英国合成生物学初创公司调查》，该报告显示英国在2000—2016年，对合成生物学的政府公共投资达5 600万英镑，来自私人的投资达5.64亿英镑，从而促使英国相继成立146家合成生物企业，且企业数量每5年翻一番[31]。这些合成生物学初创公司集中分布在英国东南部、英格兰东部和伦敦，占比达67%。牛津大学、剑桥大学、伦敦大学在伦敦及其周边地区也开展了一系列活动。这也表明，英国东南部合成生物学初创企业的增长是由新的创新生态系统推动的，该生态系统在英国这一地区的活动中发挥着核心作用。卓越的学术研究环境可为合成生物学领域提供创业知识和管理经验，从而吸引更多的商业机会和私人投资。其中，超过一半（54%）的初创企业是技术转让初创企业，同期产生的非技术转让初创企业占46%。非技术转让初创企业的创建速度超过了传统技术转让初创企业，传统技术转让初创企业在同一时期保持稳定。

在调查期间，合成生物学初创企业的数量稳步增长，平均每年有7家公司成立，所有企业中大约有76%的初创企业仍然活跃，其余的8%被收购，16%处于不活跃的状态。该报告还显示，英国的合成生物学创新生态系统（英国研究与创新机构资助的学术和科研机构、高校、初创企业、中小企业、成熟的工业生物技术公司）正在快速发展，为经济增长提供了高价值的就业机会。自2010年以来，这些合成生物学初创公司已在英国募集了5 600万英镑的公共投资和5.64亿英镑的私人投资，总额超过了6.2亿英镑。仅2015年，私人投资就超过了2.32亿英镑，达到了历年的顶峰。

该报告是英国对合成生物学行业的首次调查，旨在评估英国国内合成生物学行业的当前和潜在规模，密切关注增长趋势、公司规模、行业价值、主要利益相关者及其可能产生的影响，也包括该行业面临的挑战，如资金、知识产权保护、监管问题和道德规范。这项针对英国合成生物学初创企业的调查揭示了利用最新技术变革的新公司的增长速度，这些技术变革正在改变生命科学。初创企业正在利用这些发展，将合成生物学技术应用于化学品和生物燃料生产、癌症治疗等各个领域。

（4）《英国合成生物学战略计划2016》

2016年，英国合成生物学领导理事会（Synthetic Biology Leadership Council，SBLC）发布《英国合成生物学战略计划2016》，旨在到2030年，实现英国合成生物学100亿欧元的市场，并在未来开拓更广阔的全球市场，获取更大的价值。

为实现这一目标，SBLC提出5条建议，并在每条建议下提出具体的行动计划。①加快产业化和商业化进程：通过对生物设计技术的投入和转化，推动生物经济的增长。②实现创新能力的最大化：加强平台技术开发，提高生产效率，迎接未来更大的机遇。③建立专家队伍：通过教育和培训，掌握生物设计所需的技能。④营造支持商业的环境：完善监管和治理体系，满足产业与利益相关者的愿望和需求。⑤国内外合作共同创造价值：全面整合英国合成生物学团队，促进英国科研、产业、决策的发展，使英国成为国际合作的首选伙伴[32]。

该战略计划于 2016 年 11 月 24 日启动，在保留原始路线图的基础上，侧重于 5 个与生产力相关的领域，重点支持合成生物学的研究和商业化转化。5 个领域分别是加速工业化和商业化、最大化创新渠道的能力、创建专家级员工队伍、发展支持性的商业环境、从国家和国际伙伴关系中创造价值。

（5）《合成生物学范围、应用和意义》报告

2009 年 6 月，英国皇家工程院发布了《合成生物学：范围、应用和意义》报告。报告对合成生物学的基础技术、发展现状进行了综述，对未来 5 年、10 年、25 年的应用及其对技术、经济和社会的影响进行了展望，明确了若干关键的政策问题。为确保英国更好地得益于合成生物学的发展，报告从战略制定和培训以及基础设施、社会和道德的研究等方面提出了相关建议。

该报告强调：①应用合成生物学，需要国家战略的驱动和产业界的积极参与；②制订战略规划，并要涵盖多学科，以适应合成生物学本身性质，而且战略必须包括法规框架和标准的制定；③建立合成生物学中心并提供博士培训计划，每个中心 10 年的经费可能超过 6 000 万英镑，中心应与产业界建立合作；④合成生物学研究必须与社会科学家、哲学家合作开展，以提高人们对相关伦理和社会问题的认识。

（6）《合成生物学的跨国治理》报告

《合成生物学的跨国治理》（*Transnational Governance of Synthetic Biology*）由伦敦政治经济学院合成生物学与创新中心（Centre for Synthetic Biology and Innovation，CSynBI）的学者编写，由英国皇家学会资助，报告的编写工作历时 1 年。该报告认为，有效的治理制度必须解决合成生物学的两个核心特征：科学不确定性和跨界性。报告指出，合成生物学对未来的许多影响，与其他新兴技术一样，不仅难以预测，而且从根本上是不可知的。该报告提出了一种灵活、透明和不断发展的"治理艺术"：促进良好的科学，而非阻碍科学，同时确保信任和问责制。这种"治理艺术"旨在让所有参与科学和技术发展或受其影响的人参与进来，以确保所有各方都有机会在研发过程中的各个阶段表达他们的观点和利益。"治理艺术"认识到，没有一项决定适合所有行为者，但有效的妥协取决于确保决策过程中的公开性和透明度，表现出对所有观点的认真考虑。

报告强调，国家和国际合成生物学治理面临 3 个关键挑战。首先，科学治理不仅仅是治理知识的生产和应用，还必须认识到科学的不确定性不仅是暂时的，还是普遍存在的。其次，合成生物学依赖于不同学科和专业的协作贡献，需要超出每个领域内部的责任，需要培养外部问责制。最后，科学的不确定性和跨国界的结合造成没有任何一个团体、组织、选区或监管机构有能力监督合成生物学的发展。治理的艺术需要接收社会权威的结构性分裂，并与这种多样性并存，进而将其转化为有效治理的条件和优势。

研究人员认为，科学知情、循证的政策制定方法虽然必不可少，但还不够。报告的作者 Joy Zhang 博士说："现在是时候为生物技术治理带来一种'艺术'感了，这种方法采用积极主动的、开放式的监管风格，能够应对不确定性和变化，建立跨国界的联系，并适应不断变化的利益相关者之间不断变化的关系，包括研究人员、研究资助者、行业和公众。"

（7）《英国合成生物学路线图》

2012 年，英国商务、创新与技能部（BIS）发布《英国合成生物学路线图》，计划投入 5 000 万英镑，并明确指出实现合成生物研究创新效益和经济效益最大化的重要性，为英国合成生物学的发展提出了 5 个重点主题：基础科学与工程、持续开展可靠的研究与创新、开发商用技术、应用与市场以及国际合作。同一年，英国研究理事会资助 1 000 万英镑在英国建立五大 DNA 合成中心，助推英国不断发展的合成生物学产业，提升英国在该领域内的能力。此外，英国将每年为博士培训中心（CDTs）提供 200 万英镑的额外资助，以打造世界一流的合成生物学培训环境。

（8）《合成生物学：苏格兰的机会》

2014 年 9 月，苏格兰科学咨询委员会（Scottish Science Advisory Council）发布《合成生物学：苏格兰的机会》（Synthetic Biology：Opportunities for Scotland）报告，指出苏格兰如若要抓住合成生物学带来的机遇，需要为其制定必要的框架。

报告认为，合成生物学是一项具有潜在颠覆性的新技术，为苏格兰科学和工业提供了新的机遇。从长远来看，其有潜力成为一项真正的颠覆性技术，为工业生产、健康和医学、能源、农业及环境提供全新的方法。报告还认为，苏格兰在合成生物学方面具有强大的优势，高校正在开发有助于创建可用于各行各业的平台技术和方法，并对新一代研究人员培训使用方法。苏格兰成立了工业生物技术创新中心（Industrial Biotechnology Innovation Centre），以推进合成生物学的潜在成果。苏格兰的相关行业也正在开发有关合成生物学的专业知识与方法，主要应用于药物和精细化学品的生产。苏格兰在合成生物学商业化的直接优势主要集中在化学、发酵、蒸馏、制药等方面。面对合成生物学研究和开发的治理，苏格兰面对的关键问题是如何将合成生物学的优势转化为经济影响，以及合成生物学未来应用的潜力如何实现苏格兰政府支持食品和饮料（包括农业）、能源和生命科学等领域可持续经济增长的目标。

报告还提出，工业生物技术创新中心受到苏格兰资助委员会和苏格兰企业的资助，有助于科学研究在工业生物技术方面实现商业化转化。根据《国家工业生物技术计划》（The National Plan for Industrial Biotechnology），工业生物技术为未来的可持续增长提供了机会。为获取最大的经济效益，合成生物学势必成为苏格兰工业生物技术的一部分。

1.2.3　中国

中国在"十四五"阶段，提出推动生物技术和工程技术融合创新，加快发展生物医药、生物育种、生物材料、生物能源等产业，超前布局全基因组选择、系统生物学、合成生物学、人工智能、生物育种等前沿技术领域，以推动中国生物经济产业快速发展。①2021 年 12 月，农业农村部印发《"十四五"全国农业农村科技发展规划》，提出"十四五"时期力争在基因组学、作物杂交育种理论等方向取得一系列基础理论进展，突破合成生物技术，构建高效细胞工厂和人工合成生物体系。②2022 年 4 月，国家能源局和科学技术部联合印发《"十四五"能源领域科技创新规划》，围绕国家能源发展重大需求和能源技术革命重大趋势，规划部署包括生物质能可再生能源发电及综合利用技术的开发利用在内的重大科技创新任务。③2022 年 5 月，国家发展和改革委员会印发《"十四五"生物经济发展规划》强调加快包括合成生物学在内的原创性、引领性基础研究，围绕生物育种、生物肥料、生物饲料、生物农药等方向促进生物农业发展，围绕生物基材料、新型发酵食品、生物质能等方向促进绿色低碳生物质能源应用。

（1）国家重点研发计划合成生物学重点专项

国家重点基础研究发展计划合成生物学专题：国家重点基础发展研究计划（"973"计划）在 1997—2019 年主要支持国家重大需求驱动的基础研究和重大新兴交叉科学前沿领域。2010 年开始，在生物催化与生物转化研究方向的基础上，启动部署合成生物学专题研究。5 年连续安排了 10 个项目，为中国合成生物学发展奠定了重要基础。

国家重点研发计划合成生物学重点专项：随着国家科技计划管理改革，科学技术部在"973"计划合成生物学专题及国家高技术研究发展计划（"863"计划）相关部署的基础上，于 2018 年启动了合成生物学重点专项。该专项的一个管理创新是深圳市投入了部分资源，这也是首个由中央财政和地方财政联合设立的国家科技重点专项。专项总体目标是针对创建人工合成生物的重大科学问题，围绕物质转化、生态环境保护、医疗水平提高、农业增产等重大需求，突破合成生物学的基本科学问题，构建实用性的重大人工生物体系，创新合成生物前沿技术，为促进生物产业创新发展与经济绿色增长等作科技支撑。

根据 2018 年和 2019 年公布的指南，专项的主要研究方向和重点研究任务概括为 4 个方面：基因组人工合成与高版本底盘细胞，人工元器件与基因回路，人工细胞合成代谢与复杂生物系统，使能技术体系、平台和生物伦理与生物安全评估等。专项为中国合成生物学研究提供了一个稳定、持续的经费渠道。从"973"计划到重点专项，共立项支持了 60 多个重大项目及一批青年项目，所涵盖的方向和队伍形成中国合成生物学研究的基本盘并不断拓展，高水平成果持续产生。

（2）"十三五"生物技术创新专项规划

2017 年 4 月，科学技术部发布《"十三五"生物技术创新专项规划》，规划面向我国经济和社会发展的重大战略需求，明确了"十三五"期间生物技术领域科技创新的指导思想、基本原则、发展目标、重点任务和保障措施，瞄准生物技术基础前沿、重大关键技术、产业化应用等方向，强化顶层设计和统筹部署，加快培育生物技术高新企业和新兴产业，推进生物技术大国向生物技术强国转变，为社会经济可持续发展提供坚实的科技支撑。

规划明确提出，现代生物技术的一系列重要进展和重大突破正在加速向应用领域渗透，在革命性解决人类发展面临的环境、资源和健康等重大问题方面展现出巨大前景。

规划强调，生物技术产业正加速成为继信息产业之后的又一个新的主导产业，将深刻地改变世界经济发展模式和人民社会生活方式，并引发世界经济格局的重大调整和国家综合国力的重大变化。抢占生物技术和生物技术产业的战略制高点，打造国家科技核心竞争力和产业优势，事关重大、事关全局、事关长远[33]。

根据规划，我国到 2020 年，要实现生物技术领域整体"并跑"、部分"领跑"的发展目标，围绕突破若干前沿技术、支撑重点领域发展、推进创新平台建设、推动生物技术产业发展四大重点任务，基本形成较完整的生物技术创新体系。

（3）国家中长期科学与技术发展规划纲要

2006 年 2 月 9 日，国务院发布《国家中长期科学和技术发展规划纲要（2006—2020 年）》，在"亟待科技提供支撑"的国民经济和社会发展重点领域中选择了 68 项任务明确、有可能在近期获得技术突破的优先主题。

纲要提出，进入 21 世纪，新科技革命迅猛发展，正孕育着新的重大突破，将深刻地改变经济和社会的面貌。生命科学和生物技术迅猛发展，将为提高人类生活质量发挥关键作用。纲要还擘画了到 2020 年我国科学技术发展的总体目标，我国科学技术在若干重要方面实现一系列目标，信息、生物、材料和航天等领域的前沿技术达到世界先进水平。在纲要规划的时间内，要把生物技术作为未来高技术产业迎头赶上的重点，加强生物技术在农业、工业、人口与健康等领域的应用。

在纲要规划和布局的重点领域及其优先主题中，将"生物技术"归纳为前沿技术，强调要超前部署一批前沿技术，发挥科技引领未来发展的先导作用，提高我国高技术的研究开发能力和产业的国际竞争力。其中包括对"新一代工业生物技术"的布局——生物催化和生物转化是新一代工业生物技术的主体。重点研究功能菌株大规模筛选技术，生物催化剂定向改造技术，规模化工业生产的生物催化技术系统，清洁转化介质创制技术及工业化成套转化技术。

（4）《科技支撑碳达峰碳中和实施方案（2022—2030 年）》

2022 年 6 月，科学技术部等部门联合印发《科技支撑碳达峰碳中和实施方案（2022—2030 年）》，构建低碳零碳负碳技术创新体系，统筹提出支撑 2030 年前实现碳达峰目标的科技创新行动和保障举措，并为 2060 年前实现碳中和目标做好技术研发储备。

方案明确提出在新型绿色氢能技术方面，研究发展基于合成生物学、太阳能直接制氢等绿氢制备技术；在二氧化碳高值转化利用技术方面，研究基于生物制造的二氧化碳转化系统，发展以水、二氧化碳和氮气等为原料直接高效合成甲醇等绿色可再生燃料的技术[34]。

方案在能源绿色低碳转型支撑技术方面，要研究掺氢天然气、掺烧生物质等高效低碳工业锅炉技术、装备及检测评价技术，以支撑煤炭清洁高效利用；要开展地热发电、海洋能发电与生物质发电技术研发，以支撑新能源发电技术；要研发推广生物航空煤油、生物柴油、纤维素乙醇、生物天然气、生物质热解等生物燃料制备技术，研发生物质基材料及高附加值化学品制备技术、低热值生物质燃料的高效燃烧关键技术，以支撑可再生能源非电利用技术。

方案在低碳零碳工业流程再造技术方面，明确提出要研发绿色生物化工技术、智能化低碳升级改造技术、生物冶金与湿法冶金新流程技术。在碳捕捉（CCUS）、碳汇与非二氧化碳温室气体减排技术方面，明确提出要研究与生物质结合的负碳技术（BECCS），研发生物炭土壤固碳技术、生物固氮增汇肥料技术、海洋微生物碳泵增汇技术等。

1.2.4　日本

（1）生物战略

2019年6月，日本政府发布《生物战略2019——面向国际的生物社区的形成》（以下简称《生物战略2019》）。据日本生物产业人会议（JABEX）负责人代表荒莳康一郎的研究报告，要想实现社会结构方面的变革，需要推进日本从未经历过的大规模产官学合作，同时，发起让市民参与的国家级别挑战项目。欧洲已有先例，2012年发布"生物经济战略"后，经过数年的发展和回顾，2018年又开始在新战略下致力于与循环经济联动的生物经济战略。德国继通过数字化转型（digital transform）推进"工业4.0"之后，还在2019年夏季制定名为"Bio-Agenda"的国家战略，以实现"所有产业的生物化"。日本《生物战略2019》是继《生物技术战略大纲》（2002年）、《促进生物技术创新的根本性强化措施》（2008年）、《生物质战略》（*Biomass Strategy*，2009年）、《生物质产业化战略》（*Biomass Industrialization Strategy*，2012年），以及日本生物产业协会发布的《2030年日本生物经济愿景：加强应对变化世界的生物产业的社会贡献》（2016年）等政策报告之后的有关生物技术及生物经济的综合性战略报告。

战略目标：《生物战略2019》的总体目标是"到2030年成为世界最先进的生物经济社会"，具体包括3个方面。①建立生物优先思想。通过发展可持续产业和循环经济实现"超智能社会"，在充分考虑有关生物技术的伦理、法律和社会问题的前提下，首先从生物技术手段实现的角度进行思考，提升社会发展活力。②建设生物社区。将生物优先思想植入从管理者到社会领导者再到政府的层面，形成具有吸引力的国际社区，以国际合作、领域融合和生物多样性为开放式创新，成为全球数据、人才、资金和研究的催化剂。③建成生物数据驱动。建立生物与数字融合的数据基础，最大限度利用生物活动数据，发展相关研究与产业，整合生产系统、建立国际标准，建设世界一流的生物大数据利用国家。

战略重点及领域：《生物战略2019》提出了实现未来社会目标的4个建设要点。①所有产业联动的循环性社会；②初级产业能够可持续满足多样化需求的社会；③通过生物方法可持续制造原料和材料的社会；④全民长期参与的医疗与保健相结合的社会。近年来，应对气候变暖等成为全球性课题，在所有产业使用生物科技等的"生物经济学"理念深入人心。《生物战略2019》顺应了这一趋势，提出了能让日本实现逆转的、有潜力的9个重点领域，包括高性能生物材料，生物塑料，可持续农业生产系统，有机废弃物和废水处理，健康护理、功能性食品和数字医疗，生物医药、再生治疗、细胞治疗、遗传治疗等相关产业，生物制造、工业与食品生物产业，生物相关的分析、测量和实验系统，木质建筑和智能林业管理。《生物战略 2019》还提出了重点任务与措施。

（2）《生物技术将培育第五次工业革命》报告

2021 年 2 月 2 日，日本经济产业省（METI）产业结构委员会生物产业小组委员会完成并向 METI 递交了《生物技术将培育第五次工业革命》（"*Fifth Industrial Revolution*" *Cultivated with Biotechnology*）报告。报告认为，"生物经济"正在创造一个生物技术支持广泛的工业基础设施社会，生物产业作为支持各种行业并引领下一代经济的支柱，将在医疗保健、环境与能源、材料以及食品等领域发挥重要作用。日本应将生物技术和信息技术/人工智能技术深度结合并提高生物产业的竞争力，准确地把握"第五次工业革命"带来的变化。报告提出了提高日本生物产业竞争力的六大挑战及建议举措。

一是引入机器人和自动化以提高生产率。建议经济产业省通过使用人形实验机器人和针对每步操作的模块化设备组合，将自动化引入研发和产品开发阶段。

二是构建全球生物共同体。建议在东京和关西地区建立全球生物创新中心，以促进人财物的良性循环。在东京市成立东京大生物共同体理事会，作为执行主体统筹行业—学术界—政府合作，并制定包含具体行动和量化目标的总体规划。

三是培养具有专业知识的生物产业人力资源，在生物制品生产中发挥领导作用。建议建立反映公司需求和学术知识的体系，建立行业—学术界—政府联合的可持续人才培养生态系统。

四是明确经济产业省未来应重点关注的研究和开发领域。建议制定医疗保健领域的生命科学技术战略，组织和优先解决生命科学研究发展问题；促进研发以打造先进的基础技术。

五是增强制药行业合同研发生产组织（CDMO）和合同制造组织（CMO）的竞争力。建议 METI 鼓励 CMO/CDMO 参与旨在发展制造工艺的国家项目，以增强日本应对新技术的能力；从保障国内制造基础设施的角度讨论具体的支持措施。

六是生物产品推广。建议 METI 审查商品标签标识计划，以鼓励消费生物产品；设立奖励计划以激励生物产品的开发和使用。

（3）《生物战略 2020》

2020 年 6 月 25 日，日本综合创新战略推进委员会发布《生物战略 2020》（バイオ戦略 2020）。该战略根据《生物战略 2019》，调整了灵活应对新形势变化的基本措施，并制定了市场领域路线图和市场区域措施。

战略指出，随着合成生物学、基因编辑技术等的发展，生物技术正在护理、农业、林业、渔业、工业等方面取得显著进展，但日本在全球生物产业中的存在感较低，部分初创公司受到"雷曼冲击"而破产。在商业化的过程中，产业发展缺乏科学和国际视野，商业化和创业生态系统尚未充分发挥作用。日本在国际竞争力中的水平始终处于下游，需要强有力的战略来实现逆转。该战略旨在推进新型冠状病毒传染病对策相关研究开发；推动数据联动，实现市场获取；促进全球生物群落和本地生物群落的形成；根据2019 年生物战略，推动应立即解决的与市场领域相关的基本措施；加强控制塔功能以促进生物战略。

1.2.5 欧盟

（1）欧盟《新基因组技术当前和未来的市场应用》报告

2021 年 4 月，欧盟委员会联合研究中心（European Commission's Joint Research Centre，JRC）发布《新基因组技术当前和未来的市场应用》（*Current and Future Market Applications of New Genomic Techniques*）报告，总结了新基因组技术现阶段的市场应用情况，涵盖新基因组技术在农业、食品、工业和医药等领域中的应用。报告指出，尽管目前已投入市场或处于上市前阶段的应用较少，但相关研究已经非常丰富，商业化较少的原因可能与一些国家对这类技术监管的不确定性有关。由于技术的灵活性、经济性和易操作性，未来基于 CRISPR 等技术的应用将会持续增加并最终进入市场。

报告收集分析了大量数据，反映了当前和潜在的新基因组技术的商业用途。根据报告的数据分析结果显示，在世界范围内销售的产品很少（1 种植物产品、1 种释放到环境中的微生物和几种用于商业化生产分子的微生物），但大约有 30 种已确定在植物、动物和微生物中的预商业化阶段应用，且这些应用可能在短期内（5 年内）进入市场。如果该报告中确定的处于研发阶段后期的应用在 10 年内商业化，到 2030 年将有超过100 种植物和几十种动物以及医疗应用产品进入市场。其中，热门应用领域之一是用于工业生产的微生物。在生物经济中，与生产工业生物基分子（如生物燃料）的微生物相比，新基因组技术的使用很可能会更有前景。微生物生产的药品和化妆品是该报告的数据空白领域，但也是新基因组技术在可能已进入市场的产品中非常重要的应用领域。

报告统计发现，美国和中国的新基因组技术应用最多，特别是在商业化和预商业化阶段。欧盟（尤其是德国和法国）也在积极利用新基因组技术。由于新基因组技术（特别是 CRISPR）的灵活性和可负担性，一些发展中国家主要研发其在农业领域的应用[35]。

（2）德国《国家生物经济战略》

德国是世界上较早发布国家生物经济战略规划的经济体之一。2010 年，为了推动能源、气候、健康以及营养方面的科研创新，德国教育与研究部（BMBF）发布了《国家研究战略：生物经济 2030》，提出了在自然物质循环基础上建立可持续生物经济的愿景。在此基础上，德国近年采取多种措施促进生物经济发展，根据新的研究成果和发展情况，不断扩大生物经济，确定新的发展重点，并综合考虑可持续发展和避免不良发展方面，不断挖掘生物经济潜力。2020 年 1 月 15 日，德国联邦政府内阁正式通过了新版《国家生物经济战略》，联邦政府将任命一个独立的、成员广泛的咨询委员会机构，在多个相关团体的参与下针对多项目标和实施计划提出具体建议。同时，联邦政府通过了至 2024 年投入 36 亿欧元的生物经济行动计划，以帮助可持续资源取代日常产品中的化石原料。

根据联邦政府的定义，生物经济包括生产、开发和利用生物资源、过程及系统，以便在可持续的经济体系框架内为所有经济领域提供产品、技术和服务。随着生物经济的发展，经济发展的资源基础将向着可持续方向调整，化石原料将逐渐被取代。以联合国"2030 年可持续发展议程"的可持续性目标为导向，生物经济本身为正在进行的有关可持续发展具体设计方案讨论提供了重要贡献。

一是战略指导方针。可持续的生物经济是社会未来的重要基础。德国政府通过其生物经济战略，致力在所有经济领域内生物资源的可持续开发和利用，以及环境和自然友好型生产过程。新的生物经济战略提出两条总指导方针，其目标在于挖掘生物经济的潜力，并为实现可持续发展和气候目标而利用这种潜力，这两条方针是执行战略所有措施的基础。①指导方针一：利用生物知识和负责任的创新实现可持续的、气候中立的发展。生物知识的不断扩展为创新和可持续的解决方案提供了新机遇，并推动了向生物经济的转型。越来越多的创新生物技术和产品不断出现。未来，工业和消费者对这些技术和产品的需求将持续增长。为了使这些有希望的前景体现在可持续发展方面，生物知识必须与生物经济所处的社会和生态系统研究联系起来。社会经济进程，例如对稀缺资源的竞争、人口增长或价值观、生活方式和消费模式的变化等，都会对向生物经济的转变产生影响，反之亦然。在研究和转型过程的政策制定方面，必须考虑到这种相互作用。尤其在涉及道德原则和社会价值观的问题上，也需要考虑到这种相互作用，例如在使用新技术、获得资源、全球分配正义或自然价值等方面。因此，必须进行有广泛社会参与的公开讨论，阐明生物经济可能的发展道路，以权衡机遇和挑战，确定优先事项。②指导方针二：利用生物原料实现可持续的循环经济。生物原料的特性使其具有特殊的价值和优势。与化石原料相比，它们是可再生的，但同时也受到生物质生产所需土地的限制。由于其化学和物理特性，生物原料特别适合在级联或循环中使用。生物经济并不仅仅在于用可再生原料替代化石原料，还包括在更多不同的领域开发新产品和新工艺。充分挖掘生物经济的潜力意味着开放和扩展传统价值链，或在必要时取代传统价值链。遵循级联和循环利用的指导原则，将价值链链接起来，形成新的高效价值创造网络。为了使生物经济在气候、生物多样性、环境和福利方面取得积极效果，必须以可持续的方式生产基础生物资源，包括可持续地提高现有农业用地的产量，并以最有效和负责任的方式使用以这种方式生产的原料。此外，还需要考虑新的生产系统，例如在技术环境中或在退化土地上生产生物质的系统。即使存在竞争性用途，也要始终将粮食安全放在首位。同时，必须保护生物多样性，加强森林生态系统服务作为温室气体吸收汇。

二是战略目标。生物经济对实现可持续发展目标极为重要。生物经济涉及联合国"2030 年可持续发展议程"综合发展目标的许多方面，预计将对消除饥饿、良好健康与福祉、清洁饮水与卫生设施、经济适用的清洁能源、体面工作和经济增长、工业、创新和基础设施、可持续城市和社区、负责任消费和生产、气候保护等可持续发展目标作出贡献。新战略更加强调可持续发展和可循环利用，同时重申了此前战略的 5 个核心目标——确保粮食供应、可持续地管理自然资源、减少对不可持续的原料的依赖、应对和适应气候变化、提高竞争力以及确保和创造就业机会。同时，鉴于越来越多的国家对生物经济解决方案的潜力寄予厚望，战略还提出，联邦政府将在未来几年里加强包括在德国国内和欧盟范围内与其他国际伙伴的合作。

三是研究资助优先领域。研究是发现、开发和利用生物经济潜力的关键。关于生物经济的研究包括生产、开发和利用生物资源、过程和系统，以便创造科学和技术条件，能够实现在可持续经济体系框架内，在所有经济领域提供可持续产品、技术和服务。战略提出了5个研究资助的优先领域：①通过研究拓展生物知识。生物经济的基础是生物原理、系统和过程的知识。因此，联邦政府打算进一步推进研究和开发，不断获取生命科学领域的知识。②通过生物知识创造以生物为基础的创新。生物知识的扩展、智能利用和网络化构成了生物经济发明和创新的基础。只有深入了解生命的基本机制，才能挖掘生物知识在生物经济创新方面的巨大潜力。为此，必须加强研究，从基础研究转向以应用为导向的研究，加强试验工厂和示范点技术开放研究。③通过生物创新保护自然资源。在实施生物创新时，必须考虑到生态系统承受范围内自然资源的可用性。保护、可持续和负责任地使用生态系统及其对社会的服务，如保护生物多样性、提供清洁饮水和健康的土壤以及气候调节等。④通过资源节约实现生态与经济的结合。生物经济提供了生态与经济相结合的机会。为了使经济繁荣与资源消耗脱钩，所有的资源必须得到有效和可持续的利用，并且在循环经济中，必须尽可能地形成能源和物质循环。因此，生物经济研究的重点是对以生物为基础进行整体观察，从原材料的生产、加工和转化，到产品及其使用。资源回收包括副产物、残余物和废物流的再循环或再利用。研究成果应链接跨行业的价值链，以创造出资源节约型、具有生态优势和可盈利的价值创造网络。⑤通过生物经济解决方案确保可持续发展。发展生物经济的首要目标是可持续发展。由于生物经济的复杂性，在寻求可行的解决办法时必须考虑技术、生态、经济和社会因素之间的相互关系。一旦可持续发展目标转化为具体措施，在这些方面之间通常会产生目标冲突。为了及早发现这种目标冲突，防止负面影响，生物经济研究必须是跨学科的，并密切关注全球发展。完整的观点应当包括自然科技、技术科学、社会科学和道德问题。

四是战略行动优先领域。生物经济涉及经济的所有部门，需要通过不同政策领域之间明智而协调的联系来解决。除创新研究政策外，还涉及工业和能源政策，农业、林业和渔业政策，气候、环境和自然保护政策等。新版生物经济战略整合了德国不同的政策领域，并为德国的生物经济政策提供了一条战略路径，其主要目的是创造有利的基础条件，以支持向生物经济的过渡，并有助于缓解目标和应用的冲突。联邦政府将通过调控措施、支持措施以及沟通与合作来影响生物经济的实施。战略提出了7个有助于改善可持续生物经济基础条件的行动领域：①减轻土地压力；②确保生物原料的可持续生产和供应；③建立和进一步发展生物经济价值链和网络；④完善生物基产品、技术和服务的市场引入与支持机制；⑤建立连贯的政策框架，确保向更以生物为基础的经济过渡；⑥利用生物经济潜力发展农村地区；⑦数字化在生物经济中的应用。

五是相关活动安排。除了采取措施以推动研究和改善总体条件外，联邦政府还计划进一步全面开展活动，以落实其生物经济战略。具体包括：①设立能够实现广泛社会参与的咨询机构；②推动联邦政府与各州合作并进；③扩大欧洲合作和国际合作；④促进公众交流与对话；⑤培养专业资质及专业力量；⑥强化生物经济发展监测与评估。

（3）《法国生物经济战略：2018—2020 年行动计划》

2017 年年初，为支持生物经济的发展，法国部长理事会审议通过《法国生物经济战略：2018—2020 行动计划》（*A Bioeconomy Strategy for France*：2018—2020 *Action Plan*），确定了生物经济可持续发展的框架。该计划将战略分解为行动，以便在 2018—2020 年在法国领土上部署生物经济。对此，报告认为，没有领土，生物经济就不会发展。该行动计划的重点是能够促进在各领土部署生物经济的国家框架和工具。国家可以支持各领土执行有利于生物经济的地方政策，并确保国家和地区战略之间的衔接。报告还指出，生物经济涵盖了与生物资源生产、使用和加工相关的一系列活动。发展生物经济的目的，在于为食物需求、部分材料与能源需求，提供可持续的响应，同时保护自然资源，并保证提供高质量环境服务。

2018 年 2 月，法国农业和食品部部长 Stéphane Travert 在巴黎国际农业博览会（International Agricultural Fair，SIA）上，介绍了法国生物经济战略行动计划（Bioeconomy Action Plan，BAP）的主要思想及行动策略。该计划诞生于法国国家食品会议（French National Food Conference，FNFC）之后，被看作法国当局与其他利益相关方之间广泛磋商的结果，行动计划将整个生物经济战略转化为以下 5 个执行领域：①生物经济知识扩展行动；②向公众宣传生物经济及其产品；③创造生物经济供需匹配的条件；④可持续的生物资源生产和加工；⑤消除障碍及资助计划[36]。

（4）德国《合成生物学——机遇与风险》报告

一直以来，德国政府对合成生物学都保持着谨慎、观望的态度。2009 年 6 月，德国研究基金会（DFG）、德国科学与工程学院以及德国 Leopoldina 科学院联合发表题为《合成生物学——机遇与风险》的报告，对德国合成生物学研究的机遇与风险进行了探讨和论述。报告指出，从中长期来看，新的研究领域"合成生物学"使用结合了工程原理的新型基因工程方法，为开发新疫苗和药物以及燃料和新材料开辟了巨大的潜力。报告认为，合成生物学中有两种主要的研究方法：一方面，"生命的基石"由无生命的物质构成并组成活的有机体；另一方面，正在尝试从自然生物体中去除成分并用其他成分代替它们，以创造人造生命形式。其基础是基因工程的先进方法，特别是解码和重新合成遗传信息的技术可能性。从中期来看，合成生物学的可能应用范围从医学到环境技术再到生物技术。

该报告建议：①对合成生物学的资助应针对进一步加强和推动基础研究；②强调多学科合作和基础设施的共享；③加强合成生物学的培训，并纳入本科和研究生课程中；④加强知识产权的保护。

关于生物安全和滥用风险，报告建议：①由生物安全中心委员会进行科学监控；②要定义明确的标准，进行风险评估；③从标准化数据库获取 DNA 序列资源；④告知相关人员并进行生物安全培训；⑤以国际公认的相关原则为基础，制定额外的规章制度；⑥评估和风险分析方法不适用或结果不确定时，必须停止研究，预防风险发生。

（5）《发展合成生物学——欧洲合成生物学发展战略》报告

2009 年 7 月 27 日，欧洲分子生物学组织在 *Nature* 杂志上发布了《发展合成生物学——欧洲合成生物学发展战略》的报告。报告概述了欧洲目前合成生物学的发展现状，介绍了欧洲发展合成生物学的路线图。报告指出，要加强欧洲在合成生物学方面的竞争力，必须整合欧盟目前的各种研发计划，制定全面发展战略。路线图涵盖监管、资助、知识转移等领域，这些领域将对欧洲发展合成生物学发挥重要作用。如果缺乏公众的支持、理解、资金监管等，合成生物学不可能取得重要进展[37]。

（6）法国《国家研究与创新战略》

2009 年 7 月，法国政府废除了自 1946 年起严格制定并执行"五年经济计划"和自 1988 年起重点围绕 10 余项单一学科领域发展而并行制定国家研发计划的传统，转而颁布实施集科学研究、经济发展、技术创新、人才培养等目标于一身的综合性科技战略规划——《国家研究与创新战略》（*Stratégie Natinale de Recherche et d'Innovation*，SNRI，2009—2014 年），统筹谋划医疗卫生、生命健康、食品安全、生物技术、环境资源、能源交通、信息通信、纳米技术等重点领域发展[38]。

该报告确定了法国在全球的发展和竞争力的指导原则，并确定了 3 个优先领域：①健康、福祉、食品和生物技术；②"环境紧急情况"和生态技术；③信息、通信和纳米技术。在"健康、福祉、食品和生物技术"部分，报告指出生命工程、生物技术和合成生物学开辟了法国生物技术公司正在努力抓住的巨大产业发展机遇。可以通过加强公私伙伴关系、研究人员的创业文化以及为该行业的初创企业提供融资机会等方式，提高企业的创新能力。报告还提出，生物技术的发展发生在学术界和工业界之间，特别是在以健康为导向的竞争力集群内，这些集群将大学、公共研究中心和生物技术公司聚集在"生物集群"中。"生物集群"受益于基于项目的资助计划（如 ANR 或欧洲合作伙伴计划）的支持。必须加强这些"生物集群"，以汇集专业化公共研究开发系统、简化公私伙伴关系的发展并支持创新动力。此外，在医学领域，将学术或工业研究人员与临床医学研究人员联系起来的转化研究至关重要，必须通过专门的基础设施予以加强。在欧洲层面，此类基础设施的建设正在欧洲研究基础设施战略论坛（ESFRI）的框架内进行：加强法国对欧洲高级转化研究基础设施（EATRIS）项目的参与，应弥补国家层面的短缺并积累该领域的试点经验。

（7）德国《国家生物经济研究战略 2030——通往生物经济之路》

2010 年，德国联邦政府发布《国家生物经济战略 2030——通往生物经济之路》，由联邦教研部联合其他 6 个部门共同实施。该战略第一阶段到 2016 年，共资助 24 亿欧元，主要聚焦全球粮食安全、可持续农业生产、健康和安全的食品、工业再生资源利用、基于生物质的燃料 5 个优先领域。在此研究战略框架下，德国联邦教研部启动了"生物技术创新 2020+""创新型中小企业：生物技术""土地作为可持续发展资源""创新植物育种"等计划，联邦食品和农业部实施了"可再生资源促进计划""有机农业和其他形式可持续农业计划"等[39]。

（8）德国《国家生物经济政策战略》

2014 年 3 月，德国联邦食品和农业部（BMEL）发布了《国家生物经济政策战略》。该报告提出了 3 项跨部门措施和 5 个专题领域的发展，旨在建设一个节能环保、可持续且具有国际竞争力的生物及国际产业。3 项跨部门措施是建立协调一致、可持续的生物经济政策框架、加强与社会的信息交互、职业训练；5 个专题领域为可持续的生物产品与再生资源、市场与技术革新、加工与增值网络、土地资源的竞争、国际环境[40]。

此次发布的报告，以推动基于知识的生物经济为主，强调了需要采取行动的领域，旨在提供指导原则和战略方法，尽可能开发各领域在生物经济发展上的潜能，并进一步与长期目标相匹配，以适应新的挑战。该战略的成效将会在以后的进展报告中展示。

2014 年 5 月，德国生物经济专家委员会建议：积极推进基于生物价值链和闭合物质循环的经济转型，制定有利于优化生物基价值链的法律法规、标准规范及激励机制；及时发现和纠正资源冲突和不良趋势的发展，建立预测、效果评估机制；教育和研究能力是扩大生物经济的基础，生物经济的研究需要跨学科的方法，考虑生物经济框架下的双轨制教育体系；改善世界粮食问题是生物经济的重要主题，应加强与新兴国家和发展中国家的合作，利用好国际分工条件下其他国家的生物质资源；生物经济的发展要靠全社会的共同参与，应进一步扩大公民的社会参与度。2014 年 6 月，德国联邦教研部与联邦食品和农业部共同召开生物经济战略计划中期大会，总结第一阶段实施情况，发布进展报告。

（9）德国《国家生物经济战略》

2020 年 1 月 15 日，由德国联邦教研部、联邦食品和农业部两部委主导并联合其他部委提出的《国家生物经济战略》（*Nationale Bioökonomie-Strategie*）在德国联邦政府正式通过，提出了德国未来生物经济发展的指导方针、战略目标及优先领域。该战略致力于推进生物经济发展，促进生活方式和经济发展方式转变，为应对气候变化和加强环境保护，以及经济社会可持续发展奠定基础。该战略指出，德国生物经济健康发展的基础就是生物技术。但生物技术行业在德国仍然受到广大民众的质疑，因而很多法律法规仍然无法通过[41]。该战略的核心目标是发展可持续的、以循环为导向的创新型经济，主要目标：①为可持续发展议程制定生物经济解决方案；②了解并发掘在生态系统多种功能相协调的生态边界内发展生物经济的潜力；③扩展和应用生物学知识；④可持续地调整经济资源基础；⑤使德国成为生物经济领域全球领先的创新基地；⑥加强国内、国际合作[42]。

该战略提出，研究资金将主要用于开发可持续发展议程框架内的生物经济解决方案、发掘生态系统内生物经济的潜力、扩展和应用生物学知识、持续调整经济资源基础、打造德国成为领先的创新基地，以及强化社会参与和国内、国际的合作 6 项重点，从而探究生物领域新知识，通过加强生物过程和系统的利用并结合数字化等相关领域尖端技术，挖掘可持续经济的新潜力。与此同时，将大力推进生物原料在工业生产的应用，更多替代化石原料，创造新的有利于可持续发展的产品[43]。

（10）欧盟《第七研究与创新框架计划》

2007 年 1 月 1 日，欧盟委员会启动《第七研究与创新框架计划》（*7th Framework*

Programme，简称 FP7）。该计划提出促进欧洲的经济增长和加强欧洲的竞争力，认为知识是欧洲最大的资源。该框架计划比过去更强调研究要更加紧密地结合欧洲的工业，帮助开展国际竞争，并且在一些领域发挥世界领导地位的作用。其研究以国际前沿和竞争性科技难点为主要内容，具有研究水平高、涉及领域广、投资力度大、参与国家多等特点。FP7 经费投放总金额达 532 亿欧元。

FP7 确定了十大主题研究领域，其中就包括食品、农业和生物技术（food, agriculture and fisheries，and biotechnology）。此外，也包括信息和通信技术（information and communication technologies），该领域的研究经费为十大领域之最，达到 91 亿欧元，占合作计划总经费的 28.2%，其主要研究方向为信息与通信技术在其他科研领域中的应用（包括物理、生物技术、材料科学、生命科学及数学等领域）。

1.2.6 其他国家

（1）加拿大《探索生物数字会聚：当生物学和数字技术融合时会发生什么？》报告

2020 年，加拿大政府的战略预见组织"政策视野"（Policy Horizons Canada）针对生物数字会聚的前景以及可能出现的政策问题展开对话活动，并发布报告《探索生物数字会聚：当生物学和数字技术融合时会发生什么？》（*Exploring Biodigital Convergence：What Happens When Biology and Digital Technology Merge?*），探讨了现在生物数字融合的重要意义和特点、可能产生的新能力，以及初步的政策启示。

报告指出，数字技术和生物系统正在以一种可能会深刻影响社会、经济，以及人们自身设想的方式结合或融合。报告中将这种现象称之为"生物数字会聚"（biodigital convergence）。生物数字会聚是数字技术、生物技术与系统的交互式结合，有时甚至达到融合的程度。"政策视野"正在研究会聚融合的 3 种方式：生物实体和数字实体的完全物理集成、生物技术与数字技术的共同进化、生物与数字系统的概念会聚。

报告提出，生物数字系统具有主化、去中心化、地理扩散、可扩展性、定制、对数据依赖等特征，并对其在经济、社会、环境、地理、监管等领域的潜在影响进行了探讨。

（2）加拿大《工程生物学白皮书：推动经济复苏和生物制造现代化的技术平台》

2020 年 11 月 16 日，加拿大国家工程生物学指导委员会发布《加拿大工程生物学白皮书：推动经济复苏和生物制造现代化的技术平台》（*Engineering Biology：A Platform Technology to Fuel Multi-sector Economic Recovery and Modernize Biomanufacturing in Canada*）。在该白皮书中，加拿大本国专家的论述强调了合成生物学对于加拿大的重要性，其有利于保障加拿大生物技术公司和制造商在全球市场中的竞争力。

白皮书提出，工程生物学工具和技术正在颠覆全球市场，并为最具创新性的组织创造难以置信的机会。包括美国、英国、澳大利亚、中国及新加坡在内的国家正在大力投资工程生物学的发展，在经济发展、抗击新冠疫情等方面取得了显著成效。报告提出将工程生物学作为技术平台，应用于三大垂直领域：低碳制造（优先机会：生物材料和矿物的循环生物经济）、粮食安全（优先机会：蛋白质生物制造）、先进工程卫生技术

（优先机会：先进生物制剂）。

白皮书强调，加拿大已经拥有创建世界领先的工程生物学生态系统所需的基本要素：著名学者、创新公司，以及用于研发、测试的生物铸造基础设施。然而，由于缺乏一个连贯一致的网络组织，阻碍了加拿大在这一领域充分发挥潜力。对此，需要建立一个包括加拿大工程生物学界在内的有凝聚力且完全整合的网络。白皮书呼吁：①与行业合作，资助包容性工程生物学创新生态系统，利用加拿大当前和未来在行业、学术界和政府的能力，加速产品开发；②在最近对疫苗开发和生产的投资基础上，在战略地理区域建立多功能生物铸造厂和规模设施；③营造法律、道德和监管条件，使创新技术能够快速、安全地获得批准；④支持外联和社区参与，以获得消费者信任，加快新技术的采用；⑤培养人才和技能，为加拿大未来的生物制造经济做好准备；⑥抓住机会，在国内和国际的资助者与组织之间开展合作并建立伙伴关系。

白皮书认为，工程生物学完全融入加拿大经济需要真正国家层面的包容性、合作性战略和行动计划。加拿大的工程生物学网络 Can-DESyNe 概念的提出和建立就是为了通过将合适的参与者连接在一起来解决大问题。有了这个网络，加拿大将更好地推动生物制造大流行和经济复苏，培育工程生物学的种子，为加拿大人创造一个具有前瞻性、可持续性的生物基经济的未来。

（3）新加坡《国家合成生物学研究计划》

2018 年 1 月 8 日，新加坡国立研究基金会（National Research Foundation，NRF）宣布资助《国家合成生物学研究计划》，以提升新加坡的国家合成生物学的知识水平，并以此为基础促进生物经济的发展。该计划将整合和确保新加坡临床应用和工业应用等的合成生物学研究能力的全面发展。淡马锡生命科学实验室副主席、著名的植物生物学和生物技术专家蔡南海教授将作为总负责人领导该计划的实施。

该计划将与国际专家、学者以及政府机构、企业共同讨论，确立研究信托基金，支持以下 3 个方向的研究：建立国家自主应变的商业化体系；通过合成大麻素生物学计划，开发可持续提取大麻植物有效成分的方法用于治疗；实施工业项目，特别是生产稀有脂肪酸这类在制药业中有着重要应用的产品。

NRF 将在未来 5 年内向合成生物学研发计划先期投入 2 500 万美元，目前已有 4 个研究项目入选该计划：①加强对合成生物学研发计划的分析能力支持。该项目由新加坡国立大学负责，将开发一套基于液相色谱、质谱和核磁共振光谱学的高灵敏度全面分析方法，以便在合成生物学研究与发展中进行过程控制和优化。②以微生物为原料生产稀有脂肪酸的微生物平台开发。该项目由新加坡国立大学合成生物学临床和技术创新（SynCTI）中心负责，将致力于在环境和经济可持续发展的前提下，在微生物中重建生产稀有脂肪酸的人工酶途径。③由链霉菌宿主诱导的大麻素类化合物异源生产。该项目由南洋理工大学和新加坡生物科学学院负责，将采用基因组编辑和合成生物学工具来优化链霉菌宿主，构建合成基因盒，以链霉菌为宿主生产大麻素，并通过酶工程和微生物发酵生产大麻素衍生物。④生物合成大麻素，用于未来医疗领域。该项目由新加坡国立大学 SynCTI 中心负责，将探索利用代谢组学和转录组学相结合，合成天然和非天然大麻素生物的新方法[44]。

（4）俄罗斯《2019—2027年联邦基因技术发展规划》

2018年11月28日，俄罗斯总统签署《关于俄罗斯联邦基因技术发展》的法令，指示政府起草一项在2019—2027年发展基因技术的联邦科技计划。2019年4月22日，俄罗斯政府发布《2019—2027年联邦基因技术发展规划》，并责令科学与教育部、库尔恰托夫斯基国家研究中心每年向政府报告该计划的执行情况。该规划的主要目标是加速发展基因编辑等基因技术，为医学、农业和工业创造科技储备，并监测和预防生物性紧急情况的发生。

该规划所设定的目标：为科学发展、科学技术活动及基因技术成果应用开发而创造条件；降低俄罗斯科学界和工业界对国外遗传和生物数据库、专用软件、设备和化学试剂的严重依赖；协助开发科学设备的测试样品，并为发展基因技术和降低技术依赖开发化学试剂；为提高基因技术领域研究人员的专业能力，开发人力资源潜力。

2020年3月2日，俄罗斯联邦政府颁布了《加快基因技术发展》法令（*Russian Genetic Technologies Accelerate*），授权政府与俄罗斯石油公司缔结协议，协力加快基因技术的发展，并使俄罗斯在这一领域取得全球领导地位。该法令是俄罗斯自2018年以来大力发展基因技术系列战略举措的延续。

（5）韩国《生物健康产业创新战略》

2019年5月22日，韩国科学技术信息通信部发布《生物健康产业创新战略》（바이오헬스 산업 혁신전략），提出"生物健康产业"包括医药品、医疗器械等制造业以及医疗、健康管理服务业。政府的战略目标：①将全球市场扩大3倍，出口额达到500亿美元，创造30万个工作岗位；②构建5个大数据平台，研发经费投入增加到年均4万亿韩元（约合232亿元人民币），推进完善审批制度等；③开发创新型新药、医疗器械和医疗技术，攻克疑难杂症，保障国民生命健康。

该战略认为，作为有利于国民健康的朝阳新产业，医药品、医疗器械等生物健康产业具有发展潜力。韩国政府将生物健康、非存储器半导体、未来型汽车作为重点培育的新一代三大主力产业，计划打造全球领先的企业，并构建产业生态系统。

该战略旨在通过发展生物健康产业，实现"以人为中心的创新增长"，具体内容包括以下4个部分。①技术开发阶段：建立生物健康技术创新生态系统。韩国政府认为创新医疗技术的核心基础是数据，为此将构建国家生物大数据中心、数据积累中心医院、新药候选物质大数据中心、生物专利大数据中心、公共机构大数据中心5个大数据平台作为维护国民生命健康的国家基础设施，开展创新型新药开发和医疗技术研究。②审批阶段：符合国际标准的管控制度。政府认为，为使生物健康产业积极进军海外，管制体系也应符合国际标准。因此，要坚决维护国民的生命安全，坚决改进不符合国际标准的管制体系。首先是缩短医药品、医疗器械的许可审批时间；其次是推进管制体系改革，使细胞、基因的使用符合再生医学和生物药品的特性；最后是积极利用监管沙箱制度和管制自由特区制度，完善相关法律。③生产阶段：提高生产活力、支持同步增长。建立领先企业、创业企业、风险企业的开放式创新合作体系；培养生物制药专业人才，满足人工智能新药开发、生物药品生产等产业需求；支持使用国产原材料和设备，降低生物医药生产的费用，带动上下游产业同步增长。④上市阶段：支持市场准入、推动海外上市。鼓励在医疗场所采用数字健康管理等新技术，提高医生面对面诊疗的服务质量与患者满意度；制定医疗器械相关法律法规，建立对创新型医疗器械的综合支撑体系；推进韩国的医院信息系统、医药品、医疗器械及干细胞成套设备等出口海外。

（6）《西班牙生物经济战略》

2013 年，西班牙经济与竞争力部下属的研究发展和创新国务秘书处成立了一个工作组，其主要目标是评估西班牙制定生物经济战略的机会。截至 2014 年年底，西班牙有多达 2 780 个生物经济相关领域的研究项目。2016 年 1 月，西班牙启动《西班牙生物经济战略》（Spanish Bioeconomy Strategy-2030 Horizon），并制订了第一年的行动计划，旨在促进基于可持续、高效生产和利用生物资源的生物经济。该战略强调了与西班牙农业和生物技术科学相关的全球社会挑战，以及所涉及的私营部门的巨大活力，特别是农业食品、生物技术和生物质部门。

西班牙生物经济的重点是利用生物资源生产粮食和饲料。人们一致认为，环境可持续性是获得可再生有机材料的唯一途径。一方面，在气候变化的特殊情况下获得可再生资源，从根本上是为了满足不断增长的世界人口的需求，被认为是该战略的一个基本要素。因此，提高自然资源开采的效率和可持续性是环境可持续性的保证。由于西班牙水资源供应减少，同时，满足当前粮食生产和能源需求而供给的土地资源有限，因此，可持续性在整个战略中被重点强调。另一方面，该战略基于科学—经济—社会的三角关系，强调科学领域产生的知识必须用于发展生产活动。其中，"科学"是指作为西班牙科学和创新体系组成部分的科学家和研究人员；"经济"是生产领域的公司；"社会"是消费者，代表不同社会、经济和环境群体的组织，以及媒体和所有相关的公共行政领域，它们将作为战略的推动者、促进者和催化剂发挥关键作用。此外，该战略的另一个重要支柱是促进公私部门合作，以加强现有价值链并创造新的价值链，例如，粮食和农业活动、利用残余物和废物作为生物质能源、海洋和海洋活动等。

在该战略的框架内，生物经济被视为一系列经济活动，通过这些活动获得产品和服务，从而在有效和可持续利用生物资源的同时产生经济价值。该战略的目标是生产粮食并使其商业化，以及采取物理、化学、生化或生物方法加工非供人类或动物消费的有机物而获得的林产品、生物产品和生物能源，且生产过程对环境友好，并有助于农村和沿海地区的发展。

该战略的目标领域是粮食和农业，包括种植业、畜牧业、渔业，粮食生产和销售，以及林业、木材和造纸等领域。此外，还包括经过化学、生化或生物加工，或未经化学、生化或生物加工而获得的工业生物制品，以及从不同生物质来源获得的生物能源。环境服务和农村发展也在该战略的范围内。

该战略主要包括五大领域：①促进生物经济领域的公共和私人研究，以及创新方面的工业投资；②加强生物经济的社会、政治和行政环境；③促进新型生物基产品的竞争和发展；④发展新消费者或其他生产活动的中间商，刺激对新型生物基产品的需求；

⑤在私人投资和公共支持这两个领域扩大和促进生物经济。

（7）印度《国家生物技术发展战略》

1986 年，印度成立了生物技术部，成立时间甚至早于信息技术部，是世界上最早设立的类似机构。2002 年，印度政府专门制定了《国家生物信息技术政策》，有意识地将软件产业方面的优势运用于生物技术产业。在这样一种政策导向下，印度生物技术产业除在农业和制药领域获得了发展之外，还在生物信息技术和生物技术服务方面得到相当的发展[45]。

2005 年 3 月，印度政府公布《国家生物技术发展战略》草案，提出了未来 10 年印度生物技术及产业发展的国家目标和政策措施，在人力资源开发、基础设施建设、发展生物技术产业和贸易、生物技术园和孵化器、法规建设和科学普及等方面提出了战略目标及具体的政策措施。建立和发展生物技术园区和孵化器是草案的重要内容之一。同时，印度生物技术部每年划拨专门经费用于发展生物技术园，加快推进了印度生物医药产业的蓬勃发展。

2005 年 9 月，印度生物技术部出台了"中小企业创新研究计划"，旨在推进国有与私有部门合作，扶持中小企业的创新活动，帮助他们与政府研究机构建立合作联系，促进研究成果的产业化。该项目主要对私有企业（特别是中小企业）尚未成熟的先期技术（或概念）的进一步研发，以及在医药卫生、食品营养和农业等领域的成型技术成果的后期开发和产业化提供资金支持，促进科研成果的产业化。该项目支持范围包括医药卫生、农业、工业加工、环境和生物制药等所有生物技术领域，企业员工 500 人以下，可由企业单独申请，也可以由企业和国有研究机构共同申请。

2007 年 11 月，印度正式颁布《国家生物技术发展战略》，提出了未来 10 年印度生物技术及产业发展的国家目标和政策措施。推进生物技术的产业化是该战略的一项重要内容。该战略明确指出，在国家支持的生物技术项目中，至少要有 30% 的项目是与私有企业合作，以推动成果产业化。这种公共与私有部门合作机制，有利于在研究之初就瞄准市场，促进成果的产业化。该战略是印度生物技术的一个纲领性文件，对印度生物技术产业的发展发挥了重要作用[45]。

2014 年，印度生物技术部发布《国家生物技术发展战略 2014》。该战略是继 2007 年印度启动第一期国家生物技术发展战略后，为实现"生物技术愿景 2020"又一次发布的新战略。与 2007 年版本相比，新战略充分借鉴和吸收了当前国际生物技术发展的重要共识，包含了众多重要思想，是印度生物科技界 300 多名相关人士历时两年多，反复、多次磋商的重要成果。新战略旨在将印度建成世界级的生物制造中心，其使命：①为实现重新认识生命过程并利用这些知识和工具为人类服务提供动力；②朝正确的方向做巨大努力，对生物技术产品、工艺及技术的更新进行大规模投资，从而提高农业、食品安全、可负担的医疗、环境安全、生物制造领域的效率、生产力、安全性和成本效益；③培养优秀的科学和技术方面的人才，并赋予其职权；④为生物技术的研发和商业化提供完善的基础设施，培育强有力的生物经济[46]。

2015 年 12 月 29 日，印度生物技术部发布《2015—2020 年国家生物技术发展战略》

（*National Biotechnology Development Strategy 2015—2020*）。该战略提出了未来 5 年印度生物技术的核心任务和指导原则，强调将致力于解决多方面的挑战：科研和创业人才的培养；优先领域、资源和重要设施；建立投资资本；知识产权制度；技术转让、吸收、传播与商业化；监管标准与认证；生物技术领域的公私合作。同时，发展战略也提出了未来重点关注的研究领域，包括人口健康，可持续农业，食物与营养，生物资源利用、管理与生物多样性，工业生物技术，纳米生物技术，生物信息学，计算生物学及系统生物学[47]。

2021 年 7 月，印度科技部（MSTGI）生物技术部门发布《2021—2025 年国家生物技术发展战略：知识驱动生物经济》（*Nation Biotechnology Development Strategy 2021—2025*），提出了 9 项关键战略，并布局了推动这些关键战略实现的实施计划。该战略提出了面向国家和全球需求的优先事项，以及重点实施的 10 个关键任务：发展精准医疗，推动早诊技术开发、新药研发和预防性医疗手段开发，进而提高医疗的可负担性和可及性；通过分子标记辅助育种，改良作物的气候适应性、抗病能力和营养价值；利用基因编辑技术进行作物品种改良；开展牛基因组学研究；开展"全健康"（One Health）研究，促进人畜共患病的抗生素耐药性研究；罕见病和遗传病的管理和治疗；开展针对强化食品与功能食品的国家营养研究计划；开发植物药，作为未来可负担得起的创新药；促进二代乙醇制备的国产纤维素酶规模化生产，并推进生物丁醇、生物氢和生物喷气燃料等下一代清洁燃料技术的开发；开发废物循环利用技术，建设并运营能够将不同固体、液体和气体废物转化为可再生燃料、能源和有用产品（如食品、饲料、聚合物和化学品）的技术平台。

此外，该战略还提出要为 10 类技术发展夯实知识基础，为未来发展做储备，包括：集中资助优先事项中的新兴生物领域和前沿基础研究，如精准医学、CAR-T 技术、基因编辑和基因疗法、基于 CRISPR-Cas 的生物学、合成生物学、脂质生物学、糖生物学、表观遗传学、植物次级代谢物、海洋生物学、天然产物与药物化学、量子生物学、3D 生物打印等；促进精准健康领域的人工智能和机器学习技术研发；开发具有成本效益且在全球均具可及性的新型单克隆抗体，用于蛇毒治疗；通过将干细胞技术、胚胎操纵技术与基因编辑技术结合，开发组织/器官移植的异种移植模型和嵌合体动物模型；将纳米技术应用于再生医学，提高新一代纳米技术（如光子/热/低温医疗干预措施）在医疗中的应用潜力；在选定作物中，利用 CRISPR/Cas 技术研究性状相关基因；促进水稻旱作、小麦/水稻低耕栽培、小麦高温胁迫抗性和小麦/水稻抗病性研究；基于牛精液的牛胚胎性别鉴定和分选技术开发；基于生物炼油概念开发"生物经济"综合技术；探索处理废气中污染物的化学吸收技术[48]。

1.3　合成生物学相关学科领域的政策布局

全球合成生物学相关领域战略规划布局如图 1-2 所示。

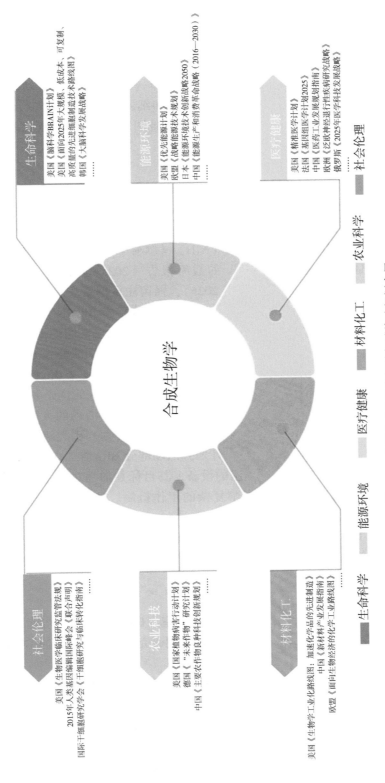

图1-2 全球合成生物学相关领域战略规划布局

生命科学
美国《脑科学BRAIN计划》
美国《面向2025年大规模、低成本、可复制、高质量细胞制造技术路线图》
韩国《大脑科学发展战略》
......

能源环境
美国《先进能源计划》
欧盟《战略能源技术规划2050》
日本《能源环境技术创新战略2050》
中国《能源生产和消费革命战略（2016—2030）》
......

医疗健康
美国《精准医学计划2025》
法国《基因组医学计划2025》
中国《医药工业发展规划指南》
欧洲《泛欧神经退行性疾病研究战略》
俄罗斯《2025年医学科技发展战略》
......

社会伦理
美国《生物医学临床研究监管法规》
2015年人类基因编辑国际峰会《联合声明》
国际干细胞研究学会《干细胞研究与临床转化指南》
......

农业科技
美国《国家植物病害行动计划》
德国《"未来作物"研究计划》
中国《主要农作物良种科技创新规划》
......

材料化工
美国《生物学工业化路线图：加速化学品的先进制造》
中国《新材料产业发展指南》
欧盟《面向生物经济的化学工业路线图》
......

能源环境　　材料化工　　农业科学

医疗健康　　社会伦理

生命科学　　能源环境

合成生物学

1.3.1 合成生物学在生命科学领域政策布局

合成生物学在生命科学领域的战略部署是各国政府着力发展的重要技术领域。美国于2013年启动《脑科学BRAIN计划》，2016年发布《国家微生物组计划》和《国家细胞制造技术路线图》，制定神经系统、微生物组和细胞制造等的优先行动计划路线；2016年韩国发布《大脑科学发展战略》，构建大脑地图用于治疗脑部疾病并促进人工智能技术的发展。

（1）美国《脑科学BRAIN计划》

2013年4月2日，时任美国总统奥巴马宣布启动《脑科学BRAIN计划》（*BRAIN Initiative*），通过推进创新神经技术进行大脑研究，旨在支持创新技术的开发和应用（如大规模神经元电生理信号的记录），以促进对大脑功能的动态理解。

2014年6月，美国国立卫生研究院（NIH）《脑科学BRAIN计划》工作组提出了"以实现科学性和伦理性愿景为目标"的战略报告《2025脑科学：一个科学愿景》（*BRAIN 2025：A Scientific Vision*，BRAIN 2025），强调注重创新技术在神经科学、神经系统疾病研究等方面的应用。BRAIN 2025认识到，《脑科学BRAIN计划》必须优先结合互补的方法，使用完备的整合的系统来探索驱动更高级大脑功能的神经元机制。

2019年10月，《脑科学BRAIN计划》工作组提出了中期战略报告《美国"脑计划"2.0：从细胞到神经回路，再到治疗》（*The BRAIN Initiative 2.0：From Cells to Circuits，Toward Cures*，BRAIN 2.0），进一步明确未来脑科学研究的优先事项和投资事项。BRAIN 2.0包括八大重点领域：发现多样性；多尺度成像；活动的大脑；证明因果关系；确定基本原则；人类神经科学；从《脑科学BRAIN计划》到大脑；科学组织。

2022年9月，美国《脑科学BRAIN计划》启动部分BRAIN 2.0项目：细胞图谱网络（BICAN）和可用于精准访问脑细胞的设备，其目标是加强对大脑细胞类型及其访问工具的理解，以帮助进一步解码大脑复杂的工作机制。预计到2026年，《脑科学BRAIN计划》的历史总投入会超过50亿美元。

截至2022年10月，美国《脑科学BRAIN计划》自启动以来，共计发表学术论文1 248篇。主要研究主题包括功能核磁共振、深部脑刺激、神经调制、光遗传学、神经成像、功能成像、组织工程[49]。

（2）美国《国家微生物组计划》

2015年5月，美国白宫科学和技术政策办公室（OSTP）发布公告称，对微生物群落或微生物组基本问题的研究，将有助于推动基础研究迈向广泛领域的实际应用，包括环境治理、粮食生产、营养与医学研究等。

2016年5月13日，OSTP与联邦机构（美国能源部、美国航空航天局、国立卫生研究院、美国国家科学基金会、美国农业部）、私营基金管理机构一同宣布启动《国家微生物组计划》（*National Microbiome Initiative*，NMI），这是奥巴马政府继脑计划、精确医学、抗癌"登月"之后推出的又一个重大国家科研计划。该计划的目标是通过对各种不同环境中微生物生态系统的综合研究，深入揭示微生物组的行为规律，促进对健康微生物组功能的保护和恢复[50]。该计划主要关注的研究方向：支持跨学科研究，解决不同生态系统微生物的基本问题；开发平台技术，对不同生态系统中微生物组的知识进行积累，并提高对微生物数据的访问；通过科普及公众参与，扩大微生物的影响力[51]。

（3）美国《面向2025年大规模、低成本、可复制、高质量的先进细胞制造技术路线图》

2016年6月13日，美国国家细胞制造协会（NCMC）在白宫机构峰会上发布《面向2025年大规模、低成本、可复制、高质量的先进细胞制造技术路线图》（*Achieving Large - Scale, Cost - Effective, Reproducible Manufacturing of High - Quality Cells: A Technology Roadmap to 2025*），提出美国在未来10年内发展细胞制造技术的目标和行动路线，旨在设计大规模制造能用于一系列疾病的细胞治疗产品的路径，包括癌症、神经退行性疾病、血液和视觉障碍、器官再生和修复等。该路线图受到美国国家标准与技术研究所（NIST）先进制造技术联盟（AMTech）的项目资助，是美国国家制造创新网络计划（NNMI）这一战略部署的重要组成部分。

该路线图的最终目标是能够为一系列细胞疗法、基于细胞的检测技术和各类设备提供优质的细胞来源，通过技术进步提高细胞制备的规模、效率、纯度、质量和制备简易性，进一步降低制备成本。同时，促进一系列基于细胞的疗法及相关产品的研发和临床转化。该路线图规划的研究范围主要限定在自体细胞、同源异体细胞、干细胞3种细胞类型，也包括先进细胞制造的相关技术和产品的研究[52]。

2017年7月，该路线图进行了更新，主要关注自路线图发布以来受到行业变化显著影响的4个领域：过程自动化和数据分析、供应链和运输物流、标准化的监管支持、劳动力发展。2019年11月，该路线图的规划更新至2030年，以应对最近的细胞制造进展、行业和临床前景以及新兴需求。新的路线图评估了实施路线图活动的进展情况，明确了细胞制造界目前必须克服的挑战，并概述了实现大规模、低成本、可复制、高质量的细胞制造所需的活动，包括原始路线图的改进活动和路线图更新，以及新增的活动。

（4）《大脑科学发展战略》

2016年5月30日，韩国未来创造科学部发布《大脑科学发展战略》，计划在2023年前发展成为脑研究新兴强国，预计2016—2026年在脑研究方面总财政投入达到3 400亿韩元（约合18.7亿元人民币）。该战略计划将构建大脑地图，未来可应用于脑部疾病的治疗并促进人工智能技术的发展。

该战略中先表明将在2023年之前构建出大脑地图。所谓大脑地图就是将大脑的构造与功能相联系并实现数字化与视觉化的数据库。通过大脑地图可以更便捷地了解到大脑特定部位的变化，有助于提高脑部疾病诊断的正确性，从而进行有针对性的治疗。

在此基础上，韩国未来创造科学部还将进一步开发针对不同年龄层人群的大脑疾病研究项目。在老年痴呆、帕金森病等老年脑部疾病，忧郁症、成瘾症等青年心理障碍疾病，特别将在研究水平较低的孤独症与大脑发育障碍等儿童青少年疾病方面加大研究力度。

此外，韩国未来创造科学部还将利用大脑地图进行机器臂控制技术等多样的技术开发，以人类大脑的运作原理为基础促进人工智能技术的研究。韩国未来创造科学部预计，2016—2026 年在脑研究方面总财政投入将达到 3 400 亿韩元（约合人民币 18.7 亿元）。2016 年，韩国大脑科学技术发展水平仅达到脑研究发达国家的 72%，计划到2023 年提升至 90% 以确保一定的技术竞争力[53]。

1.3.2 合成生物学在能源科技领域政策布局

合成生物学的科技创新部署旨在促进具有环境效益的新能源技术开发。欧盟的《欧洲战略能源技术规划》和《欧洲能源联盟战略》、美国《优先能源计划》、法国《能源转型创新计划》、德国《能源转型创新计划》、日本《能源环境技术创新战略》和中国《能源生产与消费革命战略》等均强调通过合成生物学的技术创新和颠覆性能源技术的普及来构建新型能源系统。

（1）欧盟《战略能源技术规划》

2005 年以来，欧盟密集出台了多个重要的新能源发展战略。2007 年年底，欧盟推出《战略能源技术规划》（*Strategic Energy Technology Plan*，SET Plan），其中就包括"欧洲生物能启动计划"，重点是在整个生物能使用策略中，开发新一代生物柴油。2008 年 2 月，欧盟运输、通信和能源部长理事会通过了欧盟委员会提出的《战略能源技术规划》，提出发展风能、光伏能和生物能技术，将欧盟经济发展建立在"低碳能源"基础上。该计划鼓励推广包括风能、太阳能和生物能源技术在内的"低碳能源"技术，为欧盟协同开展能源科技创新、新能源的可持续供给和利用构建了稳定机制[54]。

（2）欧盟《能源联盟战略》

2010—2011 年，欧盟先后推出《能源 2020：具有竞争力的、可持续的和安全的能源战略》（*Energy 2020：A Strategy for Competitive，Sustainable and Secure Energy*）（2010年 11 月）和《欧盟 2050 能源路线图》（2011 年 12 月），将欧盟发展新能源产业政策目标化，到 2020 年，欧盟新能源和可再生能源在能源消费中的比例将达到 20%，生物燃料在交通燃料中的比例将达到 10%。该战略不仅为欧盟未来 10 年的能源政策提供了框架，也是欧盟未来 10 年经济发展规划《2020 战略》的组成部分。在《欧盟 2050 能源路线图》中，呈现了不同情景下的能源结构状况。该路线图确定的总目标是在充分满足经济社会可持续发展、大众生活能源需求的同时，积极利用各种低碳技术，到 2050年，在 1990 年碳排放的基础上降低温室气体排放 80%~95%。

2015 年，欧盟成立欧盟能源联盟并启动《能源联盟战略》。该联盟遵循五大原则：确保能源供应安全；建立完全一体化、具有竞争力的内部能源市场；降低能源需求，提高能源效率；加强利用再生资源；加强研究、创新以发展绿色技术。2020 年 10 月 14日，欧盟委员会发布《能源联盟进展 2020》报告，总结了《能源联盟战略》框架下欧盟及其成员国在可再生能源、能效、能源安全、能源市场、研究创新 5 个方面的举措和进展。报告为成员国《国家能源与气候计划》的实施以及能源相关投资和改革如何促进经济复苏提供了指导。

（3）美国《优先能源计划》

2017 年 1 月 20 日，特朗普就任美国总统，白宫随即发布《美国优先能源计划》（*America First Energy Plan*），意图通过开发利用美国丰富的化石能源资源，推动经济增长，增加就业，实现能源独立。该计划延续了美国追求能源独立的基本思想，致力于降低能源成本，最大化利用国内资源。

该计划基于美国拥有大量未开采的能源资源矿藏的国情，主张充分发挥这一优势，最大化利用国内资源，降低美国人的生活成本，解除对国外石油的依赖，为美国带来就业和繁荣。提出的实施计划包括取消《气候行动计划》等限制政策，深化页岩油和页岩气革命，发展清洁煤技术并重振美国煤炭工业，与海湾地区盟友发展积极的能源关系并作为反恐战略的一部分，要求环保署将核心职能聚焦于保护空气和水。

特朗普政府从立法、行政、财政、人事等方面积极推进《优先能源计划》。从计划到行动，特朗普除了重点关注石油、煤炭、天然气等化石能源，还准备发展核能用于国防，指示能源部长佩里推广发展风能经验。特朗普虽然多次表示要保护环境，但言行不一，出台的举措显示了其重能源轻环保的发展理念[55]。

（4）法国《能源转型创新计划》

2015 年 8 月，法国通过《能源转型绿色发展法案》（*Energy Transition for Green Growth Act*，ETGGA），该法案拟定了法国能源转型的路线图。根据该方案和之后的调整，法国计划到 2035 年核电占比从 2015 年的 75% 降低到 50%，最高装机功率控制在 6 320 万千瓦以内[56]。

2020 年 4 月，法国政府推出能源转型行动时间表《多年能源计划》，计划在 2035 年以前关闭 14 座核反应堆，并将核电占法国发电总量的比例降至 50%；到 2028 年年底，可再生能源发电装机容量将较当前水平翻四番，新增装机主要来自风电和太阳能[57]。

2022 年，法国总统马克龙在视察法国东北部城市贝尔福时，宣布了一项全新能源转型计划，计划通过大力发展可再生能源和核能，加速推动生态转型，在应对气候变化挑战的同时满足电力供应需求，确保碳中和目标如期实现。此次能源转型计划包括"四大支柱"，即效率与节制、能源互补、可再生能源、核能，工作重点包括在减少能源消耗方面继续投资、重拾并发展核能、大规模部署可再生能源等。马克龙政府拟借此计划开启法国绿色转型新进程。对于这项旨在引领法国未来 30 年能源转型的计划，马克龙政府支持力度不可谓不大。一方面，给予更多政策便利，马克龙在视察贝尔福时针对可再生能源项目承诺，"只要项目在当地被接受，就消除监管障碍"。另一方面，给予财政资金倾斜，马克龙表示，继续投资减少能源消耗同样是重要的一环。

（5）德国《能源转型创新计划》

德国传统上是科技、制造业大国，用能较多，能源结构曾经很大程度上依靠燃煤火电与核电支持，但是，近年来弃核风潮很盛，加之福岛事件又进一步加剧了弃核的步伐。2000 年，德国实施《可再生能源法》（*Erneubare Energien Gesetz/German Renewable Energy Sources Act*，EEG），具有强大的示范作用。此后，又分别于 2004 年、2009 年和

2012 年对《可再生能源法》进行了几次较大的修订，最近的一版已于 2017 年 1 月施行[58]。

2016 年 12 月，德国"智慧能源——能源转型数字化"展示计划（SINTG）正式启动，该计划在德国 5 个大型示范区域进行能源数字化研究及试点项目，核心在于发电侧与用电侧的智能互联，以及创新电网技术、运营管理及商业概念的应用，以测试能源转型数字化的新技术、服务、流程和商业模式[59]。

2018 年 9 月 19 日，德国联邦通过了《联邦政府第七能源研究计划"能源转型创新"》（*Innovationen für die Energiewende 7. Energieforschungsprogramm*），确定了未来几年能源领域研究资助与创新政策的基本原则。

该计划的主要内容包括以下 4 个方面。①聚焦技术与创新转化：利用新的资助形式"能源转型实时实验室"，资助技术成熟度等级（TRL）达到 7—9 级（完成实验验证、完成产品定型、完成使用验证 3 个最高等级）的项目，为具有创新技术和解决方案的市场准入做准备，并通过初创企业的参与，促进有活力的市场转化。②瞄准能源转型的跨部门和跨系统问题：扩大项目资助研究范围，从单一的技术问题到系统性和跨系统的能源转型问题，包括数字化和部门协同。③加强项目资助与机构式资助相结合的双重资助战略：联邦政府对亥姆霍兹联合会的能源研究提供机构式资助，使其面向国家和社会目标研究复杂问题，特别是需要使用大科学装置的问题。④密切欧洲与国际合作：在欧洲层面，德国要参与欧盟战略能源技术行动计划（SET-Plan）中可再生能源、智能能源系统、能源效率和可持续交通等战略项目；在全球层面，德国将扩大与国际可再生能源署等国际组织的合作，参与国际能源署的技术合作计划[60]。

（6）日本《能源革新战略》和《能源环境技术创新战略 2050》

2016 年，日本连续发布面向 2030 年的《能源革新战略》和面向 2050 年的《能源环境技术创新战略 2050》（エネルギー・環境イノベーション戦略）。《能源革新战略》确定了节能挖潜、扩大可再生能源和构建新型能源供给系统这三大改革主题，以实现能源结构优化升级，构建可再生能源与节能融合型新能源产业[61]。《能源环境技术创新战略 2050》强调要兼顾日本经济发展及全球气候变化问题，实现到 2050 年全球温室气体排放减半和构建新型能源体系的目标。战略提出了日本将要重点推进的五大技术创新领域，包括能源系统集成、节能、储能、可再生能源发电以及碳固定与利用[62]。

2020 年 10 月，日本政府发布面向 2050 的碳中和目标。2021 年 4 月，其又发布新的减排目标：相较于 2013 年，明确在 2030 年实现减排 46%，甚至达到 50% 的目标。福岛核事故十周年之际，"安全"成为日本今后针对核能开发应用的一切政策的出发点。在此背景下，日本发布了新一期能源基本计划，明确了面向 2050 年碳中和的能源利用原则和措施。

2021 年 10 月 22 日，日本政府发布《第六次能源基本计划》（第 6 次エネルギー基本計画），阐述了日本面向 2050 年碳中和的能源计划和具体举措。《能源基本计划》是日本能源政策的指导方针，2003 年首次发布，此次发布距离上次时隔 3 年。该计划明确以"S+3E"为基本原则，即以安全性（safety）为前提，同时实现能源稳定供给

（energy security）、经济效率（economic efficiency）和环境适应性（environment），稳步推进日本的能源开发利用。

（7）中国《能源生产与消费革命战略（2016—2030）》

推进能源生产和消费革命，有利于增强能源安全保障能力、提升经济发展质量和效益、增加基本公共服务供给、积极主动应对全球气候变化、全面推进生态文明建设，对于全面建成小康社会和加快建设现代化国家具有重要的现实意义和深远的战略意义。2016 年 12 月 29 日，国家发展和改革委员会、国家能源局印发《能源生产和消费革命战略（2016—2030）》，提出到 2020 年，全面启动能源革命体系布局，推动化石能源清洁化，根本扭转能源消费粗放增长方式，实施政策导向与约束并重。2021—2030 年，可再生能源、天然气和核能利用持续增长，高碳化石能源利用大幅减少。

根据战略，将在以下 13 项领域实施重大战略行动，推进重点领域率先突破：①全民节能行动；②能源消费总量和强度控制行动；③近零碳排放示范行动；④电力需求侧管理行动；⑤煤炭清洁利用行动；⑥天然气推广利用行动；⑦非化石能源跨越发展行动；⑧农村新能源行动；⑨能源互联网推广行动；⑩能源关键核心技术及装备突破行动；⑪能源供给侧结构性改革行动；⑫能源标准完善和升级行动；⑬"一带一路"能源合作行动[63]。

该战略指出，我国能源发展正进入从总量扩张向提质增效转变的全新阶段。这是我国供给侧结构性改革、提升经济发展质量的需要，是破解资源环境约束、治理大气和水污染、推进生态文明建设的需要，是积极应对气候变化、实现长期可持续发展的需要，更是增加能源公共服务、惠及全体人民、加快国家现代化建设的需要。该战略对2016—2030 年我国能源革命作出了全面的战略部署，具有深远的意义[64]。

1.3.3 合成生物学在医疗健康领域政策布局

各国高度重视合成生物学在医疗健康中的应用，积极布局精准医学、个性化医疗、基因组医学、移动医疗与癌症诊疗等重大科技规划或计划。美国启动《精准医学计划》《生物类似药行动》《国家阿尔茨海默病计划》《癌症"登月计划"》等当前人类高度关切的疾病诊疗相关研究计划，法国发布的《基因组医学计划 2025》及其框架下的《癌症计划》《神经退行性疾病计划》和《国家罕见病计划》等均涉及生物技术与合成生物学领域布局。

（1）美国《精准医学计划》

2011 年，美国国家科学院（NAS）、美国国家工程院（NAE）、美国国立卫生研究院（NIH）及美国国家科学委员会（NSB）共同发出"迈向精准医学"的倡议。著名基因组学家梅纳德·V·奥尔森（Maynard V. Olson）博士参与起草的美国国家智库报告《走向精准医学》同步正式发表。该报告提出通过遗传关联研究和与临床医学紧密接轨，来实现人类疾病精准治疗和有效预警。24 年前，他还参与起草了另一个划时代的智库报告《测定人类基因组序列》，他也成为同时参与这两个报告撰写的唯一科学家，宣示美国智库对科研路线和策略连续性的重视[65]。

2015 年 1 月 20 日，时任美国总统奥巴马在国情咨文演讲中正式宣布启动《精准医学计划》（*Precision Medicine Initiative*），称其将是人类史上缔造医学突破最重大的机会之一。他表示，美国已经消除脊髓灰质炎，亦已绘制出人类基因组图谱，希望这项计划能在合适的时间给予患者合适的治疗，能继续引领医学进入全新的时代。他呼吁，美国要增加医学研究经费，推动个体化基因组学研究，依据个人基因信息为癌症及其他疾病患者制定个体医疗方案。由于利用个体基因信息能有效找到患者病因，因此可省下目前花在无效药物上的数百亿美元。

2015 年 1 月 30 日，白宫公布《精准医学计划》的细节。该计划旨在彻底改变美国人民改善健康和治疗疾病的方式，在 2016 年总统预算中投入 2.15 亿美元，开创一种以患者为动力的研究新模式。其中，向国立卫生研究院拨款 1.3 亿美元，用于发展一个由 100 万名甚至更多志愿者组成的自愿国家研究队伍；向国立卫生研究院下属的国家癌症研究所（NCI）拨款 7 000 万美元，用于加大对癌症基因组驱动因素的研究力度，并将这些知识应用于开发更有效的癌症治疗方法；向食品药品监督管理局（FDA）提供 1 000 万美元，用于获取额外的专业知识，推进高质量、精心策划的数据库的开发，以支持推进精准医疗创新和保护公众健康所需的监管结构；向卫生部医疗信息技术全国协调员办公室（ONC）提供 500 万美元，用于支持互操作性标准和要求的开发，以解决隐私问题，并实现跨系统数据的安全交换[66]。

在美国提出精准医学计划之后，韩国、英国、法国、澳大利亚、荷兰、冰岛等国都启动了大型人群的队列研究。其中，英国除了早已成立的 Genome England 公司运行 10 万人基因组外，2016 年还由伊丽莎白女王亲自剪彩成立了弗朗西斯·克里克研究所（Francis Crick Institute），该所获得了 9 000 万英镑资助，重点推进精准医学研究。纵观各国的版本的"精准医学计划"，其核心并没有脱离奥巴马策划的基本节奏，各国主要是根据各自的人群特征，完成美国《精准医学计划》无法涵盖的内容。

（2）美国《生物类似药行动计划》

2010 年，美国食品药品监督管理局（FDA）推出《生物制品价格竞争和创新法案》（《BPCI 法案》），初步制定了生物类似药的审批办法。该法案将生物类似药定义为高度相似于原研药参比品的生物制品，尽管其在临床应用的无活性成分中有微小差异，但是临床上仅考虑比较生物类似药和参比药之间的安全性、纯度和效价方面是否存在显著性差异。

2018 年 7 月 18 日，FDA 发布《生物类似药行动计划》（*Biosimilars Action Plan*，BAP），提出为鼓励生物制品创新和竞争以及生物类似药研发的系列举措。其作为美国政府降低药品价格蓝图《美国患者第一》（*American Patients First*）的重要组成部分，旨在提高生物类似药市场的竞争力，降低医疗成本。BAP 针对 4 个关键问题提出了相应的优先发展举措：①提高生物类似药及可互换性药品的研究和审批效率；②使生物类似药研发团队充分了解科学和监管要求；③开发有效沟通策略，增进患者、临床医生和支付方等各群体对生物类似药的了解；④支持市场竞争，减少试图规避 FDA 要求的博弈行为或其他不正当的延缓竞争行为[67]。

作为世界最具权威的监管机构之一，FDA出台的一系列文件以鼓励生物类似药的快速发展，降低消费者的成本，并加强美国生产厂商参与全球生物制品市场的竞争力为目的，为相关产品在美国获批迈出了重要步伐[68]。

（3）美国《国家阿尔茨海默病计划》

由于长期以来缺乏有效的药物，阿尔茨海默病曾被认为无法治愈、无法预防、无法减缓，因而被美国联邦政府视为影响美国公民健康状况、有待召集优势科研力量进行联合攻关的重大问题之一。1999年，NIH下属的国立老龄化研究所（NIA）联合非营利机构班纳阿尔茨海默病研究所（BAI）启动《阿尔茨海默病预防计划》（*Alzheimer's Disease Prevention Initiative*），旨在推进科学研究与药物开发以预防和治疗阿尔茨海默病。

2011年1月，美国国会立法《国家阿尔茨海默病计划法案》要求美国卫生与公众服务部（HHS）出台《国家阿尔茨海默病计划》（*National Alzheimer's Project*），计划在2025年前开发出针对阿尔茨海默病的有效防治方法。由此，此前NIH层面的资助行为被提升为美国国家层面的资助计划，并获得法律保障[69]。此外，该计划的目标还包括：实现阿尔茨海默病的及时诊断，为实现这一目标，计划草案建议提高公众意识，让更多人了解阿尔茨海默病的早期症状，并在健康评估中加入记忆评估工具；改善对患者家庭的支持和培训，使他们了解患者可获得哪些公共资源以及患者病情恶化对家庭的影响等。

（4）美国《癌症"登月计划"》

美国长期致力于攻克癌症。20世纪60年代，时任美国总统肯尼迪提出《癌症"登月计划"》（*Cancer Moonshot*）。1971年12月，尼克松签署《国家癌症法案》，宣布正式实施国家癌症行动计划，扩大国家癌症研究所的规模、职责和范围，创立国家癌症研究计划，目标是通过大规模增加研究经费，消除癌症带来的死亡，吹响了美国向癌症宣战的号角。

2016年1月12日，奥巴马在国情咨文中提出启动《癌症"登月计划"》，并于当年1月28日签署总统备忘录，旨在将"美国变成可以治愈癌症的国家"。2016年2月1日，美国政府宣布启动《癌症"登月计划"》，并在两年内投入10亿美元，其中2016财年向NIH拨款1.95亿美元，2017财年申请7.55亿美元的强制性基金拨给NIH和FDA开展癌症研究新项目，美国国防部（DOD）和退伍军人事务部（VA）则将通过建立癌症卓越中心、开展大型纵向队列研究等方式增加对癌症研究的投入。

2017年10月17日，《癌症"登月计划"战略性报告》正式公布，概述了计划取得的进展，并为未来计划实施制定路线图。该报告包括时任副总统拜登撰写的执行报告，以及癌症"登月计划"特别小组完成的《癌症"登月计划"特别小组报告》。该战略性报告提出将癌症预防、诊断和治疗效率提高一倍的愿景，并制订了五大战略目标和未来5年的具体实施方案。《癌症"登月计划"特别小组报告》提出了该计划的战略目标：①催生科技新突破；②加强数据库建设；③加速新疗法应用；④加强预防和诊断；⑤扩大癌症疗法的推广和使用[70]。

2022年2月2日，美国总统拜登重启《癌症"登月计划"》，承诺在未来25年内努力将癌症死亡率降低 50%。拜登表示,《癌症"登月计划"》还旨在改善癌症患者及其家人在癌症诊断后的生存体验,该计划的使命是"终结我们所知道的癌症";帮助恢复自 2020 年新冠大流行开始以来中断的癌症筛查;确保所有美国人都能从癌症预防、检测和诊断中受益。重启的《癌症"登月计划"》将创建一个"癌症内阁",由来自众多专注于癌症的联邦机构官员组成[71]。

(5)法国《基因组医学计划 2025》及其框架下的《癌症计划》

2016 年 6 月 22 日,法国政府发布《基因组医学计划 2025》(France Genomic Medicine 2025),以应对诊断与治疗领域的公共卫生挑战,发展基因组医学相关的医药产业,确保法国在该领域的优势作用。该计划由法国总理领导的部际内阁战略委员会(Inter-ministerial Strategic Committee)进行监督,前 5 年计划投资 6.7 亿欧元。

在美国、英国与中国等国家相继推出基因组医学相关国家计划的背景下,法国推出该计划以应对公共卫生、科学与临床研究、技术及经济的重大挑战。计划阐述了基因组测序在现代医学中的地位与重要性,及其在未来 10 年的预期发展;明确了法国在基因组学研究领域,以及基因组学在卫生计划以及国家卫生与研究战略优先领域中的地位;充分考虑技术、大数据管理以及伦理影响,评估在创新、商业化和经济发展面临的挑战;提出长期的卫生经济学模型。该计划预期实现以下 3 个目标:①为法国能够成为世界级基因组医学领导者奠定基础;②将基因组医学方法逐步贯彻落实到患者的常规护理检测流程中;③建立国家级的基因组医学产业,推动国家创新与经济增长。

为实现上述目标,该计划还聚焦于以下系列措施:①部署 12 个测序平台,组成覆盖法国全境基因组数据的平台网络,并安装数据收集与分析仪(DCA),处理和利用海量数据。②有效实施基因组临床路径,包括许可文件、取样流程、样本的运输与转移、分析与质控、报告的编写与发送等,设计评估和验证方案,分析基因组医学适用于哪些适应证,创建集参照、创新、专业技能与转移为一体的中心(CRefIX),在校园中展开基因组医学与数字医疗培训,保障基因组临床路径的安全与质量,推动基因组医学的快速发展。③建设国家基因组医学产业,关注国际基因组医学的发展,致力于卫生经济学研究计划的实施[72]。

2021 年 2 月 4 日,法国总统马克龙宣布正式启动一项为期 10 年的国家抗癌战略(2021—2030 年),计划在 2021—2025 年投入 17.4 亿欧元,其中 50%预算将用于科研。新战略设定了 3 个量化目标:到 2040 年,每年减少 6 万例可预防癌症病例;到 2025 年,每年增加 100 万次筛查;将诊断后 5 年出现后遗症的概率从诊断后的 2/3 降低到 1/3。此外,还有第四个尚未量化的目标,即在 2030 年之前,提高预后最差癌症的五年生存率,涉及低于 33%的胰腺癌、食管癌、肝癌、肺癌、中枢神经系统癌症等 7 类癌症[73]。

(6)法国《2021—2022 年神经退行性疾病研究路线图》

2020 年,法国国家研究机构(ANR)发布第 13 号专题报告《神经退行性疾病:神经科学的挑战》。该报告评估了神经退行性疾病(NDD)研究的最新进展,并回顾了该机构在 2010—2018 年资助的项目。根据国家计划,2010—2018 年,ANR 支持了 278 个以 NDD 为重点的项目，涵盖基础研究、应用研究以及技术转让，资金总额达 1.1 亿欧元。这些项目涉及 630 个研究团队，是通过主题和非主题征集、一般提案征集（AAPG）以及具体和国际征集（ERA-Net、JPND 等）选出的。这种支持有助于新知识的发展和新联盟的建立，促进跨学科方法以及基础、临床和工业研究之间更紧密的联系[74]。

2021 年 6 月 3 日，法国政府发布《2021—2022 年神经退行性疾病研究路线图》，概述了将在不同领域采取的后续步骤。在完成《2014—2019 年法国神经退行性疾病计划》的评估后，法国 France Alzheimer 组织与法国政府、其他民间社会组织合作，强调需要继续优先考虑不同领域的神经退行性疾病卫生政策。在回应中，法国卫生部承诺发布一份较短的研究路线图，确定继续开展工作的重点政策措施[75]。

（7）法国《国家罕见病计划》

2004 年 11 月 20 日，法国发布《国家罕见病计划 2005—2008》（French National Plan for Rare Diseases 2005—2008），以确保罕见病患者公平地获得诊断、治疗和护理。围绕该项首要任务，该计划提出了 10 项战略重点：①增加对罕见疾病流行病学的了解，认识罕见疾病的特殊性；②为患者、卫生专业人员和公众提供有关罕见疾病的信息；③培训专业人员更好地识别罕见疾病；④组织审查和诊断测试；⑤改善患者获得治疗的机会和医疗保健服务的质量；⑥努力开发罕见病治疗药物；⑦响应罕见病患者陪护的具体需求；⑧支持患者协会；⑨促进罕见疾病的创新性研究（特别是治疗方法）；⑩在罕见病领域发展国家和欧洲伙伴关系。

2021 年 2 月 28 日国际罕见病日之际，法国政府公布《国家罕见病计划 2011—2014》（French National Plan for Rare Diseases 2011—2014），以加强对镰状贫血和肌萎缩侧索硬化症等疾病的研究和治疗，旨在提高罕见病患者的护理质量、加强罕见疾病研究、扩大该领域的欧洲和国际合作。针对提高患者护理质量，该计划提出改善罕见疾病患者获得诊断和护理的机会、优化罕见病参考中心的评估和筹资方法、加强国家诊断和护理方案的制定等措施；针对加强罕见疾病研究，该计划提出推广工具以增加有关罕见疾病的知识并进行登记、促进治疗实验的发展、促进转化临床和治疗研究等措施；针对扩大该领域的欧洲和国际合作，该计划提出通过欧洲网络促进国际层面的专业知识共享、提高进行跨国临床试验能力等措施。

法国《国家罕见病计划 2018—2022》（French National Plan for Rare Diseases 2018—2022）保持了先前两项计划的连续性，并在促进诊断的可及性、新专业知识的出现，预防残疾以及罕见疾病患者所遭受的身体、心理和社会痛苦，改善护理途径、研究与治疗创新等方面进行了优化。新的计划围绕"为所有人提供快速诊断、创新治疗、改善患者的生活质量和护理途径"这 3 个目标，确定了两个关键杠杆：一是沟通和培训，二是组织和国家融资机制的现代化。所有这些目标的实现，需要持续关注、确保护理和研究的交叉融合，并发挥罕见疾病临床网络（Rare Disease Clinical Networks）的关键作用。围绕目标，该计划确立了 11 项重点任务：①减少诊断延误和未确诊疾病；②改善新生儿筛查以及产前和植入前诊断以实现早期诊断；③共享数据以帮助诊断和开发新疗法；④促进罕见疾病治疗的可及性；⑤为罕见疾病领域的研究提供新动力；⑥促进创新；⑦改善护理途径；⑧促进罕见疾病患者及其看护者融入社会；⑨培训健康和福利专业人员，以更好地识别和管理罕见疾病；⑩加强罕见疾病临床网络在护理和治疗中的作用；⑪明确其他国家参与者在罕见疾病领域的定位和使命。

1.3.4　合成生物学在材料化工领域政策布局

合成生物学的技术创新推动材料化学和材料制造技术的快速发展。美国部署的《材料基因组计划》、欧盟在《地平线2020》部署的面向化学传感器、生物传感器等多重点的未来新兴技术规划，以及美国发布的《生物学工业化路线图：加速化学品的先进制造》和欧盟发布的《面向生物经济的化学工业路线图》多次提到合成生物学的应用，加快生物基产品或可再生材料的发展。

（1）美国《材料基因组计划战略规划》

2011年6月24日，时任美国总统奥巴马在卡内基·梅隆大学发表以"先进制造业伙伴关系"为主题的演讲并首次宣布启动材料基因组倡议（Materials Genome Initiative, MGI），同日，白宫科技政策办公室发布《提高全球竞争力的材料基因组倡议》（*Materials Genome Initiative for Global Competitiveness*）白皮书，阐述了材料创新基础设施的3个平台，即计算工具平台、实验工具平台和数字化数据（数据库及信息学）平台。白皮书发布后，美国国家科学技术委员会（NSTC）在其技术委员会（COT）下设立了材料基因组倡议分委会（SMGI）。

2014年，SMGI发布《材料基因组计划战略规划》（*Materials Genome Initiative Strategic Plan*），综合材料科学与工程界各方的建议，就联邦机构如何落实材料基因组倡议提出的"减少新材料从发现到进入市场的时间并降低成本"给出了指导意见。该规划明确了四大战略目标，提出了联邦机构将采取的里程碑性质的22项具体举措，指出材料研究应服务于国家安全、人类健康与福利、清洁能源系统以及基础设施和消费品这4项国家目标，公布了九大关键材料研究领域下的63个重点研发方向，并针对九大领域对实现4项国家目标的重要意义作出了评估。其中一项关键材料研究领域是生物材料，重点研究方向主要包括：①人体组织和器官可再生生物活性材料；②仿生材料，包括像肌肉一样传递能量的材料、具有未知属性的自组装层状结构材料、自修复或自适应材料；③生物构造材料，包括利用细胞的基因操作能力创建的新材料；④生物系统新材料，如可应用于传感、再生、药物发现或燃料生产的细菌或干细胞[76]。

2021年11月，NSTC发布了2021版《材料基因组计划战略规划》，确立了未来5年材料基因组计划的三大战略目标，以指导研究团体继续拓展该计划的影响。与2014年发布的上一版规划相比，新版规划压缩为材料创新基础设施、材料数据和人员培养3个目标，删去了"实现材料开发范式转变"这一目标；围绕材料创新基础设施，新版规划注重其统一规范化后发挥的作用。

（2）欧盟《地平线2020》

2014年，欧盟发布《地平线2020》（*Horizon 2020*）计划，主要包括三大战略优先领域和四大资助计划，预算总额约为 770.28 亿欧元，是为实施欧盟创新政策的资金工具，旨在帮助科研人员实现科研设想，获得科研上新的发现、突破和创新，促进新技术从实验室到市场的转化。相比以往的计划，《地平线 2020》加大了资助力度，加大了大对欧盟层面不同资助计划的整合，简化项目申请、管理等流程，探索新的资助机制，面向所有人开放，具有结构简单、手续便利、时间快捷等特点。

根据《地平线 2020》计划内容，三大战略优先领域计划之一"产业领导力"提出保持使能技术和工业技术领先，其中包括先进材料、生物技术等。此外，该计划也对合成生物学相关内容提出了规划与展望，例如，发展生物经济，支持生物标志物领域和医疗诊断设备验证领域的创新型中小企业，将传统工业生产过程和产品转化为环保生物综合生物精制过程和生物产品，等等。

（3）美国《生物学工业化路线图：加速化学品的先进制造》

2014 年，美国能源部和美国国家科学基金会联合成立专家委员会，撰写《生物工业化路线图：加速化学品的先进制造》报告，展望了化学品生物制造的未来发展愿景，围绕原料利用、使能转化以及生物体研究等方面展开论述，得出了一系列技术结论与建议，提出了生物工业化 2014—2024 年的发展路线图目标。报告指出，化学品的生物制造将在未来 10 年内快速成长，生物学产业化的未来愿景是生物合成与生物工程的化学品制造达到化学合成与化学工程生产的水平。按照化学品制造流程的生产模型，报告将技术路线图分解为 6 个类别，并列举了相关技术结论。这些类别的技术进步将有助于提升生物技术在国家经济中的贡献。报告指出，为了转变工业生物技术发展的步伐，促进商业实体发展新的生物制造工艺，应联合支持必要的科学研究与基础技术，以发展和整合原料、微生物底盘与代谢途径开发、发酵及加工等多个领域，并考虑建立一个长期路线规划机制，持续引导技术开发、转化和商业规模发展[77]。

2019 年 6 月 19 日，美国工程生物学研究联盟（EBRC）发布《工程生物学：下一代生物经济研究路线图》，对工程生物学的发展现状及未来潜力进行分析，提出了工程生物学的 4 个技术主题，包括工程 DNA、生物分子工程、宿主工程、数据科学，以及它们在工业生物技术、健康与医学、食品与农业、环境生物技术、能源 5 个领域的应用和影响。同时，提出了每个技术主题的未来发展目标、突破方向以及在未来 2 年、5 年、10 年和 20 年发展的里程碑[78]。

（4）欧盟《面向生物经济的化学工业路线图》

2019 年，欧盟发布《面向生物经济的化学工业路线图》，旨在为欧盟化学工业提供基于证据的基础，在此基础上实施未来的政策并采取行动，从而加快生物基产品或可再生原料的发展。路线图提出，在 2030 年将生物基产品或可再生原料的替代份额增加到 25%。

1.3.5 合成生物学在农业科技领域政策布局

合成生物学在提高农业生产力、提升食品质量、降低生产成本、实现可持续发展等方面潜力巨大。近年来，美国发布的《先进植物计划》《昆虫联盟计划》《植物遗传资源、基因组学和遗传改良行动计划》和《国家植物病害行动计划》旨在通过提供知识、技术和产品，提高农作物产量和产品质量；中国发布的《主要农作物良种科技创新规划》强调按照种质资源与基因挖掘、育种技术、品种创制等科技创新链条进行统筹布局；德国《2030 年国家研究战略》下的《"未来作物"研究计划》明确提出可在合成生物学的帮助下从头开发新型转化系统。

（1）美国《先进植物计划》

美国国防部高级研究计划局（DARPA）为满足军事上及时和准确的通信要求，把目光瞄向大自然，设立《先进植物计划》（*Advanced Plant Technologies*，APT），旨在开发能够作为下一代持久地面传感器技术的植物，通过检测与报告化学、生物、放射性、核与高爆（CBRNE）威胁来保护部署的部队和国土。这种生物传感器将有独立的能源，从而增加其广泛分布的潜力，同时也能够降低与传统传感器部署和维护相关的风险。

APT 项目经理布雷克·贝克斯汀表示："植物能够做到高度适应环境，自然地表现出对光照和温度等基本外界刺激的生物反应，而且在某些情况下对机械刺激、化学物质、病虫害和病原体也有反应。新兴的分子和建模技术或许能够重新编译这种检测和汇报能力，使其接受刺激的范围更广。这不仅开辟了新的情报网络，而且还减少了使用传统传感器带来的人力成本和风险。"

布雷克·贝克斯汀说："该计划以合成生物学技术为核心，最终目标是开发一个高效的迭代系统来设计、构建和测试模型，以便最终获得一个能够用于各种场景的适应性强的（传感）平台。"[79]

（2）美国《昆虫联盟计划》

2016 年，DARPA 发布《昆虫联盟计划》（*Insect Allies Project*）。该计划声称，正在寻求可延伸的、易于部署和推广的对策，以应对对美国食品供应造成潜在威胁的自然和生物工程因素，该计划目的是保护美国的农作物系统。该计划指出，包括病原体、干旱、洪水、霜冻，特别是一些国家或非国家行为体带来的生物威胁会瓦解美国的农作物系统，从而迅速危及美国国家安全。而《昆虫联盟计划》试图通过对成熟的农作物应用靶向疗法从而减轻这些威胁带来的影响。

《昆虫联盟计划》自公布之日起，就被西方学者打上了"生物武器"的烙印，引发西方学界和媒体关于该计划是否违背联合国《禁止生物武器公约》的大讨论。尽管美国国防高级研究计划局对于《昆虫联盟计划》的军事用途讳而不言，但在军事专家看来，这项由美国国防科研机构主导的农业项目毫无疑问就是一种生物武器。军事专家宋忠平在接受《环球时报》记者采访时表示，"昆虫联盟"是一种典型的生物武器表现形式，用昆虫来携带某种病毒，实现对植物基因的改造，目的就是为了让目标国家农作物减产，人为在这些国家制造粮食危机，然后丧失粮食领域的独立自主，对美国的粮食出口产生依赖，包括转基因粮食，这是生物战的一部分[80]。

（3）美国《植物遗传资源、基因组学和遗传改良行动计划 2018—2022》

2017 年 5 月，美国农业部农业研究服务署（USDA-ARS）发布国家计划"301"《植物遗传资源、基因组学和遗传改良行动计划 2018—2022》，核心任务是利用植物的遗传潜力来帮助美国农业转型，以实现其成为全球植物遗传资源、基因组学和基因改良方面领导者的战略愿景。具体做法是通过提供知识、技术和产品，从而提高农产品的产量和质量，改善粮食安全，改善全球农业面对破坏性病害、害虫和极端环境的脆弱性。

该计划通过提供具有更高内在遗传潜力的作物品种来解决提高作物生产力这一关键需求，为此需要通过更高效和有效的植物育种来进行持续的作物遗传改良，育种过程则需要利用来自国家基因库的新基因、前沿育种方法、数据挖掘、生物信息工具以及作物分子和生物过程的初步知识。通过创新的研究工具和方法，该计划将管理、整合和向全球用户交付大量的原始遗传材料（遗传资源）、优良品种，以及基因、分子、生物和表型信息。这些努力的最终目标是提高生产效率、产量、可持续性、适应力、健康、产品质量和美国作物的价值。

该计划包括四大研究领域：作物遗传改良，植物与微生物遗传资源和信息管理，作物生物学和分子过程，作物遗传学、基因组学及基因改良的信息资源和工具。四大研究领域交互作用以满足国家计划"301"的总体目标。在这个交互式的模式中，每个领域的预期产品和成就对于其他领域的成功均至关重要[81]。

（4）美国《国家植物病害行动计划》

2013年4月，美国农业部发布与国家计划"308"合并后的修订版国家计划"303"《2012—2016年国家植物病害行动计划》（*National Program 303 – Plant Diseases Action Plan 2012—2016*）。计划包括四大组成部分：诊断、病因学和系统学；植物病害生物学和流行病学；植物健康管理；种植前溴甲烷土壤熏蒸的替代方案。

随后，美国农业部先后发布《2017—2021年国家植物病害行动计划》《2022—2026年国家植物病害行动计划》，对其中的相应内容进行修订。

（5）中国《主要农作物良种科技创新规划（2016—2020年）》

为深入贯彻《国务院办公厅关于深化种业体制改革提高创新能力的意见》（国办发〔2013〕109号）和《国务院印发关于深化中央财政科技计划（专项、基金等）管理改革方案的通知》（国发〔2014〕64号）的精神，科学有效地推进农作物种业科技改革创新，科学技术部会同农业部、教育部、中国科学院发布了《主要农作物良种科技创新规划（2016—2020年）》。

该规划围绕夯实种业研究基础、突破育种前沿技术、创制农作物重大产品、培育种业新兴产业、引领现代农业的战略目标，以水稻、小麦、玉米、大豆、棉花、油菜、蔬菜等主要农作物为对象，按照种质资源与基因发掘、育种技术、品种创制、良种繁育、种子加工与质量控制等科技创新链条，从基础研究、前沿技术、共性关键技术、产品创制与示范应用方面，部署全产业链育种科技攻关任务。

该规划在全面梳理我国农作物种业科技本底现状基础上，明确了我国农作物种业发展的新阶段和新要求，在加快推动我国主要农作物育种研究和种业创新等方面具有重要意义[82]。

（6）德国《国家产业战略2030：对于德国和欧洲产业政策的战略指导方针》

2019年2月5日，德国经济事务和能源部部长彼得·阿特迈尔在柏林公布《国家产业战略 2030：对于德国和欧洲产业政策的战略指导方针》（*National Industrial Strategy 2030: Strategic Guidelines for a German and European Industrial Policy*），各界普遍认为，这是德国为了应对来自中国、美国的竞争压力而通过制订新的产业政策，打造龙头企业，加大力度保护德国和欧盟的重要产业，提高其竞争力的重要举措。该战略的总体目标是稳固并重振德国经济和科技水平，深化工业 4.0 战略，推动德国工业全方位升级，保持德国工业在欧洲和全球竞争中仍然领先。

该战略认为，欧洲面临可能无法赶上新生物技术的国际发展的风险，即使能赶上，也可能重新掉队。该战略还指出，未来进一步改变游戏规则的技术可能是纳米技术、生物技术、新材料和轻质建筑技术以及量子计算的发展[83]。

1.3.6　合成生物学在社会伦理领域政策布局

合成生物学的发展带来了科技风险和科技伦理挑战，各国政府采用超前准备、及早防范、生物技术监管等方式积极应对。2015 年人类基因编辑国际峰会上，美国、英国、中国共同发布的《联合声明》表示，现阶段的临床医学中应禁止对人类胚胎和生殖细胞进行基因编辑；国际干细胞研究学会发布了更新版的《干细胞研究与临床转化指导原则》，欧盟出台多项新规以确保细胞和组织来源的可追溯性和安全性；各国有多项规划关注了生物大数据的安全和隐私保护问题。合成生物学研究需要在伦理和安全框架下进行，以确保对人类和环境的影响最小化。此外，对于一些具有潜在风险的研究，需要建立适当的监管和规范，以确保其安全性和可控性。

与其他许多科学技术一样，合成生物学在促进科学进步和贡献人类福祉的同时，也被视为"双刃剑"，存在生命伦理考量和生物安全风险。因此，全球科技界乃至全社会都予以高度关注。"三国六院"会议专门讨论了有关主题，英国、美国发布的相关路线图也都有专门规划。对这一议题的重视程度，体现文明程度和治理的水平。全球科学院网络（Global Network of Science Academies，IAP）合成生物学工作组，与欧盟委员会（European Commission，EC）的 3 个独立科学委员会就合成生物学潜在风险开展了对话。在王国豫、方心等发起的以"会聚技术（NBIC）的伦理问题及其治理"为主题的香山科学会议以及其他与合成生物学相关的香山科学会议上，专家们达成共识。合成生物学的目的是创造有基础研究或应用价值的新型生物体，需要健全合成生物学管理文件与法规、建立和规范实验室工作的备案制度、加强对专业人员的安全教育培训、建立科普宣传平台、合理引导公众舆论等。简而言之，生命伦理学研究、教育、政策和法规研究制定要相伴而行，为合成生物学健康发展保驾护航。

在我国，科学技术部在 2018 年的合成生物学重点专项中启动了相关研究，由华中科技大学联合相关团队开展。2020 年的专项指南已经通过互联网征求意见，拟继续安排、强化相关研究。更重要的是，2019 年 7 月 24 日，中共中央全面深化改革委员会第九次会议审议通过了《国家科技伦理委员会组建方案》。同年 10 月 21 日，《中华人民共和国生物安全法》草案首次被提请十三届全国人大常委会第十四次会议审议。这些部署和措施，将对中国合成生物学研究产生积极影响。

（1）美国、英国、中国共同发布的《联合声明》

2015 年 12 月，中国科学院、美国国家科学院、美国医学院和英国皇家学会联合举办人类基因编辑国际峰会，中国科学院院士许智宏受中国科学院院长白春礼的委托率中方代表团参加了会议，共有来自世界 22 个国家和地区的科学家和相关领域的专家和学者 200 余人参加了会议。会议包括 10 多个议题，从基因编辑技术的发展、现状、未来的潜在应用和风险，基础科学研究对其发展的作用，该技术涉及的伦理、法律和社会影响，以及国际和国家管理规则与原则等问题出发，进行了热烈讨论[84]。

会议经过 3 天的热烈讨论最终达成共识，并于当地时间 2015 年 12 月 3 日发表声明。该声明指出，基因编辑技术不应用于准备建立妊娠的人类胚胎。推进生殖细胞基因编辑的临床使用是"不负责任的"，除非安全和效率问题得到解决，而且相关应用得到广泛的社会共识。该声明并未禁止编辑胚胎或生殖细胞的基础研究，涉及人类胚胎、精子和卵子的基础研究和临床前研究应当继续前行。此外，这份声明还呼吁人类谨慎发展体细胞基因编辑的医学应用，例如，校正镰状细胞病的致病基因或提高免疫细胞靶标癌症的能力[85]。

（2）国际干细胞研究学会更新《干细胞研究与临床转化指南》

2021 年 5 月 26 日，国际干细胞研究学会（ISSCR）发布最新的《干细胞研究与临床转化指南》，该更新版本反映了该领域最新进展，包括基于干细胞的胚胎模型、人类胚胎研究、嵌合体、类器官和基因组编辑。

"2021 年的更新版本为监督给研究人员和公众带来独特的科学及伦理问题的研究提供了实用的建议。" ISSCR 指南工作组主席、英国弗朗西斯·克里克研究所干细胞生物学和发育遗传学部门主任 Robin Lovell-Badge 称，"这增强了研究人员、临床医生和公众的信心，使他们相信干细胞科学能够以负责任的、合乎伦理的方式进行，并时刻维护公众和病人的利益。"

科学家、研究组织和科学期刊长期把《干细胞研究与临床转化指南》作为干细胞研究的科学和伦理严密性、监督和透明度的国际标准。这些准则还为没有相关监督制度的国家，实施新的监管框架提供了基础。遵循相关指南保证了研究的完整性，以及新疗法是安全、有效且循证的。

该指南涉及人类干细胞研究、临床转化和相关研究活动。这些准则促进了干细胞研究作为道德、实用、适当和可持续发展的事业，能开发出改善人类健康的、提供给有需要的病人的细胞疗法。这些准则并不会取代当地的法律和法规，但它们是对现有法律框架的补充，可以为适用于干细胞研究的法律的解释和发展提供参考，并为立法未涉及的研究实践提供指导[86]。

2 全球合成生物学科技发展

    合成生物学通过对生物体进行有目标的设计、改造乃至重新合成，设计和构建工程化的生物质系统和产品。它是21世纪以来生物学领域催动颠覆性创新和学科交叉融合的前沿代表，已经在医药、能源、环境等众多领域展现出潜在的革命性影响。在全球范围内，众多高等教育机构、研究中心和科技公司都投入了大量资源进行合成生物学的研究。这些研究机构会聚了众多科学家、工程师和创新者，致力于解决人类面临的各种挑战。本部分聚焦合成生物学的发展现状；列举了以美国、英国、中国和德国为代表在合成生物学研究方面设立的主要研究机构并进行相关介绍，探索各个研究机构在这一领域所取得的重要研究成果；从DNA测序技术、DNA合成技术、人工合成基因组技术、基因编辑技术等到代谢工程、蛋白工程、细胞工程、基因工程的应用，探讨这些前沿的合成生物学技术对医学、能源生产和环境保护等领域的影响与贡献，以期为人类创造更加美好的未来提供新的可能性。

2.1 科技发展现状、特点和趋势

    合成生物学作为一门汇集了生命科学、计算机科学和工程学等诸多学科的新兴交叉前沿科学，通过合成生物功能元件、装置和系统，对细胞或生命体进行有目标的遗传学设计和改造，使其产生特定的生物功能[87]。自21世纪初发展以来，合成生物学走过了20多年的历程，在世界各国，尤其在亚洲和欧美等国家受到高度重视，许多主要国家政府陆续出台相关扶持政策助力合成生物学的研究，形成迅猛的产业发展态势。

    当前，合成生物学在医药、化工、能源、农业和食品等多个领域都具有广泛的应用，在使能技术、监测平台和产品开发等方面发挥着不可或缺的作用。①医药：合成生物学在疾病诊断、癌症治疗、疫苗研制和药物开发等方面均有所涉及，利用合成生物学，如基因编辑技术和生物传感器技术等方法对早期阶段疾病和肿瘤异质细胞进行精确诊断和筛查，提高后期临床干预效果[88]；运用密码子优化技术、可基因编码点击化学技术和生物偶联技术等，在短时间内研发出安全高效的病毒疫苗，可以大大缩短疫苗的研发周期，对减小公共卫生安全的冲击以及降低人群患病率与致死率具有重要意义[89]；此外，合成生物学也可以实现对某些生物活性物质（如青蒿素、紫杉醇等）的微生物合成，为微生物药物的开发提供了有效途径[90]。②化工：合成生物学在化工领域中的应用包括材料、化学品、工业用酶等产品的开发制造，同时合成生物技术还可以合成传统化工工艺不能合成的新材料，为化工行业发展注入新的思路和活力[91]。③能源：利用微生物合成乙醇、甲烷、烃类等其他高能生物燃料，可有效缓解能源与环境危机，为实现"碳负"生产，推动绿色生物制造提供动力[92]。④农业：农业合成生物学主要集中在农作物性状改良、病虫害防控和畜牧养殖等方面，可显著提高农产品品质，降低生产成本，促进农业可持续发展[93]。⑤食品：合成生物学可以为食品中的重要组分及其营养因子提供方法支撑，对食品的组分进行设计与构建，创制出更营养、安全、健康的新型食品，如近年来兴起的细胞培养肉技术，在环境资源保护、公共健康等方面表现出较大优势[94]。

合成生物学不仅使人们对生命科学中的遗传、发育、疾病、衰老及进化等现象进行深入探索与解析，也开辟了更广阔的研究领域，加速合成生物系统的工程化进程。近年来，全球合成生物学市场逐渐呈现出高速增长的发展态势，保持着较为稳定的投资热度。国际战略规划方面，更加强调合成生物学在推动全球可持续发展上发挥作用，也更加重视合成生物学的生物安全与治理体系建设，促进生物经济发展。未来，人工智能、机器学习、深度学习等技术的突破也使得合成生物学有望逐步向理性设计发展，以降低试错成本，提高实现预期目标的效率[95]。

2.2　主要研究机构

合成生物学已经形成了全球密切合作的学术网络，中国学术研究的国际学术影响力稳步提升。

（1）全球合成生物学研究机构实力和规模不断增加

合成生物学学术研究领先国家为美国、中国、英国、德国、法国等，全球合成生物学研究发文量逐年增加，发文涉及分子化学与分子生物学、生物技术与应用微生物学、生化研究方法等多个学科，逐步向多学科发展，研究合作关系愈发密切，中国在此领域的研究实力和国际学术影响力不断增强。2020年发表了不少合成生物学在植物科学领域应用的文章，显示出合成生物学在农业领域的研究崭露头角。

（2）全球合成生物学研究机构的合作网络持续扩大

在战略规划和研发资金的扶持下，世界各地相继建立合成生物学研究机构。2006年，加利福尼亚大学伯克利分校、哈佛大学、麻省理工学院及加利福尼亚大学旧金山分校共同组建了合成生物学工程研究中心；2010年，德国马尔堡大学和马普学会微生物研究所共同成立的合成微生物学中心。2019年，由美国劳伦斯伯克利国家实验室、英国帝国理工学院、中国科学院深圳先进技术研究院等来自全球8个国家的16所顶尖合成生物机构联合发起成立了国际行业联盟，该联盟现已扩展到全球30所顶尖合成生物组织和机构。

2.2.1　美国

2012年，美国埃克森美孚公司与文特尔合成基因组公司（SGI）签订合作协议，投入6亿美元进行微藻生物燃料的研发。同时，美国国防高级研究计划局（DARPA）在这一年也发起了3项研究计划：计划4年共投入1.92亿美元的"现代疗法：自主预防和治疗"项目，致力于利用合成生物学方法为感染性疾病的识别与治疗提供帮助；计划2年投入约5 000万美元的"生命铸造厂"项目，以实现军用高价值材料和设备可按需设计与生产；计划4年投入约4 462万美元的"生物设计"项目，致力于生产全新的生物组织再生材料等。

2013年，美国国立卫生研究院（NIH）投入约250万美元，发起"作为下一代癌症治疗的人工修饰T细胞"项目。美国能源部投入约160万美元发起"合成基因回路促进转基因生物能源作物的产量"项目。

2014年，美国DARPA发起"生命铸造厂—千分子"计划，预计生产1 000个自然界不存在、独特的分子和化学模块，该计划是对"生命铸造厂"项目的补充。此外，美国能源部在同年发起了3项合成生物学的应用项目，包括投入157万美元的"利用人工修饰大肠杆菌将甲烷转换为正丁醇"项目、投入450万美元的"利用合成甲基营养型酵母生产液体燃料"项目和投入300万美元的"厌氧生物转化甲烷成甲醇"项目等。

2016年，美国自然科学基金发起"非酶RNA复制"项目，投入100万美元以研究自然界原始的RNA复制；同年，美国Craig Venter及其团队成功构建"丝状支原体JCVI-syn3.0"，完成世界最小细菌基因组的构建；美国Ginkgo Bio Works公司筹集1亿美元，使用机器人生产线创造微生物，以生产用于香料、杀虫剂和饮料等的化学品。此外，美国国家科学院在同年启动"合成生物学带来的新威胁识别与应对策略研究"项目，重点对致病微生物的生物学功能、致病机理的改造与操控等进行研究，最终目标是为国防部提供关于合成生物学的安全威胁评估与应对措施建议[96]。

（1）加利福尼亚大学伯克利分校

加利福尼亚大学伯克利分校在合成生物学研究方面一直是全球领先的研究机构之一，拥有Jay Keasling、Adam Arkin、John Dueber、J. Christopher Anderson等杰出教授团队，设立有合成生物学研究中心（Synthetic Biology Institute，SBI）、Keasling实验室（由Jay Keasling教授领导）、Arkin实验室（由Adam Arkin教授领导）、Dueber实验室（由John Dueber教授领导），以及与劳伦斯伯克利国家实验室（Lawrence Berkeley National Laboratory）合作成立的合成生物学能源研究中心（Joint BioEnergy Institute，JBEI）等重点研究平台，致力于代谢工程、基因调控、基因网络工程和生物传感器等方面的研究，推动利用微生物合成生物燃料和药物等有机化合物，以合成生物学技术来解决能源和环境等相关的问题。

加利福尼亚大学伯克利分校近年来在合成生物学研究中取得了亮眼的研究成果：研究人员参与了"Sc2.0"全球性合作项目，旨在研究酿酒酵母（Saccharomyces cerevisiae）的全新基因组，该项目有望为合成生物学领域带来重大突破；加利福尼亚大学伯克利分校的Jennifer Doudna教授与瑞典研究委员会分子生物学实验室（Swedish Research Council Molecular Biology Laboratory，MIMS）的Emmanuelle Charpentier教授合作开创了CRISPR-Cas9这一革命性的基因编辑技术，在2020年共同获得了诺贝尔化学奖；此外，加利福尼亚大学伯克利分校在利用微生物（如大肠杆菌和酵母）进行生物燃料（如生物柴油）和高价值化学品（如药物前体）的生产，以及设计生物传感器应用于改善环境与生态系统等研究中也作出了突出贡献。

（2）哈佛大学

哈佛大学在合成生物学领域一直处于领先地位。2005 年，哈佛大学成立了威斯研究所（Wyss Institute for Biologically Inspired Engineering），专注于合成生物学研究。哈佛大学医学院专门设立了系统生物学系（Harvard Medical School – Department of Systems Biology），研究涉及从基因调控网络到人工合成生物学的广泛范围；哈佛大学化学与化学生物学系（Harvard University – Department of Chemistry and Chemical Biology）也涉及有关分子合成生物学的研究。哈佛大学在合成生物学研究方面拥有 George Church、Pam Silver、Ron Weiss、Donald Ingber 等众多知名教授团队，设立有 George Church 实验室（由著名合成生物学家 George Church 教授领导）、合成生物学平台（Synthetic Biology Platform at the Wyss Institute，威斯研究所旗下平台，专注于合成生物学工具和技术的开发和应用）等重点研究平台。近年来，哈佛大学致力于利用合成生物学方法开发用于治疗癌症和其他疾病的新型基因疗法，改进 CRISPR-Cas9 基因编辑技术以提供更精确高效的基因编辑工具；通过研究细胞组装和可编程细胞，重新设计和构建人造生物学系统来解决生物学和生物医学领域的难题；开发新型的生物传感器和生物电子设备，用于监测和控制生物体内的生物过程，等等。哈佛大学努力推进生物学、化学、工程学、计算机科学等多个学科的交叉合作。

（3）麻省理工学院

麻省理工学院（Massachusetts Institute of Technology，MIT）一直是合成生物学研究的先驱和领军者。2003 年，当合成生物学概念开始出现并成为一个独立的科学领域，MIT 的研究人员就已经对这一新兴领域表现出浓厚的兴趣，并开始探索生物学和工程学的交叉点。2006 年，MIT 成立了合成生物学中心（Synthetic Biology Center，SBC），汇聚了全球顶尖的科学家，包括 George Church、Timothy Lu、Ron Weiss、Christopher Voigt 等合成生物学领域的领军人物，及其他生物学家、化学家、物理学家和工程师等，共同进行合成生物学的研究。MIT 设立有安德森实验室（Anderson Lab）、赫尔维实验室（Herr Lab）、贝尔奇奥实验室（Belcher Lab）等重点研究平台，致力于生物传感器、细胞信号传导及生物材料合成等研究，专注于合成生物学在医疗、能源、环境及纳米技术等领域的应用。此外，MIT 于 2003 年成立的标准生物元件登记库（Registry of Standard Biological Parts），专门收集各种满足标准化条件的生物元件，已有超过 15 000 多个生物元件被登记入库，以便设计更加复杂的系统。

MIT 在合成生物学方面取得的研究成果对这一领域的发展均起到了深远影响。2003 年 George Church 等在 *Science* 杂志上发表的论文中首次描述了一种从头构建病毒基因组的方法，为合成生物学领域奠定了基础；2008 年 MIT 合成生物学家 Timothy Lu 等开发的"基因开关"技术，为合成生物学的基因精准调控提供了新的工具，并在 2012 年由 MIT 合成生物学家 Christopher Voigt 等成功嵌入进细菌中，使其能够执行预先编程的任务，建立"细菌工厂"以生产药物和化学品等成为可能；2013 年 MIT 合成生物学家 Feng Zhang 等在 CRISPR/Cas9 基因编辑技术的基础上改进并发明了 CRISPR/Cpf1 基因编辑技术，可显著提高基因编辑的效率和特异性，在基因组编辑领域引起巨大轰动。

MIT 自 2004 年首次举办国际合成生物学工程竞赛（International Genetically Engineered Machine，iGEM）以来，该竞赛已经成为全球最著名的合成生物学竞赛之一，鼓励学生和研究人员利用合成生物学的原理和技术，设计和构建生物系统以解决实际问题或满足特定需求，为该领域的发展培养了一代又一代的年轻科学家和工程师。

（4）加利福尼亚大学旧金山分校

加利福尼亚大学旧金山分校作为美国顶尖的医学院和生物科学研究机构之一，早在合成生物学概念出现之前就已经在相关领域进行了研究。随着合成生物学概念的提出，加利福尼亚大学旧金山分校开始在这一领域设立了合成生物学研究中心（Center for Synthetic Biology）、合成生物学与生物传感实验室（Synthetic Biology and Bio-Sensing Lab）、基因编辑实验室（Gene Editing Lab）等重点研究平台，拥有 Wendell Lim、Hana El-Samad、Adam Arkin（加利福尼亚大学伯克利分校联合教授）等知名教授团队，专注于研究合成基因回路、生物传感器、基因编辑等领域，致力于将合成生物学中的关键技术，尤其是 CRISPR-Cas9 基因编辑技术应用于遗传疾病治疗，以及通过重新设计和构建生物体内部的基因网络与代谢途径开发新型生物传感器，实现了对细胞功能的精确控制，有助于临床疾病诊断和药物开发，为生物医学研究提供新的手段。

2.2.2　英国

英国形成了覆盖合成生物学基础设施、研发中心、产业转化及人才培养的全国性综合网络。英国在全国范围内建立了以生物分子设计和组装，线路、细胞和系统等不同尺度的设计，工程微生物构建，精细与专用化学品研发，植物合成生物学技术开发，哺乳动物系统工具开发，工程生物平台技术研发为主的七大研究中心；英国研究理事会制定的合成生物学促进增长计划在各个大学和科研机构建立了 DNA 合成铸造厂、合成生物学软件工具系统与测试开发平台等，支撑科学研发的同时帮助培养英国的 DNA 合成产业；英国还有超过 30 所大学成立了不同规模的合成生物学研究中心，形成了覆盖合成生物学基础设施、研发中心、产业转化及人才培养的全国性综合网络。

（1）帝国理工学院

帝国理工学院在合成生物学研究方面有着悠久的历史和卓越的成就，于 2009 年专门成立了英国第一个国家级合成生物学研究中心（The Imperial College Centre for Synthetic Biology），由工程学院、生命科学学院和医学学院 3 个系的 6 个研究小组组成，包括 Paul Freemont 教授、Tom Ellis 教授、Karen Polizzi 教授、Geoff Baldwin 教授、James Murray 博士等领导的研究团队。其研究方向涵盖以计算建模和机器学习方法的自动化平台开发和基因电路工程、多细胞和多生物体相互作用（包括基因驱动和基因组工程）、代谢工程、体外/无细胞合成生物学、工程噬菌体和定向进化、仿生学、生物材料和生物工程等领域，有望于生物制药、化学品生产和生物燃料等领域开展应用。

此外，帝国理工学院也致力于将合成生物学技术与医学研究相结合，设立了结构与合成生物学系（The Section of Structural and Synthetic Biology），拥有 Paul Freemont 教授、Xiaodong Zhang 教授、Dale Wigley 教授等知名研究团队，研究方向涵盖染色体重组、DNA 复制转录、DNA 损伤修复、膜融合、蛋白质降解、细胞信号转导以及微生物—宿主相互作用机制等，利用现代合成生物学技术为人类疾病提供新的治疗方案。

（2）剑桥大学

剑桥大学在合成生物学研究方面有着悠久的历史和卓越的成就。在教学方面，提供相关的教育和培训课程，吸引了许多学生和研究人员投身于合成生物学的学习和研究；专门设立了工程生物学跨学科研究中心（The Engineering Biology Interdisciplinary Research Centre, EngBio IRC），汇集了生物学、工程学、计算机科学、设计和生物伦理学等学科的众多研究学者，拥有 Jim Haseloff 教授、Bill Adams 教授、Lisa Hall 教授、Mark Howarth 教授等领导的知名研究团队，研究方向涵盖合成基因组设计、蛋白质工程、细胞工程、无细胞合成生物学等领域，设计和构建微生物及生物传感器等，应用于生物医药、新型化学品燃料合成及生态保护等领域。EngBio IRC 开发的 Open Enzyme Collection 工具已被国际上至少 5 家初创公司使用，并通过加强与 Centre for Global Equality 和 Connect Health Tech 等联盟的合作，提高了与产业界合作的有效性，推动了合成生物学技术在实际应用中的转化和商业化。

2.2.3　中国

中国建立了合成生物学前沿科学中心和技术创新中心、深圳先进技术研究院合成生物研究所、创新战略联盟、重大科学基础设施、重点实验室和行业协会等相互促进的研究网络。2008 年中国科学院上海生命科学院建立的合成生物学重点实验室是中国最早的建制化合成生物学研究基地，2011 年科学技术部批准上海交通大学建设微生物代谢国家重点实验室，2015 年上海交通大学联合其他机构成立了上海合成生物学创新战略联盟，2018 年教育部批准天津大学建设合成生物学前沿科学中心，2019 年科学技术部发文支持天津与中国科学院共建国家合成生物技术创新中心，2017 年中国科学院批准深圳先进技术研究院成立合成生物学研究所，2018 年深圳市批准建设全国首个合成生物研究重大科技基础设施，2019 年以深圳先进技术研究院为总部，成立了亚洲合成生物学协会。这些举措为合成生物学的交流和研究水平提升发挥了非常重要促进作用。许多高校和科研机构都建设了合成生物学相关的重点科研基地，其中最为集中的是上海、天津和深圳。

（1）中国科学院上海生命科学院、上海交通大学

2008 年，中国科学院批准上海生命科学研究院成立合成生物学重点实验室，这是中国最早的建制化的合成生物学研究基地，其前身是分子微生物学开放实验室。赵国屏果断将实验室方向调整到合成生物学，建立合成生物学的关键技术平台，进行生物学元件、反应系统乃至生物个体的设计、改造和重建。2011 年，科学技术部批准上海交通大学建设微生物代谢国家重点实验室，邓子新领衔，实验室聚焦微生物代谢基础理论的

研究，形成了微生物合成代谢、微生物分解代谢、微生物代谢互作 3 个相互联系、互为依托的研究方向。2015 年，上海交通大学联合其他机构成立了上海合成生物学创新战略联盟，旨在为合成生物学发展打下扎实基础，为生物产业发展提供核心支撑。

（2）中国科学院批准深圳先进技术研究院

深圳合成生物学发展如同其城市，后起之秀，充满活力。2017 年，中国科学院批准深圳先进技术研究院（简称深圳先进院）成立合成生物学研究所，并牵头组建深圳合成生物学协会，推动产学研一体发展。2018 年，深圳市批准建设全国首个合成生物研究重大科技基础设施（深发改〔2018〕8 号）。由于生物体系的高度复杂性，生物设计合成须经过海量的工程化试错。合成生物设施通过智能化的自动实验装置，快速完成"设计—构建—测试—学习"的闭环，极大提升研究效率，将为中国合成生物学研究解燃眉之急。深圳设施还参与成立国际合成生物设施联盟（Global Biofoundry Alliance，GBA），为大科学设施的全球合作提供一种积极的范式[97]。同年，深圳市批准深圳先进院牵头组建深圳市合成生物学创新研究院，与合成生物设施项目"二位一体"同步建设。2019 年，中国科学院批准深圳先进院成立定量工程生物学重点实验室，聚焦发展合成生物学的理性设计能力。这一系列举措将催生"合成生物产业"与"自动高端生物仪器国产化"两条全新的产业链。时任深圳市科技创新委员会主任梁永生表示，希望合成院在国际化、创新、产业化方面深入谋篇布局，推动深圳在全国乃至世界生命健康领域的发展进程。

（3）中国科学院天津工业生物技术研究所、天津大学

天津市是中国合成生物学重镇，积累深厚。2018 年，教育部批准天津大学建设合成生物学前沿科学中心（教技函〔2018〕76 号），目标是结合"双一流"建设，汇聚整合创新资源，率先实现前瞻性基础研究、原创成果的重大突破，发挥领域前沿引领作用，该中心由元英进领衔。2019 年 11 月，科学技术部发文支持天津与中国科学院共建、由中国科学院天津工业生物技术研究所（简称中国科学院天津工生所）联合有关单位建设国家合成生物技术创新中心（国科函区〔2019〕200 号），以合成生物学技术的知识产权生产、转化为主要任务，建立科学与技术、技术与产业的桥梁，推动经济社会绿色可持续发展，该中心由马延和领衔。

2.2.4 德国

德国在合成生物学领域一直保持着活跃的研究活动。自合成生物学兴起以来，德国相关顶尖高校和科研机构（如马尔堡大学、慕尼黑工业大学、柏林工业大学、马普学会地球微生物研究所等）陆续开展相关研究，同时政府也设立了更多相关职位，成立了多个研究集群、项目和中心，为德国合成生物学的进步，以及建立更大更强的社团奠定了基础。这些中心通常有一个特定的重点，如合成微生物学、光遗传学、植物合成生物学或代谢工程，同时也是当地高校和科研机构的研究联盟。2017 年，德国成立了德国合成生物学协会（German Association for Synthetic Biology，GASB），成为德国的各种合成生物学活动服务的公共平台，是德国生命科学协会（VBio）和欧洲生物技术联合会（EfB）的组成

部分，也是科学互动、公众、联邦政府及行业利益相关方参与的枢纽；加强国际合作，积极参与其他合成生物学协会的活动，如 EU SynBioS、加拿大 EBRC SynBio，牛津大学 SynBio、AFBS、iGEM 和 AfteriGEM 等，积极推动国际合成生物学发展。

（1）德国马尔堡大学

德国马尔堡大学和马普学会微生物研究所于 2010 年共同成立合成微生物学中心（The Center for Synthetic Microbiology，Synmikro），研究团队拥有 100 多名科学家，深入了解微生物的分子、生化、细胞、遗传和生态功能，然后构建合成微生物单元。该中心的研究涵盖了从微生物的基础研究到生物技术应用的各个领域，包括合成生物学的基础方法、微生物工程、合成 DNA 技术、生物传感器设计等。

（2）马普学会微生物研究所

德国马普学会微生物研究所（Max Planck Institute for Terrestrial Microbiology）是德国马普学会（Max Planck Society）的一部分，专注于微生物学和环境微生物学领域的研究，旨在了解微生物如何在分子和细胞水平以及生态系统中发挥作用。马普学会微生物研究所专门设有生物化学与合成代谢系、生态生理学系、天然产物有机合成系、系统与合成微生物学系，涵盖了微生物代谢途径设计、细胞信号转导、细菌工厂开发和微生物蛋白网络结构设计等研究方向。2010 年，马普学会微生物研究所与德国马尔堡大学共同建立了合成微生物学中心（Synmikro），汇集更多的科研力量，推动使用最先进的技术，结合计算机建模和分析地球微生物应用于合成生物学方面的研究。

2.3　主要基础研究成果

研究体系：政府、基金会、研究机构、企业通过自上而下的科研资助体系助力合成生物学的基础研究和应用研究，产生了许多具有领域特征的新技术和新应用。

DNA 测序技术、DNA 合成技术、基因组设计、合成与组装、基因编辑技术、元件工程、回路工程、计算建模等新技术带来了合成生物学领域前所未有的突破。美国博得研究所研发出超精确基因编辑工具"Prime Editor"，不依赖 DNA 模板即可实现单碱基自由转换和多碱基增删，有望修正 89% 的已知致病性人类遗传突变。美国斯坦福大学开发出 CRISPR 多功能成像方法"CRISPR LiveFISH"，可实时观测活细胞中基因组编辑的动态变化。美国加利福尼亚大学及其旧金山分校构建出首个能放置在活细胞中并调控细胞功能的人工蛋白开关。美国华盛顿大学首次从头设计合成抗癌蛋白，大幅提升抗癌效果并彻底清除天然蛋白毒副作用。瑞士苏黎世联邦理工学院开发出以 DNA 为存储介质，可在几乎任何物体内存储信息的技术"万物 DNA"。中国科学院利用蛋白质大尺度计算重设计构筑微生物非天然氨基酸合成平台，重构了完整的酶活性中心，打破了生物体系内氢胺化反应非天然底物无法兼容的瓶颈。

2.3.1　DNA 测序技术

基因测序技术受人类基因组计划驱动迅速发展，经历了 3 代。目前的商业主流技术是第二代，通量高、成本低，但读长短，且准确度有待改善。北京大学黄岩谊团队[98]提出一种"纠错编码"（error-correction code，ECC）测序法。结合边合成边测序（sequencing-by-synthesis，SBS）和纠错算法，利用多轮测序过程中产生的简并序列间的信息冗余，大幅度增加了测序精度。原始方法的毛准确率是98.1%，而改进方法在200 bp片段中无一错误，这是对二代测序技术的重要提升。第三代测序基于纳米技术，读长可达1 Mb，但错误率和成本都很高。中国科学院昆明动物研究所张亚平和马占山团队整合条形码 Illumina 技术和第三代长读技术，成本仅为第三代测序的1/4[99]。迄今，测序技术发展呈现超摩尔定律，成本下降至百万分之一，时间从15年缩短至几周甚至几天，已经有千种以上的生物基因组被完全测序或即将完成测序。

2.3.2　DNA 合成技术

如果说 DNA 测序技术迭代是颠覆性的，DNA 合成技术的发展则是渐进式的，目前成本依然高昂。主流技术仍沿用经典的核苷磷酰胺法化学合成法，方法出错的概率为0.5%，有效合成长度为200多个碱基，这是合成基因组最主要限制因素。目前，除了化学法需要创新以外，Church 和 Keasling 两个团队均提出酶法。DNA 多聚酶可以高效第合成 DNA，但需要 DNA 模板。新技术采用不依赖模板的聚合酶末端脱氧核苷酸转移酶（tmplate-independent polymerase terminal deoxynucleotidyl transferase，TdT）。TdT 分子将碱基逐个连接到 DNA 引物，如此延伸一个碱基的时间是10~20 s[100,101]。目前，酶促合成法的长度已经增加到150 bp[102]。

国家重点研发计划"合成生物学"重点专项安排了"新一代 DNA 合成技术"研究主题。其2019年的研究指南：酶促 DNA 合成、寡核苷酸合成功能模块、基于多酶系统的 DNA 合成错误修复技术、基于荧光能量共振或激光扫描的 DNA 合成长度检测功能模块、DNA 生物合成仪研制等。其目标指标：获得10个以上 DNA 生物合成酶元件；单碱基生物催化 DNA 合成速度较现有技术提高10倍以上；DNA 生物合成长度较现有技术提高2~4倍，综合成本降低2~3个数量级。

合成基因组的另外两个要素是 DNA 片段拼接组装和基因组设计。随着基因组增大，DNA 片段拼接技术也成为基因组合成的限制因素。基因组设计包括基因组简并（删除非必需基因或冗余片段），密码子的简并性和偏好性及优化，以及在合适的位点插入所需要的基因部件或回路。中国的科研团队在酵母基因染色体合成的研究中积累了重要的经验。戴俊彪团队开发了多菌株并行替代的染色体构建策略，发明了基于酵母二倍体减数分裂的染色体整合技术[103]，有关论述可参见他们撰写的专门综述[104]。天津团队用基因编辑工具 CRISPR/Cas9 来修复合成基因组中的错误[105]。Beoke 在美国国家公众电台（National Public Radio，NPR）接受采访时说："酵母染色体合成团队发展了有效的方法来识别和修复合成基因组中的错误，类似于计算机程序编写中的除错。为合成更大的基因组（如植物、动物和人）奠定了基础。"

2.3.3　基因组设计、合成与组装

（1）合成酵母基因组计划 Sc.2.0

合成酵母基因组计划（Sc.2.0）是一项国际科技合作计划，其目标是用化学法逐一合成酵母的 16 条染色体，并最终全部取代酵母细胞的天然染色体，成为人工酵母细胞。由于要对天然基因组进行再设计和改造，故称为 2.0 版本（Sc.2.0）。该计划由美国 Jef Boeke 发起并领衔。中国、美国、英国、澳大利亚、新加坡等国的科学家以及中华人民共和国科学技术部和美国科学基金会代表在北京召开了第一次协调会。酿酒酵母是第一个被全基因组测序的真核生物。一方面，设计和重建酵母基因组有助于更深刻地理解一些基础生物学的问题；另一方面，可以通过基因组设计，构建通用酵母菌底盘，在基因产业上发挥更加重要的作用。酵母基因组远大于细菌和病毒是 Sc.2.0 项目的主要技术挑战之一。已合成的脊髓灰质炎病毒基因组为 7.5 kb，生殖支原体基因组为 1.08 Mb，而酵母基因组为 12 Mb，基因合成和拼接都存在难度；真核生物基因组结构复杂、信息庞大，设计的难度远高于原核生物。天津大学元英进、清华大学戴俊彪（现就职于中国科学院深圳先进院合成生物所）和华大基因杨焕明率各自团队承担了共 6 条染色体、5.24 Mb 的合成任务，约占总长度的 43.4%。迄今为止，所合成的染色体在酵母细胞中的功能都得到验证[106,107]。中国科学家的相关成果入选 2017 年"中国十大科学进展"。这项工作标志着中国成为继美国之后第二个具备真核基因组设计与构建能力的国家。

（2）"16 合 1"染色体酵母

酵母染色体合成如火如荼，中国科学院上海植物生理生态研究所覃重军在思考一些基础性问题：真核生物中的染色体数量因物种而异，为什么会存在这种区别，特定的染色体数量是否给物种提供了某种优势？似乎越低等的生物染色体就越少，可为何酿酒酵母却有这么多染色体？大自然是否有点随意？如果酿酒酵母染色体数目减少到一条，会发生什么情况？此前，自然界还未发现过只有一条染色体的真核生物。他决定探讨出个究竟。

从 2013 年开始，覃重军团队[108]利用基因编辑技术，除掉重复序列，简并着丝粒和端粒，最终将酿酒酵母的 16 条染色体首尾拼接成 1 条超级染色体。除了与野生酵母共培养时生存竞争力较差外，工程酵母依然具有代谢、生理、繁殖等细胞功能。"通过分析背后的原因和机制，我们或许可以推演酵母如何进化，并用这种极简生命来理解如人类般更为复杂的染色体进化，这为研究生命本质开辟了新的方向。"覃重军说。2018年，覃重军、薛小莉、赵国屏、周金秋等联合团队和 Boeke 团队在 *Nature* 期刊上同期分别发表了关于"16 合 1"染色体和"16 合 2"染色体酵母的论文[109]。"16 合 1"显然更具有颠覆性，入选当年"中国科学十大进展"和"中国科技十大进展"[110]。

2.3.4　基因编辑技术

2016 年，美国科学家 Boeke 和 Church 等提出了基因组编写计划（Genome Project-

Write，GP-Write）。作为一个开放性的国际合成基因组学研究项目，该计划的首要目标为：通过若干大基因组的合成推动相关技术的研发，进而将基因组合成和测试成本在10年内降低至现在的千分之一以内，促进对包括人类基因组在内的生命体系更好地理解和应用[111]。最近，GP-Write技术讨论组提出了目前超大基因组合成所面临的技术挑战和可能的阶段性目标[112]。2018年的GP-Write年度会议上，合作者宣布了第一个GP-Write项目：通过基因组的密码子重编程构建具有天然病毒抵抗能力的"超安全细胞"。在此基础上，戴俊彪团队提出了基因组编写计划中国项目（Genome Project-Write China，GP-Write China），并成立了基因组编写计划中国合作中心。该中心旨在集成我国合成基因组学的优势力量，推动GP-Write项目在中国的开展，并在噬菌体、细菌、动植物基因组合成以及基因组深度设计等领域发起多项国际合作。

基于CRISPR系统的基因编辑工具在合成生物学中获得广泛应用。考察和解决脱靶效应和多基因编辑是当前的研究热点。中国学者开展了广泛的探索研究，仅在2019年就发表了大量文献。例如，在基因编辑效率方面，中国科学院遗传与发育生物学研究所高彩霞团队[113]发现，胞嘧啶碱基编辑诱导水稻全基因组的非靶向突变；中国科学院上海生命科学研究院杨辉、李亦学团队与斯坦福大学Steinmetz团队[114]开发了名为GOTI的方法来检验基因编辑脱靶突变；杨辉、周海波、李亦学团队和四川大学华西第二医院郭帆团队[115]证实了DNA单碱基编辑工具CBE和ABE均存在大量的RNA脱靶效应并提出用工程脱氨酶消除有关非靶向效应；香港大学黄兆麟团队[116]设计了一个高通量平台，通过对化脓性链球菌Cas9蛋白的组合突变和系统性筛选，获得突变体Opti-SpCas9，它在不牺牲效力和广泛靶标范围的前提下，具有增强的编辑特异性。在多基因编辑和基因组工程方面，戴俊彪团队联合曼彻斯特大学蔡毅之团队创建了染色体重排菌株的快速高效筛选ReSCuES系统[117]和目标代谢物优化生产的酵母合成染色体重排正交系统[118]，并与上海理工大学高冠军团队提出了用于改变组蛋白基因在黑腹果蝇原始基因组环境中的数量和序列CRISPR/Cas9和attP/attB双整合系统[119]；北京化工大学刘子鹤团队[120]报道了用于酿酒酵母的快速多重gRNA-tRNA阵列CRISPR/Cas9（GTRCRISPR）基因编辑系统，这种方法可以在3天内破坏6个基因，验证效率为60%，未优化gRNAs验证效率为23%；北京大学魏文胜团队[121]通过工程化RNA招募内源性ADAR对RNA进行可编程编辑（leveraging endogenous ADAR for programmable editing of RNA，LEAPER），成功修复了源于Hurler综合征病人的α-L-艾杜糖醛酸酶缺陷细胞。

在合成生物学的应用中，基因组编辑（genome editing）是异源合成途径的重构及模块优化的基本操作手段。所谓基因组编辑是在基因组水平上对DNA序列进行定点改造修饰的遗传操作技术[122]。该技术被誉为"后基因组时代生命科学研究的助力器"。其原理是通过构建一个人工内切酶，在靶位点切断DNA，产生DNA双链断裂（double-strand break，DSB），进而诱导细胞内的DNA修复系统进行非同源末端连接（nonhomologous end joining，NHEJ）和同源重组修复（homologous recombination，HR）。通过这两种修复途径，基因组编辑技术可以实现定点基因敲除、特异突变引入和定点修饰。基因组编辑可分为4类，即锌指核酸酶（zinc-finger nuclease，ZFN）技术、类转录激活因子核酸酶（transcription activator-like effector nuclease，TALEN）技术、成簇规律间隔短回文重复（clustered regulatory interspaced short palindromic repeat，CRISPR）技术，以及多重自动基因组改造（multiplex automated genome engineering，MAGE）／接合组装基因组改造（conjugative assembly genome engineering，CAGE）[123]。前三种技术的联系与区别见表 2-1。

表 2-1　ZEN、TALEN 和 CRISPR 的区别与联系

特性	ZFN	TALEN	CRISPR
特异性	18~36 nt	30~36 nt	23 nt
效率	++	++	+++
技术难度	难	难	易
相关病毒	慢病毒和腺病毒	腺病毒	待确定
应用	基因敲除、基因插入、基因纠错、标签插入、ObLiGaRe	基因敲除、基因插入、基因纠错、标签插入、ObLiGaRe	基因敲除、基因插入、基因纠错
能否应用于动物	是	是	是
可扩展性	低	低	高
多重操作	难	难	易
脱靶效率	低	低	高

（1）锌指核酸酶技术（ZFN 技术）

第一个使用定制 DNA 核酸内切酶的基因组编辑策略就是锌指核酸酶（简称 ZFN）。ZFN 是异源二聚体，其中每个亚基含有 1 个锌指结构域和 1 个 Fok Ⅰ核酸内切酶结构域，ZFN 技术是通过这两部分发挥作用的。锌指蛋白（简称 ZFP）通过与特定的靶序列结合发挥重要的转录调控作用，不同的 ZFP 具有类似的 Cys2、His2 或 Cys4 结构框架，ZFP 结合 DNA 的特异性与框架外特定氨基酸的变异有关。Fok Ⅰ是一种非特异性的核酸内切酶，Fok Ⅰ结构域必须二聚化才具备核酸酶活性[124]。将人工构建的锌指蛋白与改造后的 Fok Ⅰ限制性内切酶融合，就得到 ZFN，它能靶向切割特定序列，产生 DSB。每对 ZFNs 的结合序列的间隔区域通常为 5~7 bp，以确保 Fok Ⅰ二聚体的形成[125]。一般采用模块组装法和寡聚体库工程化筛选构建法来构建 ZFN，ZFNs 的构建需要花费的时间长，工作量也较大，目前只有少数实验室在运用这一技术平台。

（2）类转录激活因子核酸酶技术（TALEN 技术）

TALEN 技术是基于 TALE（transcription activator-like effector）结构域的基因打靶技术，TALE 是植物病原体黄单胞菌分泌的一类效应蛋白因子，能够特异结合 DNA，此结合域有一段高度保守的重复单元，该单元中仅第十二和第十三位的氨基酸不同。TALEN 中通常使用的切割结构域来自无序列特异性的 Fok Ⅰ核酸内切酶，Fok Ⅰ的使用与优化主要得益于 ZFN 的研究成果[126]。需要说明的是，由于每个 TALE 单体只靶向 1 个核苷酸，针对每个靶位点的上下游各设计一个 TALEN，Fok Ⅰ 通常需要以二聚体的形式发挥其切割 DNA 序列的功能[127]。TALENS 技术很好地解决了 ZFNS 技术存在的构建困难、成本高及周期长等问题。但是 TALEN 技术也并非完美无缺，由于针对不同靶点，每次都需构建新的 TALE array，工作程序烦琐。

（3）CRISPR/Cas9

CRISPR/Cas9 是继锌指核酸内切酶技术、类转录激活因子核酸酶技术之后出现的第三代基因组定点编辑技术。与前两代技术相比，成本低、制作简便、快捷高效的优点，使其迅速风靡于世界各地的实验室，成为科研、医疗等领域的有效工具。CRISPR 是一种来自细菌降解入侵的病毒 DNA 或其他外源 DNA 的免疫机制[128]。在细菌及古细菌中，CRISPR 系统共分成 3 类，其中 Ⅰ 类和 Ⅲ 类需要多种 CRISPR 相关蛋白（Cas 蛋白）共同发挥作用，而 Ⅱ 类系统只需要一种 Cas 蛋白即可，这为其能够广泛应用提供了便利条件[129]。CRISPR/Cas9 通过将入侵噬菌体和质粒 DNA 的片段整合到 CRISPR 中，并利用相应的 CRISPR RNAs（crRNAs）来指导同源序列的降解，从而提供免疫性[130]。目前，在基因组定向编辑方面，运用最广泛的是源自于生脓链球菌（*Streptococcus hyogenes*）的 Type Ⅱ CRISPR/Cas9 系统。该系统的工作原理是 crRNA（CRISPR-derivedRNA）通过碱基配对与 tracrRNA（trans-activatingRNA）结合形成 tracrRNA/crRNA 复合物，此复合物引导核酸酶 Cas9 蛋白在与 crRNA 配对的基因组序列靶位点剪切双链 DNA，形成双链缺口（double strand break，DSB）。然后细菌通过非同源重组（nonhomologous end joining，NHEJ）或同源重组（homologous recombination，HR）两种方式修复 DSB[131]。研究表明，通过基因工程手段对 crRNA 和 tracrRNA 进行改造，将其连接在一起得到 sgRNA（single-guide RNA）。融合的 RNA 具有与野生型 RNA 类似的活力，但由于结构得到了简化，故更方便研究者使用。通过将表达 sgRNA 的原件与表达 Cas9 的原件相连接，得到可以同时表达两者的质粒，将其转染细胞，便能够对目的基因进行定点切割[132]。基因工程手段得到的 sgRNA 一般包括 3 个部分：靶序列互补配对区（base-pairing region，20 nt）、Cas9 蛋白结合区（Cas9 handle Region，42 nt）、转录终止区（terminator，40nt）。sgRNA 引导 Cas9 蛋白识别基因组上的 PAM（protospacer adjacent motif）序列（S. hyogenes Cas9 识别序列为 NGG），并与 PAM 序列的 5′端 20 个核苷酸序列互补配对，然后 Cas9 蛋白在 PAM 序列上游 5′端第三个碱基处切割形成 DSB[133]。由于 PAM 序列结构简单（5′-NGG-3′），几乎可以在所有的基因中找到大量靶点，并且该技术具有准确、高效、简便的特点，因此得到广泛使用。CRISPR-Cas9 系统已经成功应用于植物、细菌（如大肠杆菌[134]）、酵母、果蝇[135]、鱼类及哺乳动物（如人类、小鼠、斑马细胞等[136]）的基因组编辑，是目前最高效的基因组编辑系统。

（4）MAGE/CAGE

基因组的自由编辑一直是生物学家的梦想，但大部分 DNA 编辑工具均作用缓慢、价格昂贵且效率低下。为了解决这个问题，哈佛医学院等机构开发出快速且简单的基因组规模编辑工具，能够利用"查找和替换"改写活细胞的基因组。TAG 终止密码子是大肠杆菌基因组中最稀有的，只有 314 个，这也让它成为替换的首要目标。研究人员利用多重自动基因组改造（MAGE）方法，用同义的 TAA 密码子位点来特异性地替换 32 种大肠杆菌菌株中的 TAG 终止密码子[137]。Wang 等[138]曾于 2009 年在 *Nature* 杂志上介绍过这种方法。他们利用这种方法能够测定单个的重组频率，证实每次修饰的可行性，并鉴定出相关的表型。MAGE 这种小规模的改造方法替换了部分但不是全部的 TAG 密码子。之后，利用细菌天然的接合能力，研究人员诱导细胞以更大规模转移包含 TAA 密码子的基因。这种新方法称为接合组装基因组改造（CAGE）。这使其能够从根本上改造基因组，从几个到几兆核苷酸。基因工程发展至今，人们已能精确地操作微生物的基因型，但是在发展上受到设计要求的限制。在 MAGE 发展的基础上，Quintin 等[139]利用 Merlin 通过计算和设计，与 OptMAGE 相比消除了 E. coli 基因组中 7 个 Avr Ⅱ 的限制位点，不但提高了重组效率，而且减少了脱靶效应。

2.3.5 元件工程

合成生物学中，生物元件是生命系统中最简单、最基本的生物积块（BioBrick），可以与其他元件进一步组合形成特殊的生物学装置。作为最基础的"零件"，生物元件是合成生物学的基本要素之一，是合成生物学发展的基石。目前，标准的生物元件包括启动子、终止子、转座子、转录单元等，也包括核糖体结合位点等 RNA 序列以及蛋白质结构域[140]。随着合成生物学的飞速发展，生物元件的挖掘与改造成为一个重要的研究方向。元基因组技术、定向进化技术以及高通量筛选等技术是近年来用于挖掘扩充生物元件的重要方法，丰富了生物元件的种类，推动合成生物学的发展。

（1）元基因组技术

生物元件主要来源于自然界，从自然界分离是获得生物元件的主要途径。传统从自然界中分离生物元件的方法为分子克隆法或基于保守序列的 PCR 法，随着越来越多的基因组信息得到解析，通过生物信息学预测，可直接从基因组或转录组数据中获得各种序列信息，对基因组功能蛋白转录、翻译序列进行分析，从而得到更加丰富的生物元件。2009 年，我国科学家基于 cDNA 芯片的功能基因组学挖掘获得了紫杉醇合成前体物质 GGPP 催化生成丹参酮前体次丹参酮二烯（miltiradiene）的合成酶 SmCPS 和 SmK-SL[141]，2013 年又解析了催化次丹参酮二烯到弥罗松酚（ferruginol）的细胞色素 P450 CYP76AH1[142]，一定程度上揭示了从 GGPP 到紫杉醇合成过程中复杂的酶促反应。基因组学的发展为挖掘功能性生物元件提供了很大的便利，目前，已经有多种基于基因组信息构建的生物信息学网站和软件，如 TransTermHP 系统可预测原核生物的终止子序列[143]；WebGesTer DB 资料库囊括了几乎所有的转录终止子基因组信息[144]；RNA 序列家族信息可通过 Rfam 信息库查找[145]。

随着微生物分子生态学技术的发展，人们认识到自然界中的大部分微生物是不可培养的，可培养的微生物仅占自然界微生物不到 1%，然而，这些未培养的微生物中蕴藏着巨大的生物元件资源。近年来发展的元基因组技术，通过测序可以获得未培养生物中的基因信息，获得许多未知的生物元件信息；另外，可以通过功能筛选，获得许多具有各种用途的功能基因，如酯酶基因[146]、脂肪酶基因[147]、蛋白酶基因[148]，以及从冰川冰的元基因组文库中筛选到的 DNA 聚合酶 I 基因等[149]。Ettwing 等对河堤沉积物的富集培养物元基因组测序后，找到了以 NO_2^- 为电子受体来氧化甲烷的新代谢途径，开创了生物途径制备氧气的新方法[150]；美国能源部（DOE）在对白蚁肠道微生物群落的元基因组测序的工作中获得了相关具有能降解木质纤维素的纤维素酶活性基因组信息，反映其具有将木材转化为生物燃料的催化功能[151]；中国科学院合成生物学重点实验室以具有高效降解纤维素的厌氧沼液系统和白蚁肠道为基质，建立了元基因组文库，从中分离到很多与木质纤维素降解相关的新酶基因[152]。这些研究成果对减轻化石燃料的开发压力，提高生物能源利用具有重要意义。

（2）定向进化改造技术

定向进化改造技术化是一种利用人工手段对目的基因或蛋白进行改造的技术，属于非理性设计，能够在短时间内实现自然界中上万年才能产生的变异，为生物元件的扩充提供了条件，可以提高蛋白酶在恶劣环境下的耐受性、表达活性和催化效率等。定向进化改造技术包括易错 PCR 法（ep PCR）、DNA 改组（DNA shuffling）、随机插入—缺失链交换法（RAISE），以及近年来热门的基于 CRISPR/Cas 基因编辑建立的改造技术、碱基编辑器介导的定向进化等[153]。

生物元件中，启动子作为调控基因转录最关键的元件，对其进行定向进化改造，可以实现更精准地调控基因表达，从而实现特定的生理功能。Alper 等[154]运用易错 PCR 法对酿酒酵母的 TEF1 启动子进行改造，得到了一系列强度不同的突变启动子。此外，科学家进一步对毕赤酵母的启动子和酿酒酵母中的其他启动子进行了改造，在获得一系列不同功能的启动子后，构建起系统的启动子文库[155,156]。除启动子外，定向进化改造技术对其他生物元件也具有一定的改进作用。金庆超等[157]利用 DNA 改组改造普那霉素调控基因，筛选出 71 个 spy1 改组接合子元件，显著提高了普那霉素 I 的产量。高茜等使用 RAISE 法定向改造大肠杆菌 RpoD 调控因子，结果发现经定向改造的突变株耐酸能力显著增强，在低 pH 值环境下具有明显的生长优势[158]。

（3）高通量筛选技术

生物元件的发展关键之处在于建立多样性突变文库，突变文库越大，筛选到可行性生物元件的可能性越高，因此，开发高通量的筛选方法是十分重要的[159]。高通量筛选技术是一种将多种技术方法有机结合而形成的新技术体系，其具有微量、快速、灵敏和准确等特点，一般以微孔板为共性实验器具，孔内发生的生物、化学、物理变化则可由光谱仪、酶标仪、流式细胞仪、液相色谱仪、质谱仪等检测仪器连续自动化读取，或通过显微镜人工或自动化观测[160]。在 2019 年发表于 *Nature Chemical Biology* 的一项研究中，Schmidl 等借助超快折叠绿色荧光蛋白（superfolder green fluorescent protein，sfGFP）作为荧光蛋白报告基因输出，在大肠杆菌中高通量筛选出希瓦氏菌 SO_4387–SO_4388 酸性 pH 值传感器元件，加速了对希瓦氏菌双组分系统传感器的基础研究[161]。

2.3.6 回路工程

（1）生物基因回路或网络调控

生命系统是一个巨大的复杂系统，了解进化而来的系统性基因网络结构的"设计原则"不仅有助于建造人工生物系统，也有助于人们更加深刻地理解生命的本质。在人造的工程系统中，网络结构单元被广泛运用，例如负反馈、正反馈、前馈回路等。然而，由于缺乏对系统各组分的全面认知，传统生物学研究手段无法厘清各网络结构单元的边界，因而对网络结构单元在整个系统中的功能知之不详[162]。Elowitz 和 Leibler 构建的可视化"遗传时钟"周期为 1 h，滞后于细胞分裂周期[163]。这种"理性化的网络设计"可能会导致新的细胞行为工程，并更好地理解自然发生的网络。许多信号系统显示出适应能力，并在对刺激作出反应后能够自我重置。

北京大学汤超团队与加利福尼亚大学 Lim 合作，揭示了在生物网络层次上如何实现生物适应性。他们重点研究了酶调控网络的适应性问题，在理论上穷举所有可能的简单调控网络，发现具有适应性的网络有两大类：带缓冲节点的负反馈回路和带比例调节器节点的非相关前馈回路。在适当区域，含有这些拓扑结构的最小回路足以实现适应性。具有适应性的更复杂回路至少含有一个这种拓扑结构。上述分析导致产生了一个（生物）设计表，突出了适应性回路。尽管生化网络具有多样性，只有核心拓扑有限集才能执行特定功能。该设计规则为复杂自然网络的功能分类提供了框架，也可作为一本生物工程网络设计手册[164,165]。北京计算科学研究中心王寿文与汤雷翰通过生物适应性系统进行能量耗散分析，揭示了生物自适应系统中的驱动能量与相应的生物信号震荡之间的定量关系，该关系也为指导合成生物系统中的震荡信号通路提供了定量的理论基础[166]。

人工网络调控原理还用来研究基础生物学难题。刘陈立团队通过合成基因回路对大肠杆菌细胞中关键基因的表达量进行线性调控发现，细胞内的复制起点数目与细胞体积呈线性正相关，由此提出"复制起点对应增量"假说来解释决定群体细胞大小稳态的"加量"现象，即细胞两次复制起始事件间细胞体积的增加与起始时细胞内复制起点的数目的比值是一个恒定值，确认了细菌分裂受 DNA 复制控制[167]。另一个微生物学经典问题是，细菌在用两种碳源培养时表现出不同的生长行为：两种碳源相继消耗或同时消耗（共利用）。

为什么微生物会采用不同的吸收营养策略？汤超团队从代谢网络的拓扑特征获得线索，定量地解释了细胞作出选择的原因和方式，并为微生物碳源利用提供了一个定量框架[168]。在干细胞领域，日本学者山中伸弥创建了诱导多能干细胞（induced pluripotent-stem cell，iPS），他用 4 种因子（OCT4，SOX2，KLF，cMYC）实现体细胞重编程，将体细胞转变为 iPS 干细胞，因此获得 2012 年诺贝尔生理学或医学奖[169]。邓宏魁团队发现，OCT4 和 SOX2 能分别被中内胚层和外胚层的发育和分化因子代替，汤超团队据此建立了"跷跷板模型"，定量表述中胚层基因和外胚层基因在重编程过程中的相互抑制和平衡的关系，从而重新认识了细胞重编程和细胞命运决定的机制[170]。

生物系统的调控是信息流和物质流的统一。同样的调控分子和调控关系，在不同的资源竞争分配情况下，会表现出不同的调控特性。通过竞争共同的有限资源，不同的分子之间即使没有物理相互作用，也可以互相影响其浓度和功能活性。清华大学汪小我、谢震团队建立了分子竞争调控机理模型，解析了基因多靶点调控情况下的分子间非线性关联关系和资源分配规则，为人工合成生物系统的设计提供了理论支持[171]。

原核生物和真核生物都有金字塔形的控制基因转录的递阶调控网络，使细胞能够对自然环境的变化作出反应。林章凛等从转录调控蛋白和网络的操纵角度对如何通过工程化来改善微生物对工业相关胁迫的耐受性进行了深入分析[172]。

（2）生物固氮元件与基因回路

生物固氮需要众多基因协同完成。相关基因的多样性、固氮酶的氧敏感性加上对能量和还原力的需求，是将固氮功能移植到谷物中的主要障碍。固氮系统可分为电子传递元件（electron-transfer components，ETCs）、金属簇生物合成所需蛋白质和固氮酶核心3个功能模块。其中，ETCs对还原力供给至关重要。北京大学王忆平团队研究生物固氮元件的适配性和生物固氮基因回路的简并性发现，在大肠杆菌底盘中，来自叶绿体和白体（根中的叶绿体存在形式，root plasid）的铁氧还蛋白-NADPH氧化还原酶模块支持固氮酶的活性，而来自线粒体的ETCs模块不能将电子传递给固氮酶，但这种不相容性可以用NADPH依赖的肾上腺皮质素氧化还原酶和鱼腥藻铁氧体蛋白的杂合模块来克服[173]。*Proc. Natl. Acad. Sci. USA* 评论称该研究具有里程碑式的意义[174]。

继而，借鉴病毒的多聚蛋白（polyprotein）策略（即病毒将其各组分蛋白共转录、共翻译，然后利用特异性蛋白酶剪切成各个蛋白肽段进行自身组装），通过"合并同类项"，将原本以6个操纵子（共转录）为单元的含有18个基因的产酸克雷伯菌钼铁固氮酶系统转化为5个编码polyprotein的巨型基因，并证明其可支持大肠杆菌以氮气作为唯一氮源生长[175]。理论上，这一"超简固氮基因组"策略只需3个巨型基因就可构建出能够自主固氮的高等植物。*Proc. Natl. Acad. Sci. USA* 期刊以"极端生物工程应对氮挑战"为题，给予该研究高度评价[176]。

2.3.7 计算建模

合成生物学基于系统生物学，具有大数据特征，计算机信息技术是必不可少的工具。大规模基因组测序、合成与组装离不开超算平台。人工元件和组件的适配性预测和标准化、基因回路和复杂合成途径及人工细胞的设计与功能模拟，基因网络中未知代谢途径的发现和挖掘、DNA为存储介质的在体存储和读取解码、新（功能）蛋白的设计等，都需要运用计算机算法、建模和模拟。汪小我指出，随着合成基因回路规模的增加，传统设计思路的瓶颈逐渐凸显，许多之前被忽略的因素对大规模基因回路的性能可能造成显著影响，这为合成基因线路的设计带来了新的挑战。其团队基于理性设计的思路，从模拟—数字运算设计、网络拓扑设计、基因回路中的信息传递理论和动态信号在合成基因回路中的应用等几方面进行了归纳和展望[177]。

2.4　主要应用研究成果

美国、欧盟、澳大利亚通过项目资助、技术集成和联合研发等多种方式参与合成生物学的研究应用和产业转化（图2-1）。2004年美国盖茨基金会向Amyris公司投资4 250万美元用于青蒿素的研发，并于2006年在微生物中首次成功合成青蒿酸；2012年欧盟资助欧洲合成生物学研究区域网络项目以促进合成生物学的强劲发展；2012年美国Exxon Mobil公司与Synthetic Genomic公司签订了合作协议，投入6亿美元进行微藻生物燃料的研发；2019年澳大利亚国立大学发起约2 000万澳元投资的"提高作物抗逆性和产量的智能植物和解决方案"研究项目；2021年，蓝晶微生物获得近2亿元人民币融资用于数字原生研发平台的搭建和生物材料PHA管线的自主研发推进。

人工合成基因在代谢工程、蛋白工程、细胞工程、基因工程中的运用迅猛，拓展了合成生物学的应用前景。美国合成生物学家Jay Keasling设计构建了能够生产抗疟药物青蒿素的人工酵母细胞，堪称合成生物技术的重大应用典范。美国斯坦福大学利用工程化酵母菌生产阿片类药物，将植物、细菌和啮齿动物基因混合导入酵母菌中让其将糖转化为蒂巴因吗啡等强大止痛药物的前体。美国麻省理工学院和加利福尼亚大学圣迭戈分校通过遗传改造向大肠杆菌植入*LacZ*报告基因，利用工程化细菌用于诊断早期癌症与糖尿病。美国美因茨约翰内斯古滕贝格大学构建出一种无膜细胞器，可利用天然或非天然氨基酸在真核细胞中生产具有新功能的蛋白质。以色列魏茨曼科学研究所创制出可固定二氧化碳的大肠杆菌，使其从异养生物变成自养生物。瑞士苏黎世联邦理工大学利用人类的肾脏细胞设计获得了具有正常β细胞功能的人工HEK-β细胞，可以分泌足够的胰岛素用来降血糖。中国科学院与中国中医科学院合作获得能同时合成齐墩果酸、原人参二醇和原人参三醇3种人参基本皂苷元的第一代"人参酵母"细胞工厂。

2.4.1　代谢工程

代谢工程是构建微生物细胞工厂的重要方法，利用分子生物学手段对微生物已有的代谢途径和调控网络进行合理的设计与改造，以合成新的代谢产物，提高现有产物的合成能力或赋予细胞新的功能。合成生物学的发展为代谢工程研究提供了许多新的方法和策略（图2-2），主要体现在对代谢途径中关键酶的改造、代谢途径的构建、代谢途径中多基因的调控表达和宿主细胞的改造等[178]。通过对代谢网络的解析，可以设计出产品的最佳合成途径，从而提高其合成路径的精确性。

相对于传统方法，合成生物学在代谢工程方面的优势在于：①优化改造宿主细胞，提高路径和宿主的适配性；②利用不同物种来源的基因元件和生物模块设计及组合来合成非天然物质；③基于模块标准化和计算方法的进步，不仅节省了时间、人力，还提高了代谢路径组装设计的可预测性和可靠性，实现更精准调控[179]。Hanai等通过跨种属组合表达来自丙酮丁醇梭菌（*Clostridium acetobutylicum*）乙酰乙酸脱羧

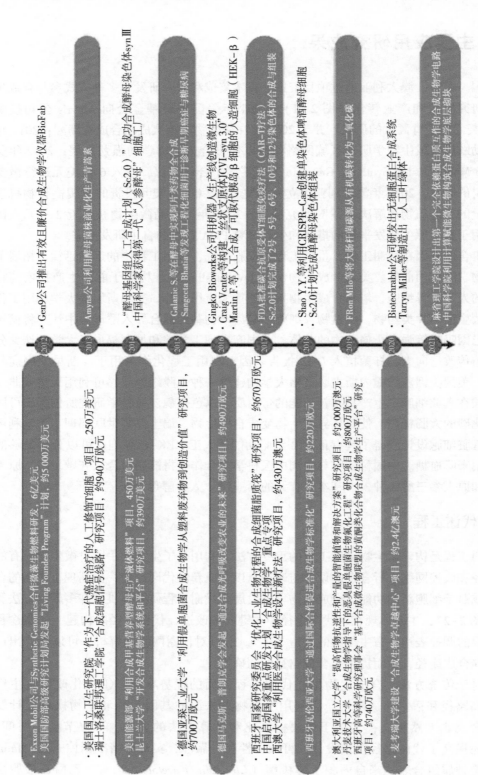

图2-1 2012—2021年全球合成生物学主要项目资助和研究成果

上方（时间轴上方）各节点内容：

- Gen9公司推出有效且廉价合成生物学仪器BioFab

- Amyris公司利用酵母菌核菌商业化生产青蒿素

- "酵母基因组人工合成计划（Sc2.0）" 成功合成酵母染色体syn Ⅲ
- 中国科学家获得第一代 "人参酵母" 细胞工厂

- Galanie S. 等在酵母中实现阿片类药物合成
- Sangeeta Bhatia 等发现工程化细菌用于诊断早期癌症与肝脏疾病

- Gingko Bioworks公司用机器人生产线创造微生物
- Craig Venter 等构建 "丝状支原体JCVI-syn 3.0"
- Martin F. 等人工合成可取代胰岛素 β 细胞的人造细胞（HEK–β ）

- FDA批准嵌合抗原受体T细胞免疫疗法（CAR-T疗法）
- Sc2.0计划完成第12号染色体的合成与组装

- Shao Y. Y. 等利用CRISPR–Cas创建单条染色体酵母细胞
- Sc2.0计划完成单条酵母染色体组装

- FRon Milo 等将大肠杆菌碳源从有机碳转化为二氧化碳

- Biotechrabbit公司研发出无细胞蛋白合成系统
- Tarryn Miller 等制造出 "人工叶绿体"

- 麻省理工学院设计出第一个完全依据蛋白质互作的合成生物学电路
- 中国科学院利用计算能赋能微生物构成合成生物学底层逻辑块

下方（时间轴下方）各节点内容：

- Exxon Mobil公司与Synthetic Genomics合作藻类生物燃料研发，6亿美元
- 美国国防部高级研究计划局发起 "Living Founders Program" 计划，约5 000万美元

- 美国立卫生研究院 "作为下一代癌症治疗的人工修饰T细胞" 项目，250万美元
- 瑞士洛桑联邦理工学院 "合成细胞信号线路" 研究项目，约940万欧元

- 美国能源部 "利用合成甲基营养酵母生产液体燃料" 项目，450万美元
- 昆士兰大学 "开发合成生物学系统和平台" 研究项目，约390万美元

- 德国亚琛工业大学 "利用假单胞菌合成生物学从塑料废弃物到创造价值" 研究项目，约700万欧元

- 德国马克斯·普朗克学会发起 "通过合成光呼吸改变农业的未来" 研究项目，约490万欧元
- 中国启动以合成生物学技术研发计划 "合成生物学" 重点专项
- 西澳大学 "利用医学合成生物学设计新疗法" 研究项目，约430万澳元

- 西班牙国家研究委员会 "优化工业生物过程的合成细菌胎质度" 研究项目，约670万欧元

- 西班牙瓦伦西亚大学 "通过国际合作促进合成生物学标准化" 研究项目，约220万欧元

- 澳大利亚国立大学 "提高作物抗逆性和产量的智能植物解决方案" 研究项目，约2 000万澳元
- 丹麦技术大学 "合成生物学指导下的恶臭假单胞菌细胞工厂" 研究项目，约800万欧元
- 西班牙高等科学研究理事会 "基于合成微生物联盟的黄酮类合成生物学生产平台" 研究项目，约740万欧元

- 麦考瑞大学建设 "合成生物学卓越中心" 项目，约2.4亿澳元

时间轴年份：2012 2013 2014 2015 2016 2017 2018 2019 2020 2021

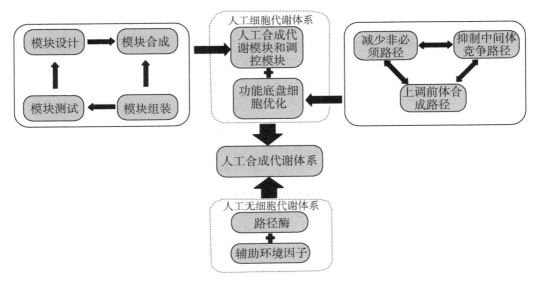

图 2-2 合成生物学在代谢工程中的应用

酶基因 *adc* 和乙酰辅酶 A 乙酰基转移酶基因 *thl*，来自拜氏羧菌（*Clostridium beijerinckii*）的乙醇脱氢酶基因 *adh* 和来自大肠杆菌的乙酰辅酶 A 转移酶基因 *ato AD*，在大肠杆菌内首次构建了合成异丙醇的代谢途径，产量达到了 81.6 mmol/L[180]。Zhang 等设计了一种动态响应调控系统（dynamic sensor-regulator system，DSRS）来调控大肠杆菌中脂肪酸乙酯的生产[181]，该系统的调控作用主要是基于一种转录调控因子 FadR，它能够感应大肠杆菌中脂肪酸乙酯代谢通路中脂肪酸的水平调控脂肪酸乙酯的合成，最终在 DSRS 系统的调控下，脂肪酸乙酯的产量达到了 1.5 g/L，产率提高了 3 倍。周景文团队通过在解脂耶氏酵母中引入异戊烯醇利用途径，使用廉价大宗化学品异戊烯醇为前体，快速产生类异戊二烯合成中间体 IPP。同时通过提高胞内脂质含量，增强了类异戊二烯化合物番茄红素的含量[182]。陶勇课题组将鸟苷乙酸酯（GAA）、瓜氨酸和精氨酸合成模块结合在一起，在大肠杆菌中重构鸟氨酸循环，循环利用精氨酸，生产出可析出的胍基乙酸[183]。

合成生物学技术为代谢工程的模块化、精准化提供了有力支撑，能够通过不同模块间的配合和响应，实现代谢网络中的通量平衡和实时调控。但是，代谢工程仍然存在模块与模块之间，模块与底盘细胞之间不适配的问题，这可能会导致内源性部分的串扰或酶的表达水平不平衡，无法预测性能，可能会阻碍生产过程。因此，需要多个设计—构建—测试—学习周期来有效地引导宿主细胞代谢进入产物合成。

2.4.2 蛋白工程

蛋白质是一切生命体的重要组成部分，在细胞信号转导和生物催化等过程中发挥着重要的作用。天然的蛋白质虽然具备特定的生物学功能，然而其在耐受性和稳定性方面不一定满足现代工业需求。自 20 世纪 80 年代聚合酶链式反应（polymerase chain reaction，PCR）技术的问世，为人类改造蛋白质结构提供了高效的分子操作手段，因此，蛋白质工程（protein engineering）应运而生。蛋白质工程是指采用理性设计、定向进化等技术手段，按照人们意志对蛋白质分子进行设计和改造，以此得到满足特定需求的蛋白质。截至目前，蛋白质工程已广泛应用于食品、轻工、医药、饲料等众多行业中[184]。

最初的蛋白质工程技术中，研究者往往采用 PCR 技术在基因特定位点引入突变，从而改变蛋白质对应位置的氨基酸残基种类，然而由于缺少蛋白质结构和机理研究，突变位点的选择完全依靠研究人员的经验，是一种初级理性设计策略，适用性较窄。随着合成生物学的发展，定向进化技术通过对蛋白质进行多轮突变、表达和筛选，引导蛋白质的性能朝着人们需要的方向进化，从而大幅缩短蛋白质进化的过程。2018 年诺贝尔化学奖得主 Frances H. Arnold 团队通过使用随机突变及单点饱和突变策略定向改造 P450 氧化酶，实现了碳—硅成键[185]、碳—硼成键[186]、烯烃反马氏氧化[187]、卡宾及氮宾的碳—氢键插入[188,189]等一系列令人瞩目的成果。在这之后，定向进化与理性设计结合形成半理性设计策略，即借助蛋白质保守位点及晶体结构分析，通过非随机的方式选取若干个氨基酸位点作为改造靶点，并结合有效密码子的理性选用，提高蛋白质的改造效率[190]，如 Manfred T. Reetz 教授开创的组合活性中心饱和突变策略（combinatorial active-site saturation test，CAST）及迭代饱和突变技术（iterative saturation mutagenesis，ISM），广泛应用于酶的立体/区域选择性、催化活力、热稳定性等酶参数的改造。Yu 等通过 CAST/ISM 策略对 P450-BM3 单加氧酶进行改造，并与醇脱氢酶或过氧化物酶偶联，使其成功应用于高附加值手性二醇及衍生物的不对称催化合成[191]。除此之外，Gjalt W. Huisman 团队基于统计学方法开发的 ProSAR（protein sequence activity relationships）及 Miguel Alcalde 团队基于序列同源性开发的 MORPHING（mutagenic organized recombination process by homologous in vivo grouping）工具也广泛应用于蛋白酶的设计改造[192]。此外，合成生物学通过优化基因表达调控元件，实现线性和非线性的蛋白质表达模式，可用于控制蛋白质的产量和时机，有助于调节蛋白质功能和稳定性。

近年来，随着计算机运算能力的提升和先进算法的相继涌现，计算机辅助蛋白质设计策略得到前所未有的重视和发展。与定向进化相比，蛋白质计算设计可提供明确的改造方案，大幅降低建立、筛选突变体文库所需的工作量。在计算机的辅助下，通过分子对接（molecular docking）、分子动力学模拟（molecular dynamic simulations）、量子力学（quantum mechanics）方法、蒙特卡罗（Monte Carlo）模拟退火（simulated annealing）等一系列计算方法，可以预算和评估蛋白质突变体的结构变化[193]，在蛋白质从头设计、酶的底物选择性和稳定性设计方面都起到重要作用。其中，以人工智能辅助蛋白质工程，可以在计算机辅助的基础上提供足够的高质量数据和更准确的算法：在蛋白结构预测方面，DeepMind 团队开发的 AlphaFold 模型和 David Baker 团队在 2019 年年底开发的 trRosetta 软件，均被公认为是利用深度学习算法构建的蛋白模型预测的有力成果；蛋白功能预测上，先后发展出 PRIAM、CatFam、SVM-prot、COFACTOR、DEEPre、DETECT v2、ECPred 和 DeepEC 等多种蛋白酶分类和功能预测工具。此外，人工智能在蛋白质溶解度预测以及指导智能组合文库设计等方面也发挥着重要作用，已经在蛋白质工程领域展现了显而易见的应用潜力和价值[194]。

2.4.3 细胞工程

细胞工程是以细胞作为研究对象，是应用细胞生物学、遗传学和分子生物学等学科的理论和方法，从细胞水平上对细胞进行大规模培养和分子水平上的基因改造。细胞工程技术大多应用于制药和临床治疗，同时在食品、农业等领域也有一定的应用[195]。合成生物学的发展可以提供更多基因工具来编程和改造细胞，在提高其性能的同时，也赋予了更多的生物功能。合成生物学可通过组装已有的细胞部件，如基因、蛋白质和代谢途径等，构建了新型的合成细胞。以合成生物学开发的细胞工程，在疾病的诊断治疗和药物开发等方面都发挥着关键作用[196]。

首先，以合成生物学技术改造的细胞生物传感器已被用于高通量生物分子/病原体的鉴定和探测，在降低疾病诊断成本的同时又提高了其灵敏度和准确性：如表达绿色荧光蛋白（GFP）的葡萄糖响应性整合酶表达盒（PCpxP-integrase-pA）是检测糖尿病的理想报告物[197]；传染性疾病方面，Martins 等开发的一种潜在含有工程大肠杆菌的微流控衰减器，可用于捕获人类血液中的埃博拉病毒，有效抑制了疾病的传播[198]。其次，在癌症治疗方面，由于大肠杆菌、双歧杆菌和沙门氏菌等微生物能够在缺氧的肿瘤内部生长繁殖，改造后的微生物细胞可通过自动感知并在肿瘤组织中积累，产生细胞毒性毒素杀死癌细胞或装载释放药物来治疗癌症[199]；最后，也可通过合成组装后的 CAR-T 细胞对癌症进行免疫治疗[200]，有效避免手术干预、放疗和化疗等传统癌症治疗方法的高毒性和低选择性，提高癌症治疗的精准性。

自然界的微生物、植物、昆虫甚至哺乳动物等，一直是天然药物成分的重要来源，由于其结构的复杂性，往往难以合成。合成生物学的发展，可允许非天然宿主细胞中生产生物活性化合物，彻底改变了制药工业。合成生物学技术可以帮助设计底盘细胞作为新的药物筛选平台或作为生产结构较为复杂的生物活性化合物的细胞工厂。大肠杆菌因其明确的遗传背景、快速增殖和高水平外源蛋白表达等优点，是目前高通量药物筛选平台使用最多的原核细胞生物。然而，大肠杆菌往往缺乏真核生物基因表达的调控机制，酿酒酵母作为一类常用于表达活性真核蛋白进行翻译后修饰的真核生物细胞，已被用于筛选参与癌症治疗的酶抑制剂。在天然药物合成方面，大肠杆菌和酿酒酵母等也被广泛报道通过合成生物学细胞工程进行青蒿素和紫杉醇等天然药物和前体化合物的合成。哺乳动物细胞由于结构的复杂性，限制了其作为宿主细胞的工程设计，然而通过合成生物学技术设计和构建哺乳动物细胞基因线路改变了这一形势：Weber 等采用基于乙基硫氨抑制因子（EthR）的哺乳动物细胞基因线路筛选方法，鉴定出抗结核药物 2-苯基乙基丁酸酯（2-phenylethyl-butyrate）[201]。

农业生产方面，合成生物细胞可实现对动物繁殖的控制：把装有公牛精子的纤维素胶囊和转基因促黄体生成素（LH）特异性纤维素酶改造的哺乳动物细胞植入奶牛体内，在其自然排卵周期中，黄体生成素的激增触发细胞膜破裂，促进精子释放，完成人工授精[202]。此外，也有报道指出以 CRISPR/Cas9 内切酶构建的合成基因驱动系统细胞传感器可有效抑制蚊子种群增加，降低疟疾的传播[203]。

合成生物学还可以利用细胞的自组装能力，构建一些具有特定形状和功能的细胞结构，这为构建人工组织和器官提供了新的途径。通过合成生物学技术，研究人员可以更加精确地控制细胞行为和功能，从而有助于实现生物医学、生物制药、生物能源和环境修复等领域的应用。随着技术的不断进步，合成生物学将继续推动细胞工程的发展和创新。

2.4.4 基因工程

基因工程是指对生物基因组从头进行合成或重设计，包含对基因组 DNA 的修改、重组和编辑，从而实现新的、有用的生物体性状。合成生物学在基因工程中的研究主要包括大规模基因元件的构建和定量测量、理解基因线路和系统的设计原理、大规模 DNA 合成技术的开发、基因组编辑和调控平台的建立等。常用于分子基因组编辑的靶向内切酶主要包括锌指核酸酶（zinc finger nuclease，ZFN）、类转录激活样效应因子核酸酶（transcription activator-like effector nuclease，TALEN）和成簇规律间隔短回文重复序列（clustered regulatory interspaced short palindromic repeats，CRISPR）相关蛋白等。这些靶向内切酶可结合到 DNA 的特定位点并进行切割，造成 DNA 双链断裂（double-strand break，DSB）。为了修复双链断裂，细胞随即利用自身的修复机制（DNA repair pathway）在该位点产生同源重组（homology-directed recombination，HDR）或非同源末端连接（non-homologous end joining，NHEJ），实现靶向基因编辑[204]。

合成生物学显著地推进了新型 DNA 合成和大规模基因合成组装技术的发展。Venter 团队从数字化基因组序列信息开始设计、合成并组装了支原体 JCVI-syn1.0 基因组，并将其移植到山羊支原体宿主细胞中，产生了新型的具有持续自我复制能力的新支原体细胞，证明了从零开始合成基因组的可能性[205]。从头设计基因组可以使人们根据任意设计原则对基因信息进行工程设计，从而开辟了不需要天然基因组作为模板，即可构建具有任何所需特性生物细胞的可能性。合成基因组技术有潜力提供大量和复杂的新化学物质。通过设计序列实现设计功能，从而大大拓宽了合成生命的应用范围，推动了其在能源、药物和食品生产中的应用。天津大学元英进团队设计并重新合成了 synV 染色体，通过 CRISPR/Cas9 技术介导编辑，成功实现了酵母 5 号和 10 号染色体的化学合成，意味着对模式真核生物基因组具备了精准的化学合成方法[206]。随着 DNA 合成和装配技术的改进，全基因组合成已成为设计和改造整个基因组的替代方法。由于病毒基因组较小，是疫苗研发的良好工程靶向。Coleman 等开发的合成减毒病毒工程（synthetic attenuated virus engineering，SAVE），打乱了病毒基因组固有的密码子偏好，利用计算机对病毒基因组进行大规模重新设计，并成功获得了流感病毒减毒疫苗[207,208]。合成基因组技术在代谢工程、细胞工程和遗传网络设计等方面均具有广泛的应用，然而，现有的合成基因组技术仍受到通量低、错误率高等瓶颈的制约，通过各学科间的持续交叉协作，新的技术将会推动复杂 DNA 库和基因组构建技术的持续发展，对科学研究和社会产生巨大的影响。

3 全球及中国合成生物学科研论文发展态势

3.1 研究方案

3.1.1 数据来源

该研究数据来源于 Web of Science（WOS）核心合集数据库，该数据库文献数目多、可靠度高，适合进行全面的文献计量分析，其中包含了 4 种期刊类型、1 种书籍类型和 1 种会议集类型，本研究在 WOS 数据库检索合成生物学研究主题相关文献的具体步骤：进入 WOS 数据库，选择 WOS 核心数据库，进入高级检索，输入检索式，检索时间段为 1995—2022 年，在检索获得文献后，去除无关的文献，进行去重，得到 16 495 篇文献（表 3-1），检索时间为 2023 年 11 月 4 日。

3.1.2 技术分解

该研究以合成生物学的重点技术为论文数据的检索、分析的主线，以合成生物系统、人工生物系统、合成生命、DNA 人工合成、DNA 化学合成、DNA 酶促合成、合成启动子等具体应用领域作为辅助，完成全部合成生物学论文的相关检索。构建的合成生物学重点技术分解如表 3-1 所示。

表 3-1 合成生物学重点技术分解

技术分解	检索式	论文数（篇）
合成生物系统、人工生物系统、合成生命	TS =（synthetic－biology OR synthetic－biological OR synthetic-biosystem * OR artificial-biosystem * OR synthetic-life OR synthetic-lives）	12 337
DNA 人工合成、DNA 化学合成、DNA 酶促合成、合成启动子、合成核酸、合成 * 核苷酸、人工核酸、人工核苷酸、合成碱基对、人工碱基对、DNA 折纸术、合成/人工 shRNA	TS =（synthetic-DNA OR DNA-artificial-synthesis OR DNA－chemical－synthesis OR DNA－enzymatic-synthesis OR synthetic-promoter OR synthetic-nucleic-acid $ OR synthetic－* nucleotide OR artificial-nucleic-acid $ OR artificial－* nucleotide OR synthetic-base-pair $ OR artificial-base-pair $ OR dna-origami OR synthetic-shRNA OR artificial-shRNA）	5 534

（续表）

技术分解	检索式	论文数（篇）
人工/合成基因簇、人工/合成基因网络、人工/合成哺乳动物基因、人工/合成基因回路、人工/合成基因元件、基因开关、基因振荡器、蛋白质折叠预测、蛋白质分子机器、合成/人工酶、合成/人工氨基酸、非天然氨基酸	TS = （"artificial‐gene" OR "artificial‐genes" OR "synthetic‐gene" OR "synthetic‐genes" OR artificial‐genome OR artificial‐genomics OR synthetic‐genome OR synthetic‐genomics OR artificial‐gene * ‐cluster * OR synthetic‐gene * ‐cluster * OR artificial‐gene * ‐network * OR synthetic‐gene * ‐network * OR artificial‐mammalian‐gene * OR synthetic‐mammalian‐gene * OR artificial‐gene‐circuit $ OR synthetic‐gene‐circuit $ OR genetic‐circuit $ OR artificial‐genetic‐element $ OR synthetic‐genetic‐element $ OR artificial‐genetic‐device $ OR synthetic‐genetic‐device $ OR （（synthetic‐amino‐acid $ OR artificial‐amino‐acid $ OR synthetic‐enzyme * OR artificial‐enzyme * OR noncanonical‐amino‐acid $ OR unnatural‐amino‐acid $ ） near‐sysnthesi * ） OR "gene‐switch" OR "gene‐oscillator" OR protein‐molecular‐machine $ ）	4 465
人工细胞、合成细胞、人工多细胞体系、合成原细胞、囊泡生物反应器	TS = （cell‐factory OR cell‐factories OR artificial‐cell $ OR synthetic‐cell $ OR artificial‐multicell * ‐system * OR synthetic‐protocell $ OR vesicle‐bioreactor $ ）	5 322
剔除	TS = （cell * ‐telephone OR cell * ‐phone OR cell * ‐culture OR logic‐cell * OR fuel‐cell * OR battery‐cell * OR load‐cell * OR geo‐synthetic‐cell * OR memory‐cell * OR cellular‐network OR ram‐cell * or rom‐cell * OR maximum‐cell * OR electrochemical‐cell * OR solar‐cell * OR photosynthe * OR photo‐synthe * ）	
合计		16 495

3.1.3　分析工具

论文数据分析采用科睿唯安的专业数据分析工具（Derwent Data Analyzer，DDA）及 Excel 2016，通过 DDA 对论文数据进行了多角度的挖掘和可视化的全景分析。利用 VOSviewer 软件进行主要研究热点的挖掘。

3.2 全球合成生物领域科研论文发展态势分析

3.2.1 全球整体产出分析

（1）研究规模

论文数量可以在一定程度上反映领域研究规模的大小。对某一主题的相应时期内进行相关文献数量的统计与分析，能够揭示该主题在该时期的研究热度以及对未来的发展动态进行预测[209]。合成生物学领域 1995—2022 年发文量如图 3-1 所示，该领域全球的发文量在 1995—2011 年增长较缓，年发文量保持在 200 篇以下，2008 年以后发文量逐年迅速增长，尤其在 2015 年以后年发文量均在 1 000 篇以上，到 2022 年达到 1 668 篇，可见，该领域是全球相关科研学者的关注热点，国际社会越来越重视合成生物学的研究。

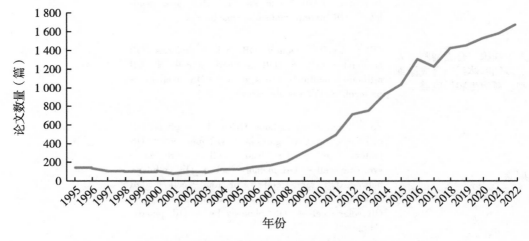

图 3-1　1995—2022 年全球合成生物学发文量变化

（2）领先国家/地区

不同国家发文量可以体现各国在该领域的研究深度、重视程度及其作出的科研贡献。检索出的 16 495 篇文献，SCI 发文量排名前十位（TOP10）的国家分布如图 3-2 所示。由图 3-2 可见，美国发文量为 6 629 篇，占总文献的 40.19%；中国发文量为 2 729 篇，排名第二，占总文献的 16.54%，与排名第一的美国存在较大差距；德国共发文 1 850 篇，排名第三，占总文献的 11.22%，英国（1 678 篇）和日本（872 篇），分别排第四位和第五位；中国、美国、德国和英国的发文量均超过 1 500 篇，其余国家均在 1 000 篇以下，以上四国在合成生物学领域的研究成果丰富，是该领域的领头国家和强有力推进者，进一步凸显合成生物学的研究意义和价值，对该领域的推动和发展起到了关键作用。

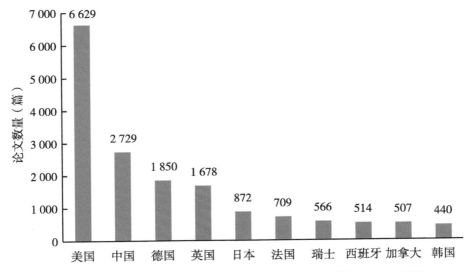

图 3-2　1995—2022 年全球合成生物学领域 SCI 论文数量 TOP10 国家

（3）主要发文机构分析

科学研究成果产出体现在论文的发文机构中，如图 3-3 所示，将检索到的文献按照机构发文量的多少进行排序，可以得到排名前二十位的研究机构发表论文数量均超过 100 篇，共发表文献 4 924 篇，占发文总量的 29.85%，其中发文量最多的是中国科学院，发文数量为 607 篇，占到文献发表总量的 3.68%，其次是美国麻省理工学院和哈佛大学，发文量为 433 篇和 339 篇，占文献总比例的 2.63% 和 2.06%。

（4）学科分布

图 3-4 列出了合成生物学相关 TOP10 的学科发文量，排名前五的分别为生物技术与应用微生物学（biotechnology & applied microbiology，2 378篇，占总数的 14.42%）、生物化学与分子生物学（biochemistry & molecular biology，2 212篇，占总数的 13.41%）、化学多学科（chemistry，multidisciplinary，1 894篇，占总数的 11.48%）、生化研究方法（biochemical research methods，1 733篇，占总数的 10.51%）和多学科科学（multidisciplinary sciences，1 403篇，占总数的 8.51%），在合成生物学研究领域以上 5 门学科总发文量占总学科发文量的 58.32%，属于该领域的热点学科。

3.2.2　主要国家科学发展态势

（1）学术生产力

合成生物学领域 SCI 论文数量 TOP5 国家核心发文量对比如图 3-5 所示，从核心作者的发文情况来看，美国（5 520篇）、中国（2 378篇）、德国（1 338篇）、英国（1 152篇）和日本（699 篇）依然是发文量排名前五的国家。中国核心作者论文占比为 87.14%（排名第一），美国为 83.27%，日本为 80.16%，是核心作者论文占比排名前三的国家。

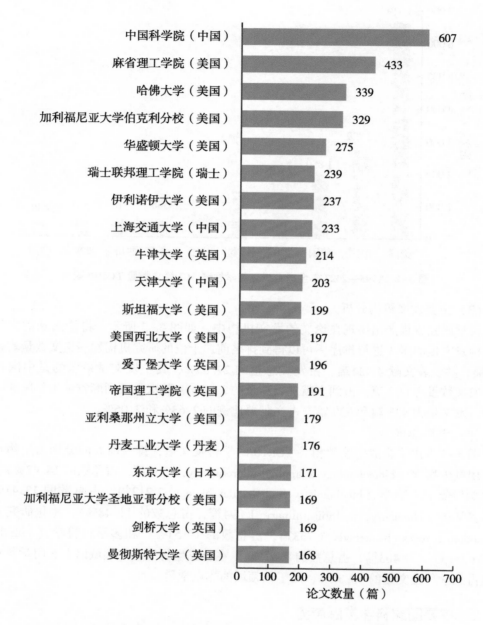

图 3-3　1995—2022 年全球合成生物学领域 SCI 论文数量 TOP20 机构

对排名前五（TOP5）国家 SCI 论文及核心作者论文年度分布情况进行了统计，如图 3-6 所示。整体来看，TOP5 国家在合成生物学领域发表的论文呈上升趋势，增长高峰出现时段不同，美国于 2011—2018 年发文量增长最快，2018 年以后呈现波动下降趋势，而中国在 2017—2022 年发文数量增长最快，2022 年超过美国成为核心作者发文量最多的国家。

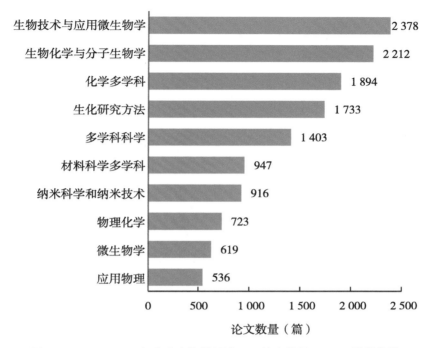

图 3-4   1995—2022 年合成生物学领域 SCI 论文数量 TOP10 学科分类

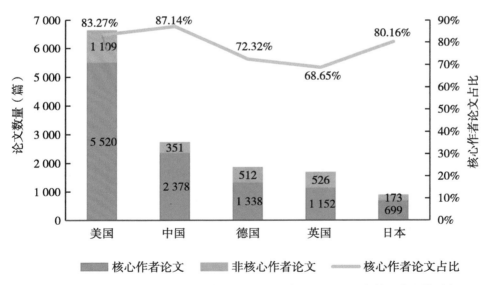

图 3-5   1995—2022 年合成生物学领域 SCI 论文数量 TOP5 国家核心发文量对比

（2）学术影响力

全球合成生物学领域中 SCI 发文排名前五（TOP5）的论文总体影响力见表 3-2，包括被引频次、被引频次世界份额、篇均被引频次、未被引论文占比及对应的排名。

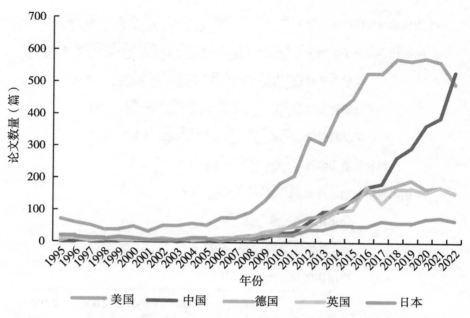

图 3-6　1995—2022 年全球合成生物学领域 SCI 论文数量 TOP5 国家发文趋势

美国 SCI 论文的被引频次为 325 808 次，占世界份额排名第一，德国 SCI 论文的被引频次为 83 564 次，占世界份额排名第二，中国排名第三；美国篇均被引频次为 49.15 次，排名第一，德国篇均被引频次 45.17 次，排名第二，中国排名第四；美国未被引论文 506 篇，占比排名第一，日本占比排名第二，中国排名第五，是 5 个国家中未被引论文占比最少的国家。说明总体而言中国发表的论文质量较好，科研成果的影响力大。

表 3-2　1995—2022 全球合成生物学领域排名 TOP5 国家 SCI 论文总体影响力

国家与地区	总发文量（篇）	被引频次（次）	被引频次世界份额	被引频次世界份额排名	篇均被引频次（次）	篇均被引频次排名	未被引论文数量（篇）	未被引论文占比	未被引论文占比排名
世界	16 495	601 119			36.44		1 230		
美国	6 629	325 808	54.20%	1	49.15	1	506	7.63%	1
中国	2 729	80 466	13.39%	3	29.49	4	166	6.08%	5
德国	1 850	83 564	13.90%	2	45.17	2	114	6.16%	4
英国	1 678	67 977	11.31%	4	40.51	3	117	6.97%	3
日本	872	23 725	3.95%	5	27.21	5	62	7.11%	2

表 3-3 展示了全球发文排名前五（TOP5）国家在该领域 SCI 论文影响因子的分

布情况。可以看出，大部分论文影响因子小于10，其次是10~20，影响因子不低于60的论文数量较少。影响因子不低于60的论文美国最多，有131篇论文，中国和德国均为18篇，英国为13篇，日本0篇。影响因子为40~60的论文美国仍排名第一，但总发文量排名第三的德国（34篇）、排名第四的英国（24篇）均超过总发文量排名第二的中国（19篇），中国SCI论文影响因子较高的论文占比较低。但总体而言，影响因子分段排名情况与该国的总发文量成正比，总发文量越多，影响因子较高的论文越多。

表3-3　1995—2022年全球合成生物学领域TOP5国家SCI论文影响因子的分布情况

国家与地区	论文数量（篇）				
	IF<10	10≤IF<20	20≤IF<40	40≤IF<60	IF≥60
世界	11 812	3 125	300	274	198
美国	4 315	1 507	137	179	131
中国	2 002	554	65	19	18
德国	1 218	464	38	34	18
英国	1 171	364	23	24	13
日本	665	153	7	6	0

（3）国际合作网络分析

通过统计论文中全部作者的所在的国家，绘制全球合成生物学领域TOP5国家的合作发文情况如图3-7所示。美国与其他国家的合作发文最为紧密，合作发文最多是中国，合作发文426篇，其次与英国、德国、日本分别合作发文230篇、223篇、80篇。德国与英国合作发文102篇，为合作发文较多的国家。中国分别与英国、德国、日本合作发文81篇、60篇、36篇。英国、德国、美国的合作发文量为30篇，中国、美国、英国的合作发文量为27篇，中国、美国、德国合作发文量为18篇，中国、美国、日本的合作发文量为12篇，中国、英国、德国合作发文量为6篇，中国、英国、日本合作发文量为2篇，中国、德国、日本合作发文量为2篇，全球发文量排名前五（TOP5）的各个国家合作较为紧密，但总体而言，合作发文量占总发文量的比例较低，并没有形成紧密的合作联系网络，国际合作还存在很大的拓展空间，各国均需加强与其他国家/地区的合作。

3.2.3　主要机构学术发展态势

（1）学术生产力

全球合成生物学领域SCI论文发文量TOP10的发文机构的发文趋势如图3-8所示，TOP10机构主要来自中国、美国、瑞士和英国。2016年（含2016年）之前，美国麻省理工学院等其他除中国以外的机构发文量较中国机构高，且早在

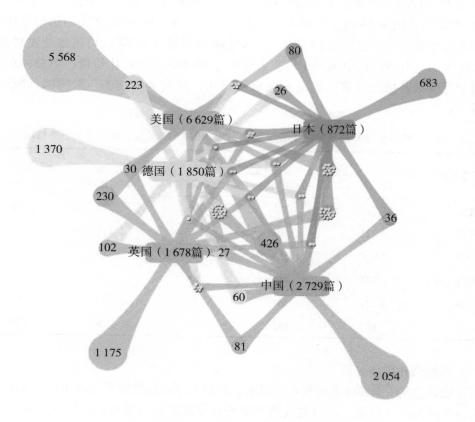

图 3-7 1995—2022 全球合成生物学领域 TOP5 国家合作网络

1995 年美国已有 4 个机构开展了相关的研究，但整体增长平稳，排名第二的美国麻省理工学院 2022 年发文量仅 30 篇；中国自 1999 年起步后，中国科学院、上海交通大学和天津大学在 2017 年（包括 2017 年）之后发文量均逐年递增，尤其是 2022 年 3 个机构的发文量分别达 110 篇、51 篇和 48 篇，均超过 TOP10 机构中的其他机构 2022 年的发文量。中国关于合成生物学的研究虽起步晚，但发展速度快，逐渐跻身该领域前沿。

从 SCI 论文发文 TOP10 的发文机构的发文趋势来看（表 3-4），总发文量排名前四的机构核心作者发文量仍然排名前四，说明与合成生物学相关的科研产出主要是由这四所机构主导的。SCI 核心论文占比排名第一的是天津大学，瑞士联邦理工学院排名第二；总发文量排名第一的中国科学院 SCI 核心论文占比排名第三，总发文量排名第二的美国麻省理工学院、排名第三的哈佛大学和排名第四的加利福尼亚大学伯克利分校 SCI 核心论文占比分别排名第五、第十和第九位。

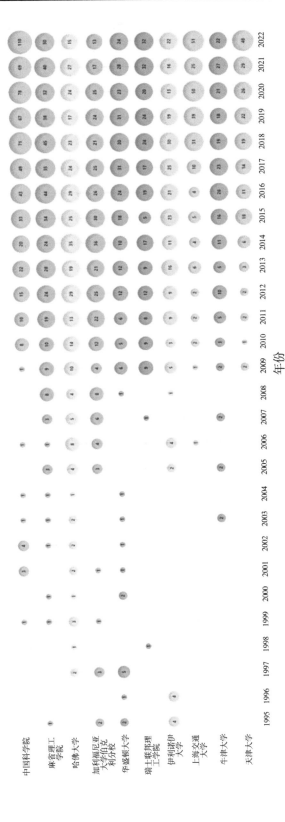

图3-8 1995—2022年全球合成生物学领域SCI论文数量TOP10机构发文趋势

表 3-4　1995—2022 年全球合成生物学领域 TOP10 机构核心作者 SCI 论文数量和占比

机构	总发文量（篇）	核心作者发文量（篇）	非核心作者发文量（篇）	核心作者论文占比	SCI 核心论文占比排名
中国科学院	607	474	133	78.09%	3
麻省理工学院	433	310	123	71.59%	5
哈佛大学	339	205	134	60.47%	10
加利福尼亚大学伯克利分校	329	200	129	60.79%	9
华盛顿大学	275	184	91	66.91%	7
瑞士联邦理工学院	239	189	50	79.08%	2
伊利诺伊大学	237	177	60	74.68%	4
上海交通大学	233	161	72	69.10%	6
牛津大学	214	141	73	65.89%	8
天津大学	203	188	15	92.61%	1

（2）学术影响力

全球合成生物学领域中 SCI 发文 TOP10 机构的论文总体影响力如表 3-5 所示，包括总发文量、总被引频次、未被引论文数、未被引论文占比及篇均被引频次。美国哈佛大学总被引频次排名第一，总被引频次为 44 487 次，美国麻省理工学院排名第二，总被引频次为 36 759 次，加利福尼亚大学伯克利分校排名第三，总被引频次为 24 080 次，中国科学院排名第四，总被引频次为 21 185 次，作为总发文量排名第一的机构，被引频次仅占哈佛大学的一半，学术影响力有待提升。从未被引论文的占比来看，美国哈佛大学排名第一，中国天津大学排名第二，美国伊利诺伊大学排名第三，中国科学院排名第四，美国麻省理工学院排名第五，天津大学作为发文量排名第十的机构，未被引论文占比相对较少，说明天津大学有较高的学术影响力。篇均被引频次与总被引频次的排名几乎一致。总体而言美国和中国发表的论文质量较好，科研成果的影响力大。

表 3-5　1995—2022 年全球合成生物学领域排名 TOP10 机构 SCI 论文总体影响力

机构	总发文量（篇）	总被引频次（次）	总被引频次排名	未被引论文数（篇）	未被引论文占比	未被引论文数排名	篇均被引频次（次）
中国科学院	607	21 185	4	27	4.45%	4	34.90
麻省理工学院	433	36 759	2	21	4.85%	5	84.89
哈佛大学	339	44 487	1	8	2.36%	1	131.23
加科福利亚大学伯克利分校	329	24 080	3	24	7.29%	9	73.19

（续表）

机构	总发文量（篇）	总被引频次（次）	总被引频次排名	未被引论文数（篇）	未被引论文占比	未被引论文数排名	篇均被引频次（次）
华盛顿大学	275	15 715	5	20	7.27%	8	57.15
瑞士联邦理工学院	239	6 654	8	15	6.28%	7	27.84
伊利诺伊大学	237	12 308	6	10	4.22%	3	51.93
上海交通大学	233	6 357	9	14	6.01%	6	27.28
牛津大学	214	10 513	7	20	9.35%	10	49.13
天津大学	203	5 420	10	8	3.94%	2	26.70

（3）科技合作网络

合成生物学主题相关的文献发文 TOP10 机构合作网络共现图（图 3-9），可见，机构间合作形成了以中国科学院和美国麻省理工学院为核心的两个主要合作关系群，中国机构与排名前二十的美国、英国、日本等其他发达国家、欧洲国家机构均有密切的合作，中国在合成生物学领域不仅具有较高的科研水平，且在该领域正在努力追赶世界一流水平。

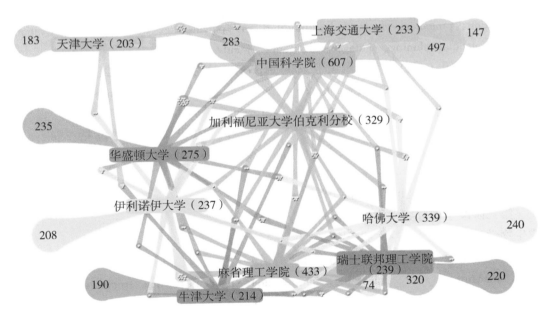

图 3-9 1995—2022 年全球合成生物学领域 TOP10 机构间的合作关系

3.2.4 热点主题和发展趋势

3.2.4.1 全球研究主题词聚类

将 Web of Science 数据库全球 SCI 核心数据集中 1995—2022 年合成生物学领域的论文根据时间划分为 4 个发展阶段，分别为 1995—2002 年、2003—2012 年、2013—2017 年和 2018—2022 年，将不同阶段论文的全部关键词（作者关键词与 Web of Science 数据库提取的关键词），基于关键词共线原理，利用 VOSviewer 软件对该领域全球 SCI 论文的主题聚类进行挖掘，生成聚类图。

（1）第一阶段（1995—2002 年）

第一阶段全球合成生物学领域 SCI 论文主题聚类如图 3-10 所示。1995—2002 年合成生物学领域全球 SCI 论文的研究集中在 5 个主题，图 3-10 中每个颜色代表一个聚类。

第一个主题（红色聚类）聚焦于 dna 的研究，主要包括 sequence、binding、recognition、mechanism、oligonucleotides、crystal－structure、invitro、complex、synthetic dna、cleavage 等内容。

第二个主题（绿色聚类）聚焦于 expression 的研究，主要包括 transcription、cells、activation、in－vivo、mammalian－cells、sequences、gene therapy、in－vitro、vectors、induction、cytokines、receptor、therapy 等内容。

第三个主题（蓝色聚类）聚焦于 proteins 的研究，主要包括 escherichia-coli、gene、identification、promoter、cloning、dna-binding、rna-polymerase、transcriptional activation、region、molecular-cloning、mutagenesis、genes、family 等内容。

第四个主题（黄色聚类）聚焦于 gene-expression 的研究，主要包括 messenger-rna、nucleotide-sequence、gene expression、cdna、hybridization、in situ hybridization、insitu hybridization、rat、probes、pcr、polymerase chain-reaction 等内容。

第五个主题（紫色聚类）聚焦于 purification 的研究，主要包括 replication、inhibition、saccharomyces-cerevisiae、rna、binding-protein、domain、enzyme、transcription factors、single-stranded-dna、antisense oligonucleotides 等内容。

（2）第二阶段（2003—2012 年）

第二阶段全球合成生物学领域 SCI 论文主题聚类如图 3-11 所示，2003—2012 年合成生物学领域全球 SCI 论文的研究主要集中在 4 个主题。

第一个主题（红色聚类）聚焦于 dna 的研究，主要包括 design、binding、rna、proteins、recognition、oligonucleotides、folding dna、molecules、nanostructures、dynamics、dna origami、stability、self-assembly、complex 等内容。

第二个主题（绿色聚类）聚焦于 expression 的研究，主要包括 gene－expression、protein、sequences、cells、mammalian-cells、gene、transcription、in-vitro、identification、in-vivo、activation、messenger-rna、promoter、transcription factors 等内容。

第三个主题（蓝色聚类）聚焦于 synthetic biology 的研究，主要包括 escherichia-

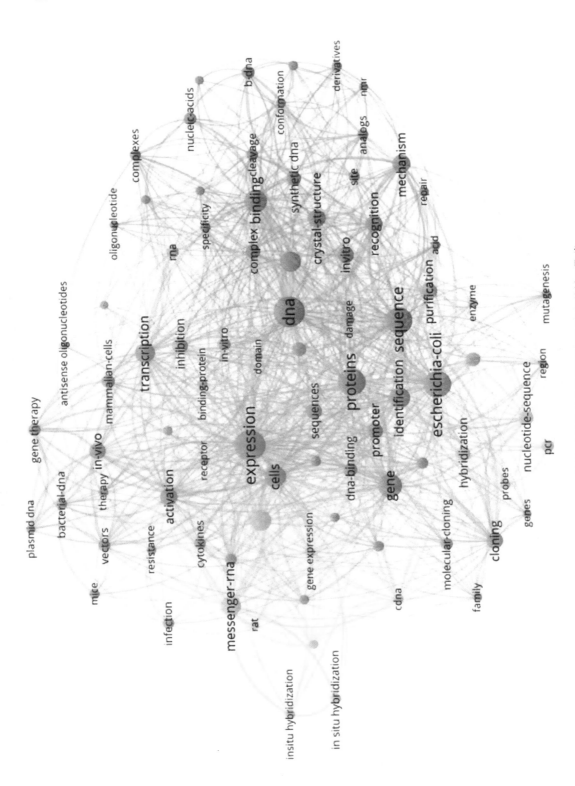

图3-10　1995—2002年全球合成生物学领域SCI论文关键词聚类

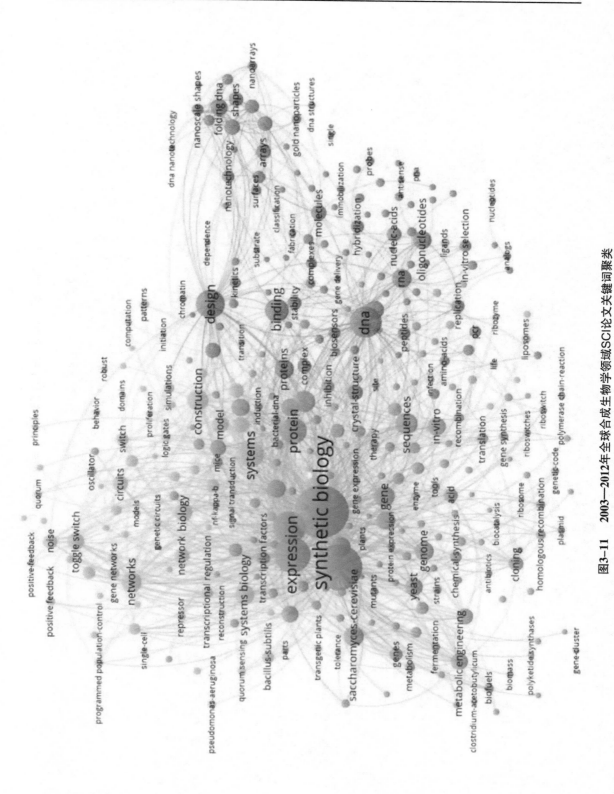

图3-11 2003—2012年全球合成生物学领域SCI论文关键词聚类

coli、directed evolution、saccharomyces - cerevisiae、yeast、bacteria、genome、metabolic engineering、biosynthesis、cloning、acid、pathway、genes、chemical-synthesis、escherichia coli、purification 等内容。

第四个主题（黄色聚类）聚焦于 systems 的研究，主要包括 construction、networks、toggle switch、evolution、systems biology、biology、circuits、specificity、model、noise、network、regulatory networks、computational design、cell - cell communication 等内容。

（3）第三阶段（2013—2017 年）

第三阶段全球合成生物学领域 SCI 论文主题聚类如图 3-12 所示，2013—2017 年合成生物学领域全球 SCI 论文的研究主要集中在 6 个主题。

第一个主题（红色聚类）聚焦于 dna 的研究，主要包括 dna origami、nanostructures、folding dna、binding、rna、proteins、shapes、nanoscale shapes、self-assembly、dna nano-technology、nanotechnology、nanoparticles、origami、biosensors 等内容。

第二个主题（绿色聚类）聚焦于 synthetic biology 的研究，主要包括escherichia-coli、metabolic engineering、saccharomyces-cerevisiae、genes、biosynthesis、pathways、evolution、identification、optimization、enzymes、biofuels、metabolism、natural-products、heterologous expression 等内容。

第三个主题（深蓝色聚类）聚焦于 expression 的研究，主要包括 design、construction、systems、networks、cells、biology、circuits、systems biology、dynamics、growth、logic gates、model、cell、transcriptional regulation 等内容。

第四个主题（黄色聚类）聚焦于 in-vivo 的研究，主要包括 mammalian-cells、activation、specificity、protein engineering、transcription factors、living cells、cancer、generation、light、structural basis、rational design、green fluorescent protein、transgene expression、spatiotemporal control 等内容。

第五个主题（紫色聚类）聚焦于 protein a 的研究，主要包括 system、yeast、directed evolution、genome、cloning、in-vitro、crispr、homologous recombination、vectors、recombination、genome engineering、replication、integration、plasmids 等内容。

第六个主题（浅蓝色聚类）聚焦于 gene - expression 的研究，主要包括 transcription、sequences、bacteria、translation、mechanism、messenger - rna、selection、promoter、platform、promoters、protein expression、rna-polymerase、gene expression、regulators 等内容。

（4）第四阶段（2018—2022 年）

第四阶段全球合成生物学领域 SCI 论文主题聚类如图 3-13 所示，2018—2022 年合成生物学领域全球 SCI 论文的研究主要集中在 6 个主题。

第一个主题（红色聚类）聚焦于 proteins 的研究，主要包括 dna origami、dna、nanostructures、binding、dna nanotechnology、shapes、nanoparticles、folding dna、self-assembly、stability、mechanism、dynamics、delivery、origami 等内容。

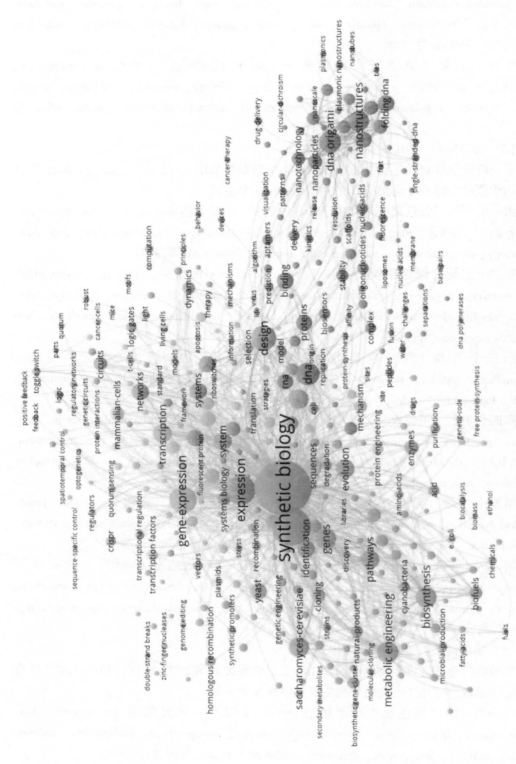

图3-12　2013—2017年全球合成生物学领域SCI论文关键词聚类

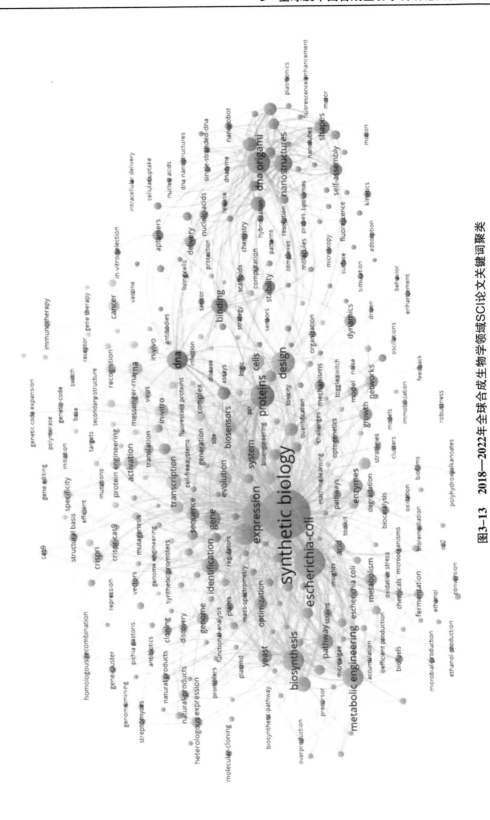

图3-13　2018—2022年全球合成生物学领域SCI论文关键词聚类

第二个主题（绿色聚类）聚焦于 synthetic biology 的研究，主要包括 escherichia-coli、expression、metabolic engineering、biosynthesis、pathway、gene、yeast、saccharomyces-cerevisiae、enzymes、growth、optimization、metabolism、acid、genes 等内容。

第三个主题（深蓝色聚类）聚焦于 identification 的研究，主要包括 sequence、genome、heterologous expression、promoter、crystal-structure、crispr-cas9、cloning、natural-products、resistance、gene expression、natural products、discovery、peptides、genome editing 等内容。

第四个主题（黄色部分）聚焦于 cells 的研究，主要包括 rna、biosensors、activation、bacteria、crispri、in-vitro、in-vivo、complex、cancer、recognition、specificity、generation、cas9、therapy 等内容。

第五个主题（紫色部分）聚焦于 design 的研究，主要包括 gene-expression、system、construction、networks、circuits、biology、systems、platform、model、systems biology、optogenetics、computation、genetic circuits、logic 等内容。

第六个主题（浅蓝色部分）聚焦于 transcription 的研究，主要包括 evolution、directed evolution、translation、protein engineering、selection、messenger-rna、replication、free protein-synthesis、recombination、mutagenesis、amino-acids、cell-free protein synthesis、efficient、rational design 等内容。

3.2.4.2 全球研究热点

关键词作为文章核心内容的概述，可以用来分析合成生物学领域研究的前沿。通过对关键词共现图的分析，可以了解该研究领域的主要方向和热点。将 Web of Science 数据库 SCI 核心数据集中 1995—2022 年合成生物学领域的论文根据时间划分为 4 个发展阶段，分别为 1995—2002 年、2003—2012 年、2013—2017 年和 2018—2022 年，将不同阶段论文的全部关键词（作者关键词与 Web of Science 数据库提取的关键词），基于关键词共线原理，利用 VOSviewer 软件对该领域全球 SCI 论文的主题热点进行挖掘，生成热点图。

图 3-14 为 1995—2002 年全球合成生物学领域 SCI 论文研究热点。可以看出这一阶段，dna、sequence、expression、transcription、cells、proteins、escherichia-coli、gene、identification、promoter 等为该领域主要的研究热词。

图 3-15 为 2003—2012 年全球合成生物学领域 SCI 论文研究热点。可以看出这一阶段，synthetic biology、escherichia-coli、expression、gene-expression、dna、design、protein、systems、binding、construction 等为该领域主要的研究热词。

图 3-16 为 2013—2017 年全球合成生物学领域 SCI 论文研究热点。可以看出这一阶段，synthetic biology、escherichia-coli、expression、gene-expression、design、dna、metabolic engineering、dna origami、protein a、saccharomyces-cerevisiae 等为该领域主要的研究热词。

图 3-17 为 2018—2022 年全球合成生物学领域 SCI 论文研究热点。可以看出这一阶段，synthetic biology、escherichia-coli、expression、design、proteins、gene-expression、meta-

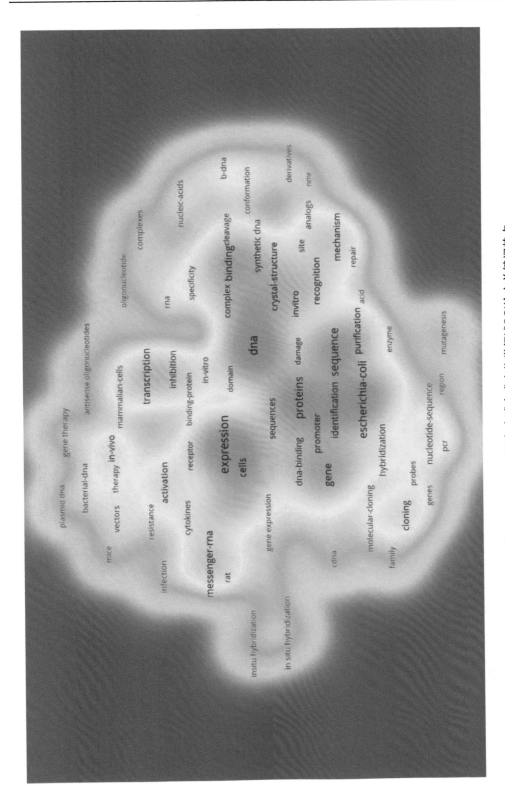

图3-14 1995—2002年全球合成生物学领域SCI论文关键词热点

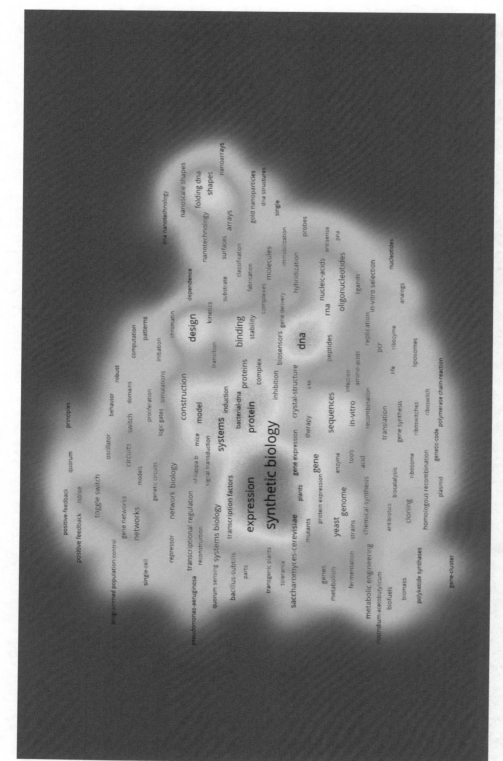

图3-15 2003—2012年全球合成生物学领域SCI论文关键词热点

图3-16 2013—2017年全球合成生物学领域SCI论文关键词热点

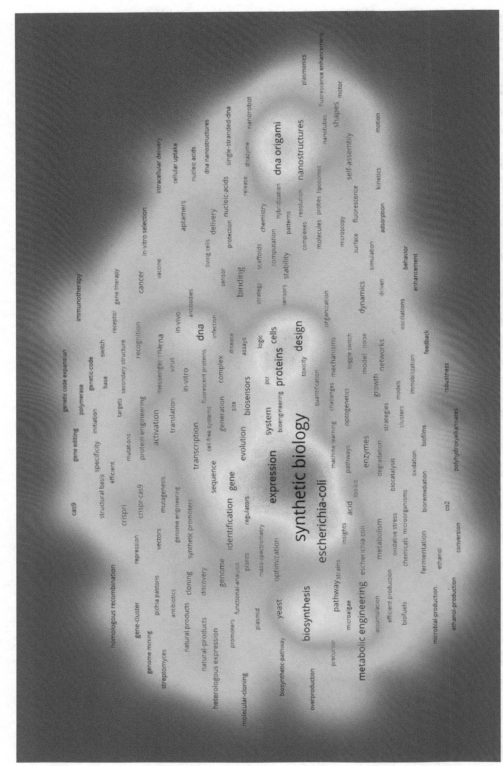

图3-17　2018—2022年全球合成生物学领域SCI论文关键词热点

bolic engineering、biosynthesis、dna origami、dna 等为该领域主要的研究热词。

3.2.4.3 研究主题发展趋势

全球合成生物学领域 SCI 论文 TOP10 主题词的 1995—2012 年和 2013—2022 年度发展趋势如图 3-18 和图 3-19 所示。synthetic biology、escherichia-coli、expression、gene-expression、design、DNA、DNA origami、protein、biosynthesis 和 metabolic engineering 是全球合成生物学 SCI 论文 1995—2022 年总发文量排名前十的主题词。其中，synthetic biology、escherichia-coli 和 gene-expression 是 2012 年以前发文增长排名前三的主题词，synthetic biology、escherichia-coli 和 design 是 2013—2017 年发文增长排名前三的主题词，protein、expression 和 DNA 是 2018—2022 年发文增长排名前三的主题词，而 escherichia-coli（总排名第二）、metabolic engineering（总排名第四）和 gene-expression（总排名第十）是 2018—2022 年发文负增长排名前三的主题词。

3.2.4.4 高质量论文的主题词聚类和研究热点

本研究分析的全球高质量论文主要使用 Web of Science 数据库 SCI 核心数据集里的高被引论文和热点论文，高被引论文去重后共计 227 篇，热点论文 2 篇，去重后合计论文 227 篇。采用论文的全部关键词（作者关键词与 Web of Science 数据库提取的关键词），基于关键词共线原理，利用 VOSviewer 软件对该领域 SCI 高质量论文的主题聚类和热点进行挖掘，生成聚类图和热力图。1995—2022 年合成生物学领域全球 SCI 高质量论文的研究集中在 5 个主题（图 3-20）。

第一个主题（红色聚类）聚焦于 folding dna 和 dna origami 的研究，主要包括 shapes、origami、nanostructures、nanotechnology、gold nanoparticles、nanoscale shapes、plasmonic nanostructures、drug-delivery、single-stranded-dna 等内容。

第二个主题（绿色聚类）聚焦于 synthetic biology 和 dna 的研究，主要包括 escherichia-coli、gene-expression、system、transcription、growth、computational design、living cells、transcription factor、gene、rna、recombination、double-strand breaks、homologous recombination、arabidopsis 等内容。

第三个主题（蓝色聚类）聚焦于 expression 的研究，主要包括 biosynthesis、saccharomyces-cerevisiae、metabolic engineering、pathway、yeast、integration、lipid production、vectors、genes、transformation、plants、cloning 等内容。

第四个主题（黄色聚类）聚焦于 systems、therapy 和 gene 的研究，主要包括 cells、chimeric antigen receptor、recombination、immunotherapy、double-strand breaks、antitumor-activity、cancer、gene-therapy、in-vivo、protein、nanoparticles、bacteria、binding、crispr、sequence、motor、mammalian-cells 等内容。

第五个主题（紫色聚类）聚焦于 amino acid 和 design 的研究，主要包括 identification、microbial-production、directed evolution、metabolism、differentiation、gene-cluster 等内容。

1995—2022 年合成生物学领域 SCI 高质量论文研究热点如图 3-21 所示。可以看

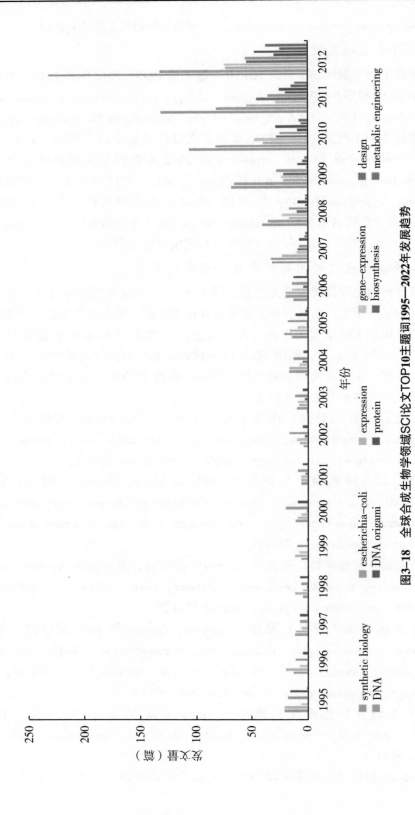

图3-18　全球合成生物学领域SCI论文TOP10主题词1995—2022年发展趋势

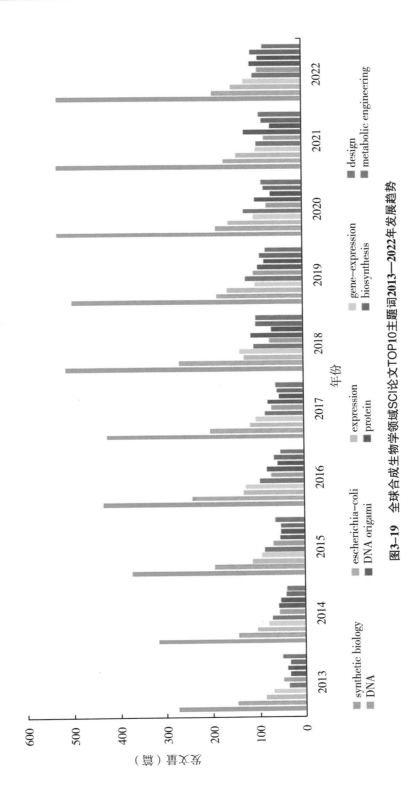

图3-19　全球合成生物学领域SCI论文TOP10主题词2013—2022年发展趋势

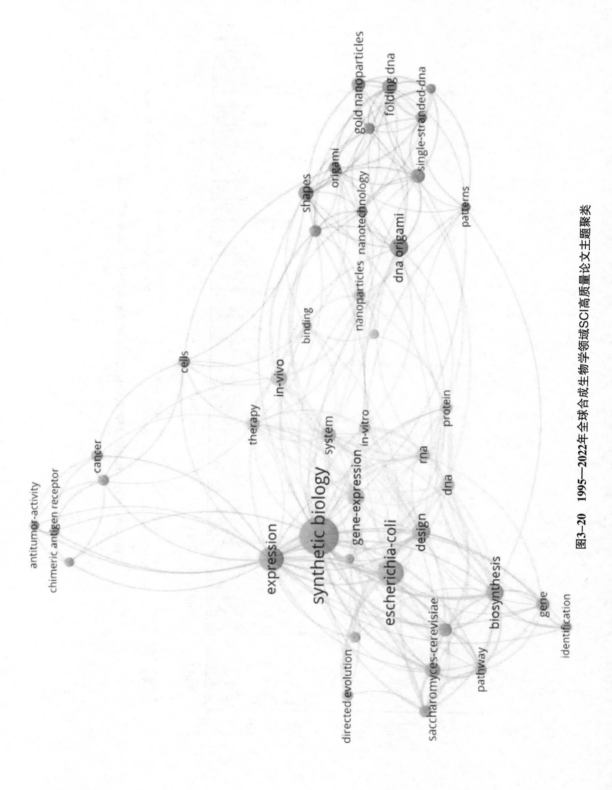

图3-20 1995—2022年全球合成生物学领域SCI高质量论文主题聚类

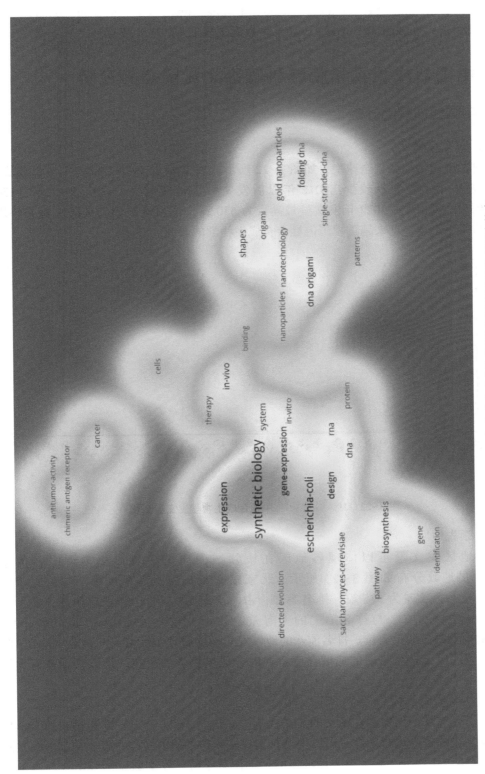

图3-21 1995—2022年全球合成生物学领域SCI高质量论文研究热点

出，synthetic biology、geneamino－acid、folding dna、dna origami、expression、systems、therapy、escherichia-coli、design 等为该领域主要的研究热点。

3.3 中国合成生物学领域科研论文发展态势分析

3.3.1 中国整体产出分析

（1）研究规模

中国在该领域起步较全球晚，如图 3-22 所示，发文量在 1995—2011 年增长较缓，均在 50 篇以下，发文量较少，2012 年以后发文数量迅速增长，并在 2015 年（136篇）达到 100 篇以上，2022 年发文量最高，为 530 篇，说明该领域仍是国内相关科研工作者的关注热点，越来越重视国内社会合成生物学的研究。

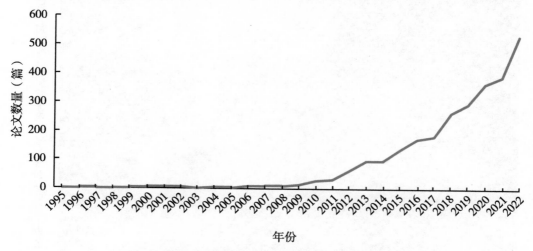

图 3-22　1995—2022 年中国合成生物学发文量变化

（2）领先地域

不同地区发文量可以体现各地区在该领域的研究深度。发文量排名前十（TOP10）的地域分布如图 3-23 所示。北京发文量最多，为 730 篇，占总文献的26.75%；上海发文量为 576 篇，排名第二，占总文献 21.11%；第三是江苏，共发文474 篇，占比 17.37%，与排名第二的上海差距较小，天津（340 篇）和广东（279篇）分别排第四位和第五位。排名前八的地域发文量均超过 100 篇，其余地域均在 100篇以下，说明以上排名靠前的地域高度重视对合成生物学的研究，是该领域强有力推进者。

（3）主要研究机构

科学研究成果产出体现在论文的发文机构中，由图 3-24 可知，将检索到的文献按照机构发文量的多少进行排序，可以得到排名在前十位的研究机构共发表文献 1 667篇，占发文总量的 60.08%，其中发文量最多的是中国科学院，发文数量为 607 篇，占到全

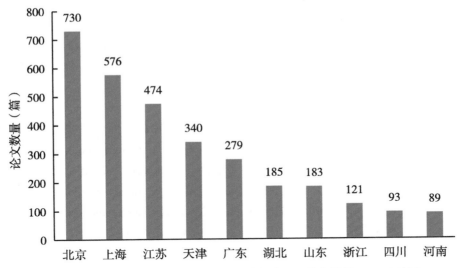

图 3-23　1995—2022 年中国合成生物学领域 SCI 论文数量 TOP10 地域

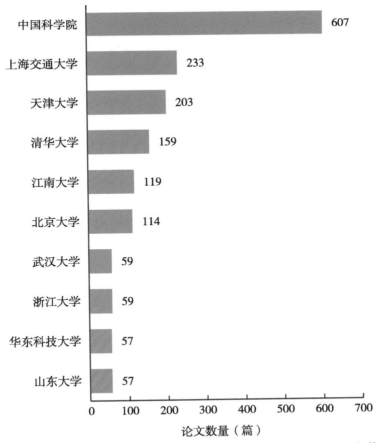

论文数量（篇）

图 3-24　1995—2022 年中国合成生物学领域 SCI 论文数量 TOP10 机构

国文献发文总量的 22.24%，其次是上海交通大学（233 篇）、天津大学（203 篇）、清华大学（159 篇）、江南大学（119 篇）、北京大学（114 篇），分别占全国发文总量的 8.54%、7.44%、5.83%、4.36%、4.18%，以上机构发文量均在 100 篇以上，但与发文量排名第一的中国科学院相比存在较大差距，中国科学院在合成生物学领域的发文量具有绝对优势。

（4）学科分布

图 3-25 列出了中国合成生物学相关排名前十（TOP10）的学科发文量，排名前五的分别为生物技术与应用微生物学（biotechnology & applied microbiology，782 篇，占 TOP10 学科发文量总数的 28.66%）、化学多学科（chemistry，multidisciplinary，494 篇，占比 18.10%）、生物化学与分子生物学（biochemistry & molecular biology，297 篇，占比 10.88%）、纳米科学与纳米技术（nanoscience & nanotechnology，285 篇，占比 10.08%）、生化研究方法（biochemical research methods，275 篇，占比 10.51%）。在合成生物学研究领域以上 5 门学科总发文量占总学科发文量的 58.32%，属于该领域的热点学科。

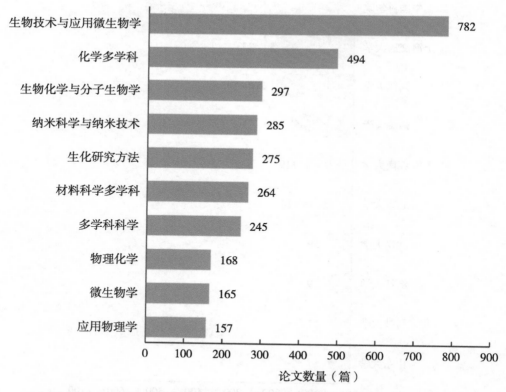

图 3-25　1995—2022 年中国合成生物学领域 SCI 论文数量 TOP10 学科分类

3.3.2 主要地域科学发展态势

（1）学术生产力

中国合成生物学领域 SCI 总发文量排名前十（TOP10）的地域核心作者发文量占比，如图 3-26 所示，从核心作者的发文情况来看，核心作者发文量排名前十的省市与发文量排名前十的省市一一对应。SCI 核心论文占该省市总发文量的比例排名第一的是天津，为 87.06%，排名第二的是浙江，为 84.30%，排名第三的是广东，为 75.27%。总发文量排名前三的省市，核心论文的占比分别排名第五（北京，71.78%）、第四（上海、73.26%）和第十（江苏，67.51%），核心作者发文量占比相对较低。

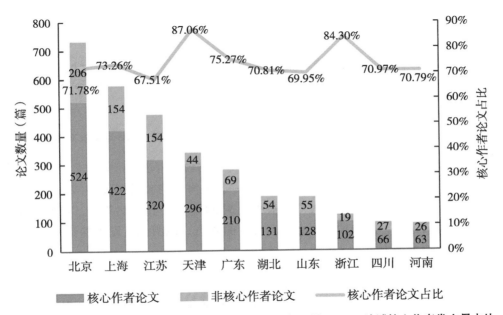

图 3-26 1995—2022 年中国合成生物学领域 SCI 总发文量 TOP10 地域核心作者发文量占比

对中国排名前五（TOP5）的地域 SCI 论文及核心作者论文年度分布情况进行统计，如图 3-27 所示。整体来看，TOP5 省市在合成生物学领域发表的论文呈上升趋势，但起步均较晚，2012 年前发展缓慢，北京市于 1998 年（1 篇）起步，上海市于 1996 年（1 篇）起步，江苏省于 1996 年（1 篇）起步后却在 1997—2001 年未有论文，广东省于 1999 年（1 篇）起步，天津市则在 2009 年才出现 2 篇论文。2012 年以后，各省市发文量迅速增长，均在 2022 年达到发文量最高峰。

（2）学术影响力

中国合成生物学领域中 SCI 发文量排名前五（TOP5）的地域总体影响力如表 3-6 所示，包括总发文量、被引频次、被引频次全国份额、篇均被引频次及其对应的排名、未被引论文数量、未被引论文占比及其对应的排名。北京 SCI 论文的被引频次 16 722，

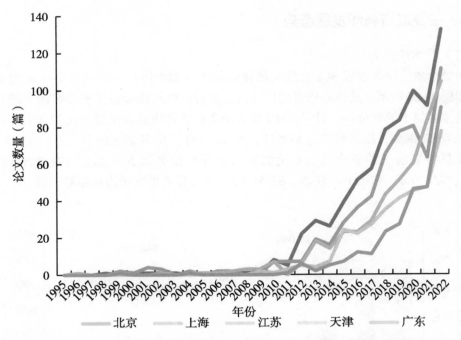

图 3-27　1995—2022 年中国合成生物学领域 SCI 论文数量 TOP5 地域发文趋势

占全国份额排名第一，上海 SCI 论文的被引频次 12 542，占全国份额排名第二，江苏排名第三；北京篇均被引频次为 22.91，排名第一，上海篇均被引频次 21.77，排名第二，天津排名第三，江苏排名第四；天津未被引论文 39 篇，占比排名第一，广东占比排名第二，北京排名第五，是未被引论文占比最少的省市。说明北京发表的论文质量最好，科研成果的影响力最大。

表 3-7 展示了中国发文量排名前五（TOP5）的地域在合成生物学相关领域 SCI 论

表 3-6　1995—2022 年中国合成生物学领域 SCI 论文发文量 TOP5 的省市影响力

地域	总发文量（篇）	被引频次（次）	被引频次全国份额	被引频次全国份额排名	篇均被引频次（次）	篇均被引频次排名	未被引论文数量（篇）	未被引论文占比	未被引论文占比排名
中国	2 729	80 466			29.49		166		
北京	730	16 722	20.78%	1	22.91	1	29	3.97%	5
上海	576	12 542	15.59%	2	21.77	2	27	4.69%	4
江苏	474	8 197	10.19%	3	17.29	4	34	7.17%	3
天津	340	7 159	8.90%	4	21.06	3	39	11.47%	1
广东	279	4 100	5.10%	5	14.70	5	26	9.32%	2

文影响因子的分布情况。可以看出，大部分论文影响因子小于 10，其次是 10~20，被引频次大于等于 60 次的论文数量较少。影响因子大于等于 60 的论文上海最多，有 7 篇论文，其次是广东 5 篇，北京和江苏均有 3 篇，天津 2 篇。影响因子 40~60 的论文北京和上海并列第一。总体而言，影响因子在 40 以下分段排名情况与该地域的总发文量成正比，总发文量越多，影响因子较高的论文越多，但影响因子大于等于 40 的分段与该地域的总发文量并不一致。

表 3-7　1995—2022 年中国合成生物学领域 TOP5 地域 SCI 论文影响因子的分布情况

地域	论文数量（篇）				
	IF<10	10≤IF<20	20≤IF<40	40≤IF<60	IF≥60
中国	2 002	554	65	19	18
北京	427	147	25	5	3
上海	321	136	21	5	7
江苏	263	124	7	4	3
天津	215	39	6	3	2
广东	172	34	8	4	5

（3）地域合作网络分析

通过统计论文中全部作者的所在的地域，绘制中国合成生物学领域排名前五地域的合作发文情况网络图，如图 3-28 所示。北京与其他地域的合作发文最为紧密，共有220 篇合作发文，合作最多的为上海，合作发文 67 篇，与广东、天津、江苏分别合作发文 43 篇、41 篇、38 篇。江苏和上海合作发文量最高，为 73 篇，此外，排名前五的地域均存在合作发文，各地域合作紧密，但总体而言，合作发文量占总发文量的比例较低，例如，北京合作发文量仅占北京总发文量的 30.14%、上海仅占 36.81%，全国地域合作还存在很大的发展空间。

3.3.3　主要机构学术发展态势

（1）学术生产力

从 SCI 论文排名前十（TOP10）的发文机构的发文趋势来看（图 3-29），排名前十的研究机构起步最早的是北京大学（1998 年，1 篇），其次是中国科学院（1999 年，1篇）、清华大学（2000 年，1 篇），起步最晚的机构是华东理工大学（2016 年，3 篇）。中国科学院作为起步较早的机构，在 2011 年发文量就达到 10 篇以上，较排名前十的其他机构的总和还多，且除 2019 年和 2020 年以外，各年的发文量均是排名第二机构发文量的 1 倍以上，中国科学院在该领域的研究具有绝对的优势。

（2）学术影响力

1995—2022 年中国合成生物学领域 SCI 论文数量排名前五（TOP5）机构核心发文

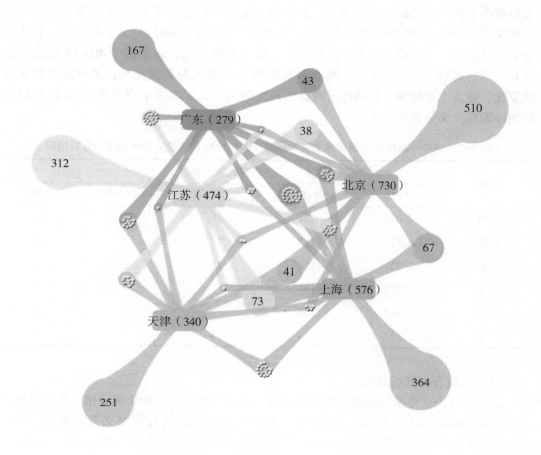

图 3-28　1995—2022 年中国合成生物学领域 TOP5 地域合作网络

量对比见图 3-30。1995—2022 年中国合成生物学领域中 SCI 发文量排名前十（TOP10）机构论文总体影响力如表 3-8 所示，包括总发文量、总被引频次及其排名、未被引论文数、未被引论文占比及其排名、篇均被引数。中国科学院总被引频次排名第一，总被引频次21 185次，上海交通大学排名第二，总被引频次6 357次，天津大学排名第三，总被引频次5 420次，总发文量排名前十的机构与总被引频次的排名几乎一致。中国科学院作为总被引频次排名第一的机构，发文量是排名第二的机构（上海交通大学）的2.61倍，总被引频次是上海交通大学的3.33倍，学术影响力远超国内其他机构。未被引论文数和未被引论文占比排名与总被引频次和发文量不一致，浙江大学未被引论文最少，仅1篇，占比1.69%，排名第一，天津大学排名第二，占比3.94%，江南大学排名第三，占比4.20%。篇均被引频次中国科学院排名第一，其他机构与总引频次的排名不一致，清华大学排名第二，北京大学排名第三。总体而言，排名前十的机构发表的论文质量较好，科研成果的影响力大，机构之间差距较大，尤其是第二至第十名机构与中国科学院的差距加大。

110

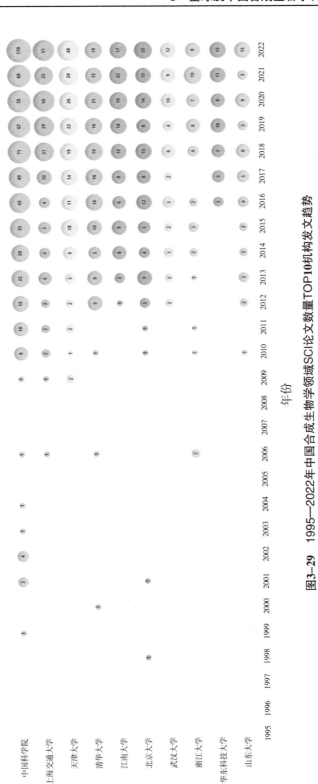

图3-29　1995—2022年中国合成生物学领域SCI论文数量TOP10机构发文趋势

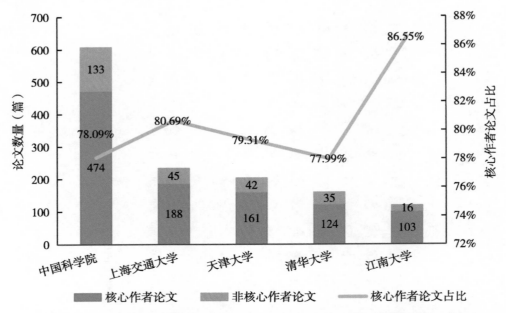

图 3-30　1995—2022 年中国合成生物学领域 SCI 论文数量 TOP5 机构核心发文量对比

表 3-8　1995—2022 年中国合成生物学领域 SCI 论文发文量 TOP10 的机构影响力

机构	总发文量（篇）	总被引频次（次）	总排名	未被引论文数（篇）	未被引论文占比	未被引论文排名	篇均被引数（次）
中国科学院	607	21 185	1	27	4.45%	4	34.90
上海交通大学	233	6 357	2	14	6.01%	8	27.28
天津大学	203	5 420	3	8	3.94%	2	26.70
清华大学	159	5 201	4	8	5.03%	5	32.71
江南大学	119	3 364	6	5	4.20%	3	28.27
北京大学	114	3 482	5	10	8.77%	10	30.54
武汉大学	59	1 541	7	4	6.78%	9	26.12
浙江大学	59	1 318	8	1	1.69%	1	22.34
华东科技大学	57	1 318	9	3	5.26%	6	23.12
山东大学	57	1 258	10	3	5.26%	7	22.07

（3）科技合作网络

合成生物学主题相关的文献发文量排名前十（TOP10）机构间的合作关系如图 3-31 所示，可见，机构间合作形成了以中国科学院和上海交通大学为核心的两个主要合作关系群。

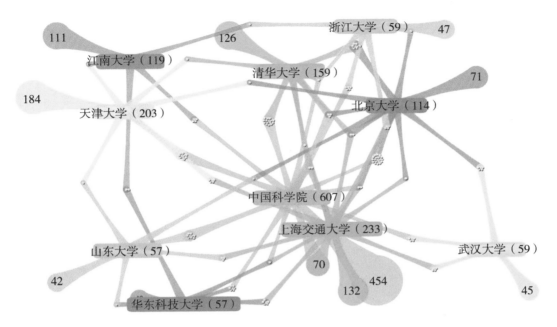

图3-31 1995—2022年中国合成生物学领域TOP10机构间的合作关系

3.3.4 热点主题和新兴技术

3.3.4.1 中国研究主题词聚类

本次分析将Web of Science数据库中国SCI核心数据集中1995—2022年合成生物学领域的论文根据时间划分为3个发展阶段，第一阶段为2012年以前（即1995—2012年），第二阶段为2013—2017年和第三阶段为2018—2022年，将不同阶段论文的全部关键词（作者关键词与Web of Science数据库提取的关键词），基于关键词共线原理，利用VOSviewer软件对该领域中国SCI论文的主题聚类进行挖掘，生成聚类图。

（1）第一阶段（1995—2002年）

第一阶段中国合成生物学领域SCI论文主题聚类如图3-32所示，1995—2002年合成生物学领域中国SCI论文的研究集中在5个主题，每个颜色代表一个聚类。

第一个主题（红色聚类）聚焦于construction的研究，主要包括design、gene-expression、protein、gene、dna、folding dna、nanoarrays、genome、tiles、stability、molecules、identification、messenger-rna、sequence等内容。

第二个主题（绿色聚类）聚焦于synthetic biology的研究，主要包括saccharomyces-cerevisiae、metabolic engineering、escherichia coli、phb、polyhydroxyalkanoates、biofuels、fermentation、biosynthesis、tolerance、degradation、genes等内容。

第三个主题（蓝色聚类）聚焦于escherichia-coli的研究，主要包括expression、biology、systems biology、gene networks、model、noise、robustness、networks、circuits、

图3-32　1995—2012年中国合成生物学领域研究热点

dynamics 等内容。

第四个主题（黄色聚类）聚焦于 mechanisms 的研究，主要内容包括 cells、binding、rna、in-vivo、evolution、recognition。

第五个主题（紫色聚类）聚焦于 systems 的研究，主要内容包括 yeast、in-vitro、cloning。

（2）第二阶段（2013—2017 年）

第二阶段中国合成生物学领域 SCI 论文主题聚类如图 3-33 所示，1995—2012 年合成生物学领域中国 SCI 论文的研究集中在 8 个主题，每个颜色代表一个聚类。

第一个主题（红色聚类）聚焦于 dna origami 的研究，主要包括 nanostructures、folding dna、self-assembly、nanoparticles、origami、arrays、nanotechnology、platform、nanoscale shapes、gold nanoparticles、shapes、rna、delivery、plasmonic nanostructures 等内容。

第二个主题（绿色聚类）聚焦于 synthetic biology 的研究，主要包括 escherichia-coli、biosynthesis、metabolic engineering、saccharomyces-cerevisiae、pathway、escherichia coli、optimization、acid、phb、fermentation、cyanobacteria、glucose、polyhydroxyalkanoates、chemicals 等内容。

第三个主题（深蓝色聚类）聚焦于 expression 的研究，主要包括 gene-expression、gene、design、systems、evolution、bacteria、cells、proteins、promoter、biology、growth、network、rna-polymerase、cancer 等内容。

第四个主题（黄色聚类）聚焦于 dna 的研究，主要包括 system、sequence、in-vivo、strain、mammalian-cells、model、strains、transformation、cas9、specificity、crispr、streptomyces、activation、photosynthesis 等内容。

第五个主题（紫色聚类）聚焦于 identification 的研究，主要包括 protein、transcription、genome、integration、networks、promoters、mechanism、gene expression、homologous recombination、cell、logic gates、prediction、replication、vectors 等内容。

第六个主题（浅蓝色聚类）聚焦于 construction 的研究，主要包括 genes、biofuels、saccharomyces cerevisiae、heterologous expression、bacillus-subtilis、natural-products、synthase、reductase、enzymes、biosynthetic gene-cluster、genome sequence、polyketide synthase、secondary metabolism、complete genome sequence 等内容。

第七个主题（橙色聚类）聚焦于 yeast 的研究，主要内容包括 cloning、beta-carotene、overproduction、purification、mevalonate pathway、functional expression、high-level production、precursor、molecular-cloning、site-directed mutagenesis、biosynthetic pathway。

第八个主题（咖啡色聚类）聚焦于 directed evolution 的研究，主要内容包括 in-vitro、dna assembly、recombination、pathways、enzyme、tools、chromosome、standard。

（3）第三阶段（2018—2022 年）

第三阶段中国合成生物学领域 SCI 论文主题聚类如图 3-34 所示，2018—2022 年合

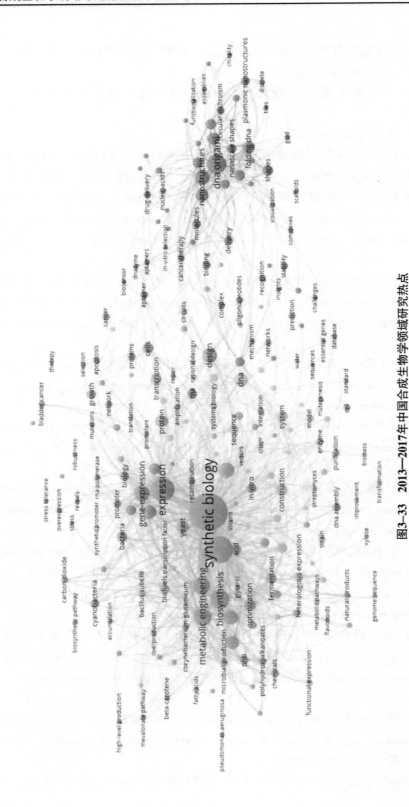

图3-33　2013—2017年中国合成生物学领域研究热点

成生物学领域中国 SCI 论文的研究集中在 5 个主题，每个颜色代表一个聚类。

第一个主题（红色聚类）聚焦于 dna origami 的研究，主要包括 design、nanostructures、nanoparticles、dna、self - assembly、folding dna、dna nanotechnology、origami、binding、shapes、arrays、gold nanoparticles、transport、drug delivery 等内容。

第二个主题（绿色聚类）聚焦于 expression 的研究，主要包括 gene - expression、protein、identification、optimization、genome、activation、transcription、evolution、sequence、promoter、integration、biology、mechanisms、vectors 等内容。

第三个主题（深蓝色聚类）聚焦于 synthetic biology 的研究，主要包括 biosynthesis、pathway、saccharomyces - cerevisiae、yeast、saccharomyces cerevisiae、heterologous expression、acid、metabolism、enzyme、directed evolution、natural - products、molecular - cloning、streptomyces、pathways 等内容。

第四个主题（黄色聚类）聚焦于 antibody 的研究，主要包括 antitumor - activity、bacteria、bacteriophages、cancer、cancer therapy、cells、chitosan、coli、coli nissle 1917、combination、cross-linking、delivery、diagnostics、differentiation 等内容。

第五个主题（紫色聚类）聚焦于 escherichia-coli 的研究，主要包括 metabolic engineering、genes、escherichia coli、fermentation、mechanism、bacillus-subtilis、corynebacterium - glutamicum、purification、polyhydroxyalkanoates、chemicals、microbial - production、enhanced production、amino-acids、phb 等内容。

第六个主题（橙色聚类）聚焦于 systems 的研究，主要包括 biosensor、degradation、generation、resistance、biofuels、bioremediation、dynamic regulation、biosensors、microorganisms、enhancement、biodegradation、microbial fuel-cells、strategies、flux 等内容。

第七个主题（浅蓝色聚类）聚焦于 gene 的研究，主要包括 system、construction、rna、cloning、crispr、crispr-cas9、platform、complex、genome editing、homologous recombination、cas9、diversity、strain、genome engineering 等内容。

3.3.4.2　中国研究热点

基于关键词共线原理，中国合成生物学领域主题词聚类结果，利用 VOSviewer 软件对该领域全球 SCI 论文的主题热点进行挖掘，生成三个阶段的热点图。

图 3-35 为 1995—2012 年中国合成生物学领域 SCI 论文研究热点。可以看出这一阶段，escherichia-coli、synthetic biology、expression、construction、design、systems、gene-expression、protein、saccharomyces-cerevisiae、mechanisms、biology 等为该领域主要的研究热词。

图 3-36 为 2013—2017 年中国合成生物学领域 SCI 论文研究热点。可以看出这一阶段，synthetic biology、escherichia-coli、expression、biosynthesis、metabolic engineering、saccharomyces-cerevisiae、dna origami、gene-expression、identification、pathway、gene 等为该领域主要的研究热词。

图 3-37 为 2018—2022 年中国合成生物学领域 SCI 论文研究热点。可以看出这一阶段，synthetic biology、escherichia-coli、expression、biosynthesis、dna origami、metabolic

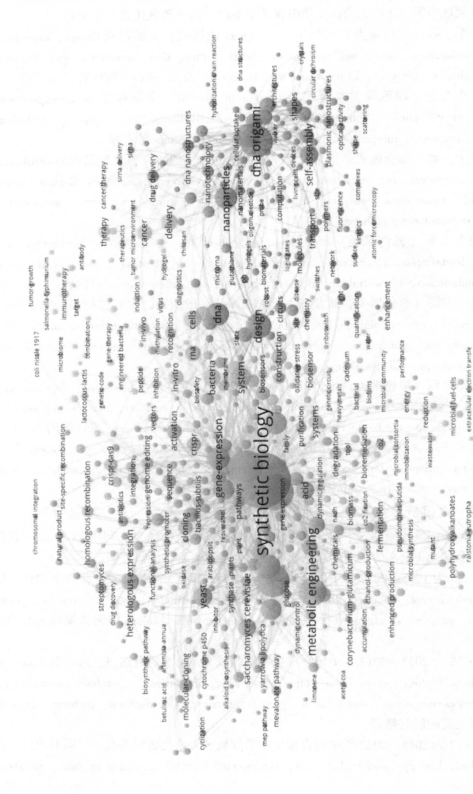

图3-34　2018—2022年中国合成生物学领域研究热点

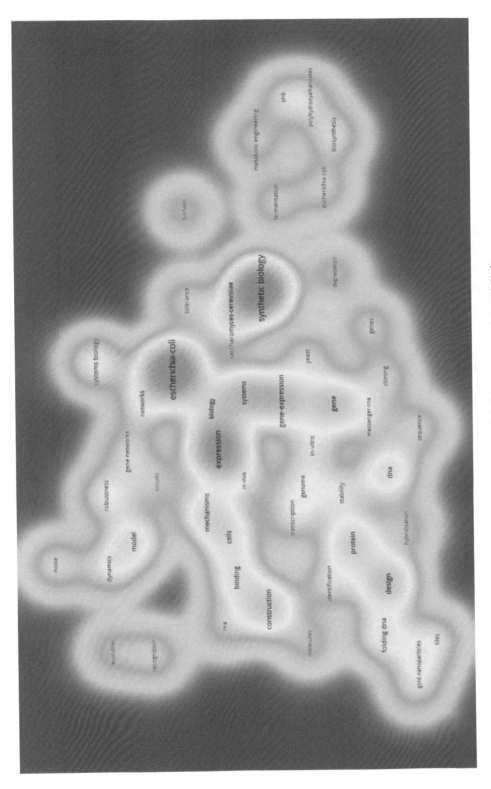

图3-35 1995—2012年中国合成生物学领域SCI论文研究热点

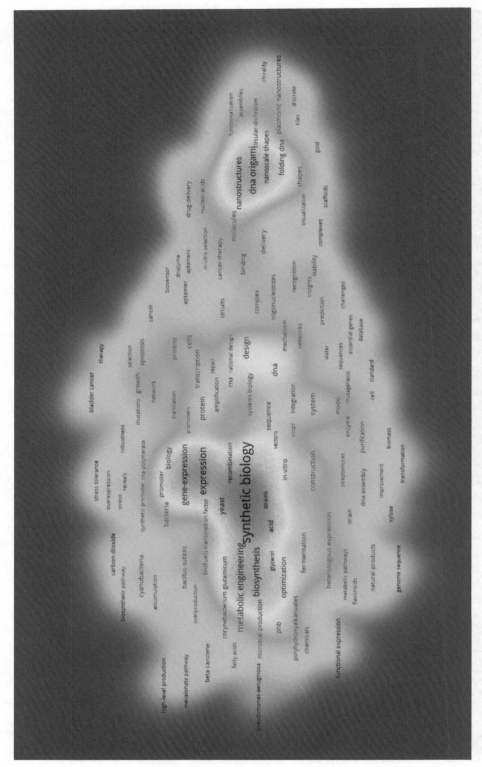

图3-36 2013—2017年中国合成生物学领域SCI论文研究热点

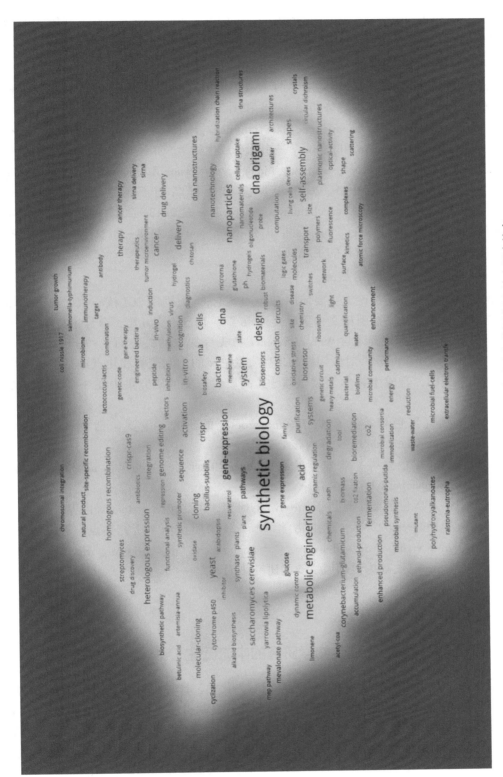

图3-37 2018—2022年中国合成生物学领域SCI论文研究热点

engineering、design、pathway、gene-expression、nanostructures、gene 等为该领域主要的研究热词。

3.3.4.3 研究主题的发展趋势

中国合成生物学领域 SCI 论文排名前十（TOP10）的主题词在 1995—2012 年和 2013—2022 年两个阶段的发展趋势如图 3-38 和图 3-39 所示。Synthetic biology、escherichia-coli、expression、DNA、origami、biosynthesis、gene、metabolic engineering、saccharomyces-cerevisiae、protein 和 pathway 是中国合成生物学 SCI 论文 1995—2022 年总发文量排名前十的主题词。其中，synthetic biology、expression 和 biosynthesis（metabolic engineering 并列第三）是 1995—2012 年发文增长排名前三的主题词，synthetic biology、metabolic engineering 和 saccharomyces-cerevisiae 是 2013—2017 年发文增长排名前三的主题词，synthetic biology、biosynthesis 和 expression 是 2018—2022 年发文增长排名前三的主题词，无排名负增长的主题词。

3.3.4.4 高质量论文研究热点

本次分析的中国高质量论文主要使用 Web of Science 数据库 SCI 核心数据集里的高被引论文和热点论文，高被引论文去重后共计 48 篇，热点论文 0 篇，合计论文 48 篇论文的全部关键词（作者关键词与 Web of Science 数据库提取的关键词），基于关键词共线原理，利用 VOSviewer 软件对该领域 SCI 高质量论文的主题聚类和热点进行挖掘，生成聚类图和热力图，合成生物学领域全球 SCI 高质量论文的研究集中在 3 个主题（图 3-40）。

第一个主题（红色聚类）聚焦于 nanoparticles 的研究，主要包括 rna、synthetic biology、dna、expression、delivery 等内容。

第二个主题（绿色聚类）聚焦于 drug-delivery 的研究，主要包括 nanotechnology、dna origami、gold nanoparticles 等内容。

第三个主题（蓝色聚类）聚焦于 in-vivo 的研究，主要包括 system 等内容。

图 3-41 为 1995—2022 年合成生物学领域 SCI 高质量论文研究热点。可以看出，nanoparticles、in-vivo、drug-delivery、nanotechnology、dna origami、rna、synthetic biology、dna、expression 等为该领域主要的研究热词。

3.4 小结

3.4.1 中国已成为国际合成生物学研究的中流砥柱

合成生物学是一门跨学科领域，涉及生物学、化学、计算机科学、材料科学和工程学等多个学科[210]，旨在设计并建造新的生物系统，复制自然界中存在的生物过程，或者创建全新的生物过程，以满足技术和社会的需求[211]。全球关于合成生物学的研究逐年递增，该领域仍是全球相关科研学者的关注热点，合成生物学的研究具有广阔前景。美国、中国、德国、英国和日本是合成生物学研究最为活跃和最具影响力的国家。美国

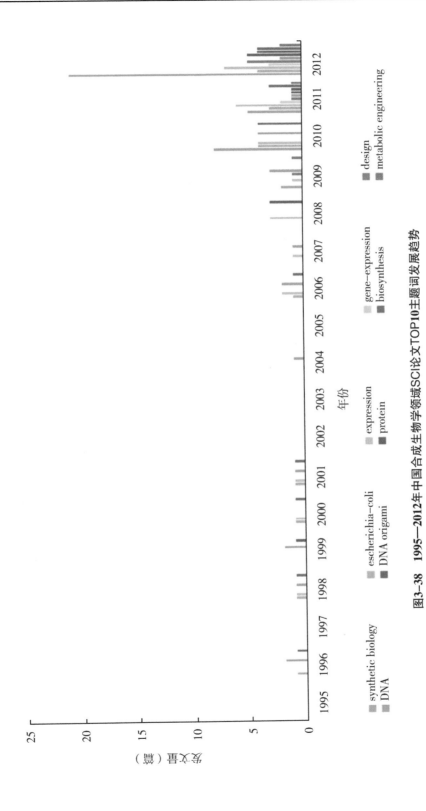

图3-38 1995—2012年中国合成生物学领域SCI论文TOP10主题词发展趋势

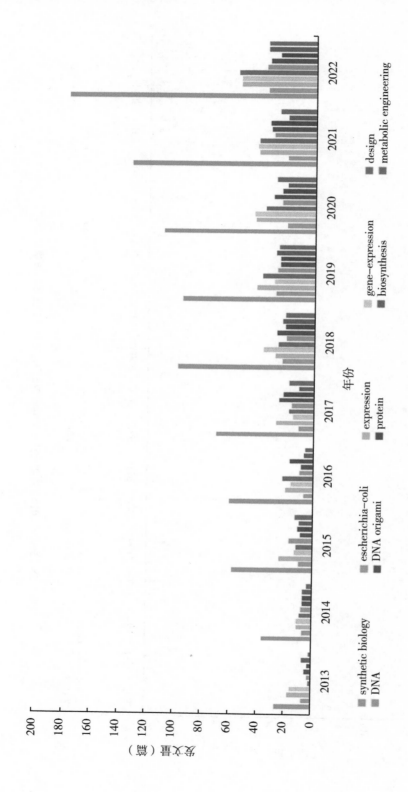

图3-39　2013—2022年中国合成生物学领域SCI论文TOP10主题词发展趋势

图3-40　1995—2022年合成生物学领域中国SCI高质量论文主题聚类

在合成生物学领域的文献发文量遥遥领先，占总文献量的近一半，美国在该领域的研究深度和影响力最为显著。德国、英国和日本总发文量分别排名第三、第四和第五，在国际合成生物学领域的发展也占据重要地位。中国合成生物学的研究虽起步较晚，但发展迅速，整体发文趋势与国际趋于一致，并于2017年—2021年保持全球第二，2022年超过美国成为核心作者发文量最多的国家；这一增长趋势反映了中国对合成生物学领域的重视，以及在这一新兴领域中不断增强的研究实力和国际竞争力，中国成为国际合成生物学研究的重要力量。这种发展势头预示着合成生物学在未来的科研和产业发展中将会发挥更加重要的作用。

3.4.2　跨地区跨国家间的机构合作是未来发展的必然趋势

全球合成生物学领域SCI论文发文量TOP10机构主要来自中国、美国、瑞士和英国，科研产出主要由4所领先机构（天津大学、瑞士联邦理工学院、中国科学院和麻省理工学院）主导，它们的总发文量和核心作者发文量均排名靠前。尽管美国麻省理工学院等国际机构在合成生物学研究上的发文量长期领先，但自中国在这一领域迅速发展，尤其是中国科学院、上海交通大学和天津大学等机构的发文量逐年增加，2022年已超越了许多国际顶尖机构，显示出中国合成生物学研究的强劲增长和国际竞争力的提升。核心论文方面，天津大学占比位列第一，中国科学院占比排名第三，其他顶级机构如麻省理工学院、哈佛大学和加利福尼亚大学伯克利分校在总发文量上表现突出，但在SCI核心论文占比的排名相对较低，中国在合成生物学领域具备较高的国际影响力。

机构间合作形成了以中国科学院和麻省理工学院为核心的两个主要合作关系群。地区和国家之间机构的合作是未来该领域发展的必然趋势，我国的科研机构可以通过引进技术及人才团队，优化学科布局，搭建合作交流平台，推动农业领域合成生物学新兴交

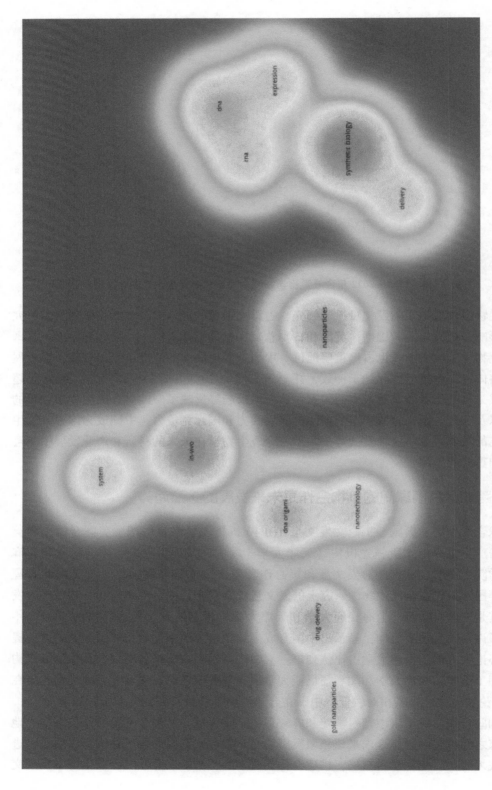

图3-41 1995—2022年中国合成生物学领域SCI高质量论文研究热点

叉学科发展，抢占前沿交叉制高点，同时主动走出去，开拓视野，加强交叉合作，抢占研究高地[212]。

3.4.3　聚焦研究热点，加速促进合成生物学领域的发展

研究热点是一个学术领域中的优先发展事项和关键问题，它们通常代表了当前社会需求、科技发展趋势和学术研究前沿的交汇点。根据全球总发文量趋势，对全球合成生物学分阶段进行聚类和热点分析，将全球合成生物学的发展分为 4 个阶段，第一阶段（1995—2002 年）排名第一的主题词 dna，在第二阶段（2003—2012 年）、第三阶段（2013—2017 年）和第四阶段（2018—2022 年）分别排名第五、第六和第十，第一阶段排名第二的 sequence，在后续 3 个阶段排名前十的热点词中均未出现，说明 dna 和 sequence 的研究热度逐年降低。synthetic biology、escherichia-coli、expression 在第二、第三和第四阶段热度始终保持前三位，说明这 3 个方面是近 20 年来合成生物学领域研究的热点，且在第四阶段排名较前几个阶段靠前的 design、protein、gene-expression、metabolic engineering、biosynthesis 不仅是近年合成生物学研究的热点，也是今后合成生物学研究的主要方向。从增长趋势的角度，protein、expression 和 dna 是 2018—2022 年发文增长率排名前三的主题词，而 escherichia-coli、metabolic engineering 和 gene-expression 是 2018—2022 年发文负增长排名前三的主题词，说明 expression 和 dna 在短期内仍然是该领域关注的重点。从高质量论文的角度而言，synthetic biology、geneamino-acid、folding dna、expression、systems、therapy、escherichia-coli、design 是 2018—2022 年高质量论文研究的热点，其中 geneamino-acid、folding dna 和 therapy 是较全球合成生物学 SCI 论文其他阶段热点词汇不同的研究热点，中国高质量论文的研究热点主要集中在 nanoparticles、in-vivo、drug-delivery、nanotechnology、dna origami、rna、synthetic biology、dna、expression 等方面，大体与全球论文研究热点一致，但部分还存在差异，这些差异可能成为我国科研人员探索新方向的机会。

4 全球及中国合成生物学专利技术发展态势

合成生物学在产业转化和经济发展方面具有巨大的潜力，众多企业和研究机构聚焦合成生物学领域，推动底层技术突破和产业经济发展。进入 21 世纪以来，合成生物学与生物信息学、环境科学、生物材料、农业、食品、生物能源和医学等学科领域交叉融合发展，在不同的研究方向实现了技术创新。

专利是知识产权中最具有价值的智力成果，在法律制度的保护下，专利权人通过公开技术换取法律赋予的垄断性，保护知识产权，增强竞争优势[213]。世界范围来看，布局专利技术，保护核心专利，已经成为全球多个国家在市场竞争中增强竞争优势的重要方法。

进入 21 世纪以来，合成生物学领域的专利数量不断增加。本部分聚焦全球合成生物学领域的公开专利，从发展趋势、地域布局、技术主题、产业主体、专利质量等方面梳理合成生物学领域的技术发展现状，有利于把握合成生物学技术的整体发展态势和全球技术竞争水平，充分了解技术发展脉络，揭示技术市场布局，发现全球竞争格局，掌握整体发展态势，识别核心技术，了解技术分布信息，为科学制定合成生物学技术发展决策、合理布局合成生物学重点技术提供参考。

4.1 数据来源

4.1.1 全球专利数据来源

全球的合成生物学专利来源以合成生物学、合成生物系统、DNA 人工合成、DNA 折纸术、合成基因网络、基因开关、基因振荡器、蛋白质分子机器和人工细胞等关键词为基础，结合 IPC 分类号和合成生物学相关企业名称，在 DII 数据库中进行相关专利的检索，检索截至 2022 年 7 月 8 日，通过判读、去除噪声获取本次分析的专利数据集，共得到 11 594 项专利，专利类型包括发明专利与实用新型专利，法律状态包括失效专利与有效专利。利用 DDA、Excel 和多个专利分析平台进行数据整理、清洗、分析和挖掘，为全球合成生物学专利技术发展现状提供客观数据与可视化图表。由于专利从申请到公开存在时滞，最长时滞达 30 个月，包括 12 个月优先权期限和 18 个月公开期限，因此 2019—2021 年的专利数量与实际不一致，2022 年专利统计数据不完整，因此不能代表 2019—2022 年的申请趋势，本部分的专利统计数据均是如此。

4.1.2　中国专利数据来源

　　利用 DDA 工具在全球合成生物学专利数据集中筛选出最早优先权国家为中国的专利数据，创建子数据集，通过判读和去除噪声获取中国专利数据集，共得到 1 144 件专利，其中包含发明专利和实用新型专利，法律状态包括失效专利与有效专利。利用 DDA、Excel 和多个专利分析平台进行数据整理、清洗、分析和挖掘，为中国合成生物学专利技术发展现状提供客观数据与可视化图表。由于专利从申请到公开存在时滞，最长时滞达 30 个月，包括 12 个月优先权期限和 18 个月公开期限，因此 2019—2021 年的专利数量与实际不一致，2022 年的专利数据不完整，因此不能代表 2019—2022 年的申请趋势，本部分的专利统计数据均是如此。

4.2　全球合成生物学专利技术发展态势分析

4.2.1　全球合成生物学专利年变化趋势分析

　　截至 2022 年 7 月 8 日，共检索到合成生物学领域全球专利总量 11 594 件，最早优先权国为中国的专利共 1 144 件，图 4-1 为合成生物学领域全球专利和中国专利总量的年变化情况，其中年份按专利家族的最早优先权年份进行统计。全球最早的一项与合成生物学有关的专利于 1977 年申请。专利数量总体呈上扬态势，1977—1994 年专利数量增长幅度较小，1994 年以后专利数量大幅增长，1994—2005 年在波动中略有下降，专利数量于 2005 年开始迅速增长，年平均专利数量在 460 件以上。中国最早的一项相关专利于 1986 年申请，专利年代趋势整体较为平缓，2006 年以后相关专利数量提升较快，年平均专利量在 70 件以上，但与全球专利相比，中国在合成生物学领域专利数量占比较低。

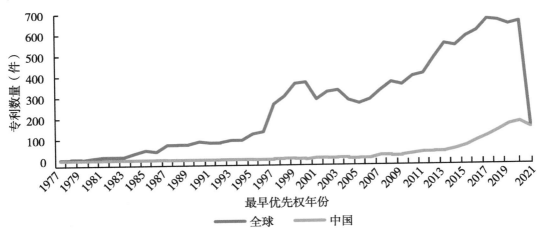

图 4-1　1977—2021 年合成生物学领域全球和中国专利年变化趋势

由图4-2可见，合成生物学领域的专利申请始于1977年，经历了较长的萌芽期（1977—1994年），随后进入初步发展期（1994—2000年），2000—2010年是生命科学迅速发展的10年，基因组测序工作、克隆技术和干细胞研究取得重大突破，合成生物学于2000年开始被广泛关注并产生了一系列突破，同时合成生物学领域也受到伦理和法律方面的考验。在突破技术瓶颈后，合成生物学进入快速发展时期。2010年至今合成生物学专利数量与专利权人数量逐年稳定增加，且增幅巨大，至今仍处于成长期。2019—2022年的专利数量数据不完整，所以其曲线上的回落不代表技术衰退。

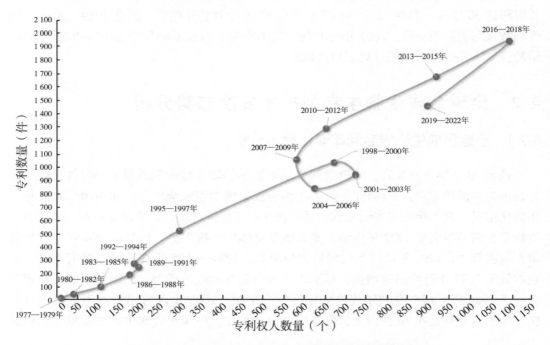

图4-2　1977—2021年合成生物学领域技术生命周期

4.2.2　全球合成生物学专利地域分析

（1）全球专利来源与受理国家/地区（国际组织）分析

专利来源国/地区（国际组织）即最早优先权国家/地区（国际组织），是技术的来源地，由专利权人所在的国家/地区（国际组织）决定；专利受理国/地区（国际组织）是指专利权人布局专利的国家/地区（国际组织），由专利权人布局专利的国家/地区（国际组织）决定。通常专利权人会选择自己所在的国家/地区作为首次提交专利申请的地点，因此一般认定专利来源国代表技术的起源地，来源专利越多，代表该国家/地区（国际组织）在该技术领域的影响力越大；专利权人可能会就同一发明在多地申请专利，被受理的专利越多，代表该国家/地区（国际组织）的产业转化潜力越大。

图4-3为合成生物学领域全球专利的来源国家/地区（国际组织）分布，反映了技术的来源国家/地区（国际组织）。从图4-3可以看出，专利数量最多的TOP5来源国

家/地区（国际组织）依次是美国(6 735件)、中国(1 144件)、欧洲专利局（886 件）、丹麦（715 件）和日本（493 件），TOP5 国家/地区（国际组织）的专利总量为9 973件，占全部专利的86.02%。

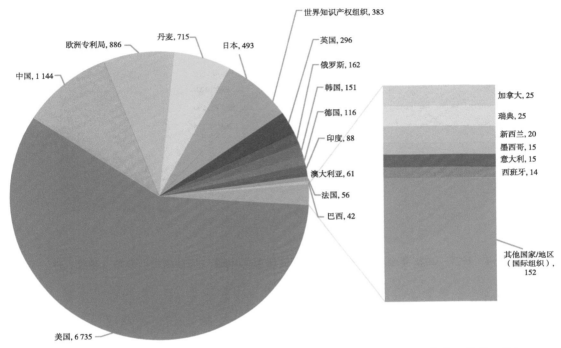

图 4-3　1977—2021 年全球合成生物学专利来源国家/地区（国际组织）分布（单位：件）

将合成生物学领域全球11 594件专利家族展开后得到61 687件同族专利。图 4-4 显示了全球合成生物学领域 61 687件同族专利的受理国家/地区（国际组织）情况。其中，美国受理的专利38 832件，约占全球合成生物学专利总量的 62.95%，是全球最受重视的技术市场；在中国受理的专利有 1 570件，约占全球合成生物学专利总量的 2.55%。

（2）全球 TOP5 来源国家/地区专利年变化趋势分析

图 4-5 展示了合成生物学领域的专利数量前五位（TOP5）来源国家/地区（国际组织）的专利年变化趋势。从图 4-5 可以看出，美国专利数量领先另外 4 个国家较多，美国专利数量的高峰出现在 1998—2001 年、2008—2010 年和 2015—2019 年。2015 年后，美国专利数量维持在较高水平。中国合成生物学专利在 1996 年前发展较慢，只有零星专利出现，1997—2006 年保持较为稳定的发展水平，专利数量较少；2007—2014 年中国专利数量增长较快，2014 年后呈迅速发展趋势。欧洲专利局的专利数量自 2006 年后开始迅速增长，2011 年后专利数量较为稳定。丹麦专利数量在 1992—2000 年呈稳定迅速增长趋势，在 2000 年与 2004 年出现两个增长高峰，2005 年后专利数量呈下降趋势，2007—2021 年专利数量保持较低水平。日本的专利数量自 1981 年以来保持较为稳定的趋势，2002 年与 2011 年为专利数量增长的两个高峰，总体呈稳中有增的状态。

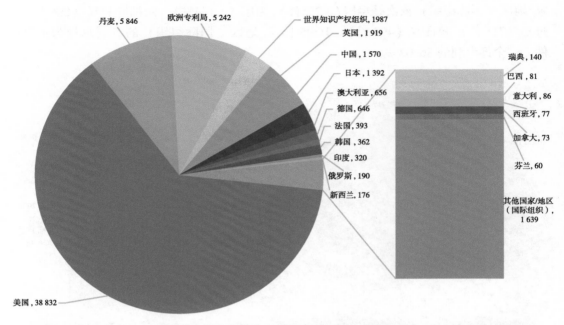

图 4-4 1977—2022 年全球合成生物学专利受理国家/地区（国际组织）分布（单位：件）

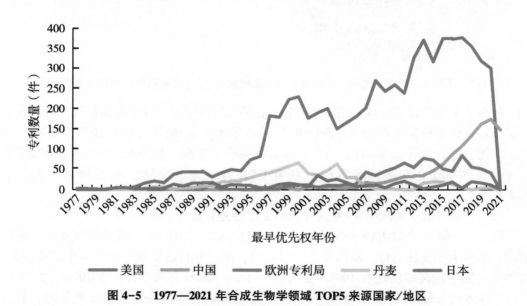

图 4-5 1977—2021 年合成生物学领域 TOP5 来源国家/地区
（国际组织）专利年变化趋势

（3）全球专利技术流向

专利优先权国代表技术起源地，专利家族成员国代表技术扩散地，探究二者之间的关系，可以研究全球范围内的国家/地区（国际组织）间技术流向特点。如图 4-6 所示，其中箭头的粗细代表各国流出专利数量占专利总量的百分比。可以看出，经丹麦、美国和欧洲输出专利比例较高，中国输出的专利比例较低，总输出专利比例不到10%；流入丹麦的专利数量最少，仅为47件，流入欧洲的专利数量最多，达到5 472件，其次是中国和美国，流入专利数量分别为3 365件和2 196件。

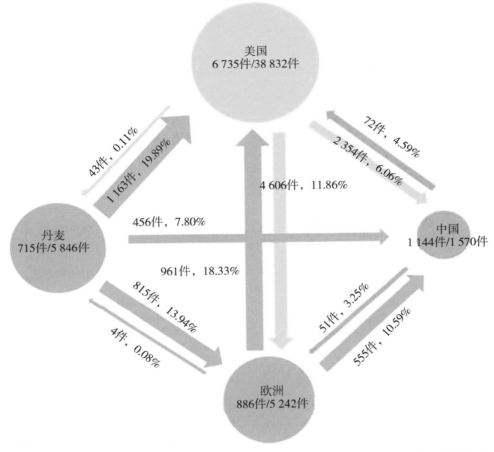

图4-6　1977—2021年全球合成生物学领域专利TOP4国家/地区（国际组织）技术流向

4.2.3　全球合成生物学专利技术主题分析

全球合成生物学专利技术主要集中于生物学领域，结合多个学科在多领域实现了技术应用。专利的IPC（国际专利分类号）分布在一定程度上反映了专利技术的分布领域，从IPC的角度分析，全球合成生物学专利主要集中于生物化学、酶学和遗传学等领域，具体分布及专利数量如表4-1和图4-7所示。表4-1的IPC小组排名体现了合成生物学在技术和应用领域的专利分布，技术领域包括IPC的C部内容，例如DNA重组技术、RNA制备技术等，同时包含应用领域的内容，包括含肽的医药配制品和基因治疗方面的应用。

表 4-1 1977—2021 年合成生物学专利 TOP20 IPC 小组数量分布

序号	IPC	专利数量（件）	主要国家及其专利数量（件）	IPC 释义
1	C12N 15/09	2 682	美国（1 623） 日本（318）	遗传工程涉及的 DNA 重组技术
2	C12Q 1/68	2 027	美国（1 323） 日本（159）	核酸的测定或检验方法；核酸的组合物及其制备方法
3	C12N 5/10	1 787	美国（1 143） 丹麦（163）	经引入外来遗传物质而修饰的细胞（如病毒转化的细胞）；它们的培养或维持其培养基
4	C12N 1/21	1 754	美国（977） 丹麦（208）	引入外来遗传物质修饰的微生物本身及其组合物；繁殖、维持或保藏微生物或其组合物的方法；制备或分离含有一种微生物的组合物的方法及其培养基
5	C07H 21/04	1 377	美国（991） 丹麦（107）	有脱氧核糖基作为糖化物基团的化合物
6	C12N 15/63	1 265	美国（829） 丹麦（94）	使用载体引入外来遗传物质；载体；其宿主的使用；表达的调节
7	C12N 15/10	1 171	美国（847） 中国（71）	分离、制备或纯化 DNA 或 RNA 的方法
8	C12N 1/19	1 148	美国（678） 丹麦（147）	引入外来遗传材料修饰的微生物及其组合物；繁殖、维持或保藏微生物或其组合物的方法；制备或分离含有一种微生物的组合物的方法及其培养基
9	A61K 38/00	1 096	美国（833） 丹麦（49）	含肽的医药配制品
10	A61K 48/00	1 077	美国（823） 中国（42）	含有插入到活体细胞中的遗传物质以治疗遗传病的医药配制品；基因治疗
11	C12P 21/02	1 048	美国（652） 丹麦（93）	有两个或更多个氨基酸的已知序列（如谷胱甘肽）的制备
12	C12N 1/15	1 043	美国（622） 丹麦（173）	引入外来遗传物质修饰的微生物本身及其组合物；繁殖、维持或保藏微生物或其组合物的方法；制备或分离含有一种微生物的组合物的方法及其培养基
13	C12N 15/00	998	美国（655） 丹麦（80）	突变或遗传工程；遗传工程涉及的 DNA 或 RNA，载体（如质粒）或其分离、制备或纯化；所使用的宿主
14	C12N 9/22	937	美国（763） 欧洲（42）	核糖核酸酶及其组合物；制备、活化、抑制、分离或纯化酶的方法
15	C12N 15/11	924	美国（645） 中国（91）	遗传工程涉及 DNA 或 RNA 片段；其修饰形成

（续表）

序号	IPC	专利数量（件）	主要国家及其专利数量（件）	IPC 释义
16	A61P 35/00	887	美国（601）中国（77）	抗肿瘤药
17	C12N 15/113	837	美国（645）中国（55）	调节基因表达的非编码核酸（如反义寡核苷酸）
18	C12N 15/82	765	美国（534）欧洲（48）	用于植物细胞的突变或遗传工程；遗传工程涉及的 DNA 或 RNA，载体（如质粒）或其分离、制备或纯化；所使用的宿主
19	C12N 1/20	740	美国（517）丹麦（54）	细菌及其培养基
20	C07K 14/47	683	美国（534）英国（25）	与哺乳动物有关的肽、促胃液素、生长激素释放抑制因子、促黑激素及其衍生物

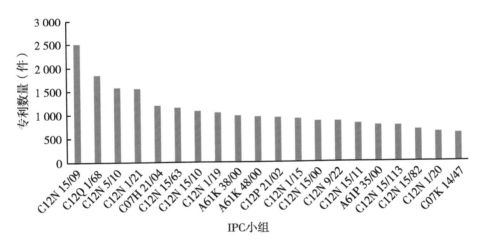

图 4-7　1977—2021 年全球合成生物学专利 TOP20 IPC 小组数量分布

　　图 4-8 展示了合成生物学专利技术主题聚类情况，该主题聚类图是基于合成生物学技术的相关专利题名和摘要在 DI 数据库中利用 ThemeScape 专利地图功能生成的技术聚类图。该主题聚类图会将相似的主题记录进行分组，根据主题文献密度大小形成体积不等的山峰，山峰高度代表文献记录的密度，山峰之间的距离代表区域中文献记录的关系，距离越近则内容越相似。

　　通过对合成生物学技术专利的文本挖掘和聚类，发现基因合成（gene synthetic）、基因表达（gene pression）、启动子基因表达（promoter gene expression）、目标核酸（target nucleic acid）、宿主细胞多肽活性（host cell polypeptide activity）、疾病表达（disease expression）、微生物有机体（microbial organism）、材料酶制品（material enzyme

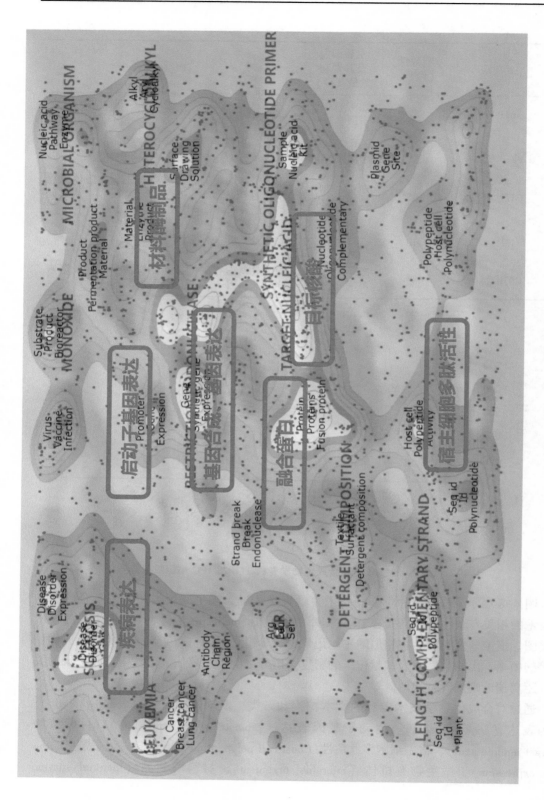

图4-8　全球合成生物学技术主题聚类

produnct）和融合蛋白（fusion protein）等都是主要的聚焦点，代表这些技术分支的关注度较高。

4.2.4　全球合成生物学领域专利主要产业主体分析

主要产业主体分析主要是分析全球合成生物学领域专利权人的专利产出数量，遴选出主要的专利权人，作为后续多维组合分析、评价的基础。通过对清洗后专利家族的专利权人进行分析，可以了解该领域的主要研发机构。

全球合成生物学领域 TOP20 产业主体分布如图 4-9 所示，TOP20 产业主体的主要信息如表 4-2 所示。具体包括诺维信公司（丹麦，2 220 件）、渤建公司（美国，536件）、诺和诺德公司（丹麦，367 件）、纽英伦生物技术公司（美国，335 件）、Codexis公司（美国，288 件）等，TOP20 产业主体中，来自美国的机构有 15 个，来自丹麦的机构有 2 个，来自中国的机构有 1 个，来自法国和瑞士的机构各 1 个。

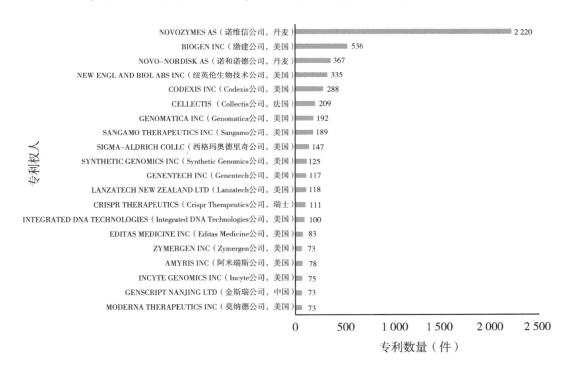

图 4-9　1977—2022 年全球合成生物学领域 TOP20 产业主体分布

其中，诺维信公司是全球知名的生物技术公司，是全球工业酶制剂和微生物制剂的主导企业，专利数量也是排名第一。诺维信公司于 2001 年从诺和诺德公司分离出来，成为独立的公司。

渤健公司是 Charles Weissmann、Heinz Schaller、Kenneth Murray 与诺贝尔奖获得者 Walter Gilbert 和 Phillip Sharp 成立的生物科技公司，专注于神经科学领域。渤健公司是

表 4-2 合成生物学领域 TOP20 专利权人信息

排名	专利权人名称	专利权人中文名称	所属国家	研究领域
1	NOVOZYMES AS	诺维信公司	丹麦	工业酶制剂和微生物制剂
2	BIOGEN INC	渤建公司	美国	神经系统免疫、免疫和血液系统疾病疗法
3	NOVO-NORDISK AS	诺和诺德公司	丹麦	生物制药
4	NEW ENGLAND BIOLABS INC	纽英伦生物技术公司	美国	研究、开发、生产生物技术产品
5	CODEXIS INC	Codexis 公司	美国	开发、销售蛋白质催化剂
6	CELLECTIS	Collectis 公司	法国	抗癌类生物制药
7	GENOMATICA INC	Genomatica 公司	美国	生物材料开发，包含可持续材料及植物尼龙
8	SANGAMO THERAPEUTICS INC	Sangamo 公司	美国	生物制药
9	SIGMA-ALDRICH CO LLC	西格玛奥德里奇公司	美国	开发用于基因组学的生物/化学试剂
10	SYNTHETIC GENOMICS INC	Synthetic Genomics 公司	美国	打造可用于生产燃料的人造生物
11	GENENTECH INC	Genentech 公司	美国	DNA 重组技术相关的制药
12	LANZATECH NEW ZEALAND LTD	Lanzatech 公司	美国	利用废气资源生产燃油、塑料等
13	CRISPR THERAPEUTICS	Crispr Therapeutics 公司	瑞士	基因编辑，致力于开发 CRISPR/Cas9 药物
14	INTEGRATED DNA TECHNOLOGIES INC	Integrated DNA Technologies 公司	美国	提供高质量的定制 DNA 和 RNA 寡核苷酸
15	EDITAS MEDICINE INC	Editas Medicine 公司	美国	通过基因组编辑治疗疾病
16	ZYMERGEN INC	Zymergen 公司	美国	利用机器学习等技术，重新设计微生物的基因组成
17	AMYRIS INC	阿米瑞斯公司	美国	可再生能源产品
18	INCYTE GENOMICS INC	Incyte 公司	美国	为生物技术和制药行业提供基因组学信息
19	GENSCRIPT NANJING CO LTD	金斯瑞公司	中国	生物科技
20	MODERNA THERAPEUTICS INC	莫纳德公司	美国	基因工程，专注于 mRNA 的研究与药物研发

一家美国全球生物技术公司，从事研究和开发神经变性、血液和自身免疫性疾病的药物。

诺和诺德公司是世界著名的丹麦生物制药公司，致力于人类健康，以先进的生物技术造福患者。诺和诺德公司在行业内拥有最为广泛的糖尿病治疗产品，其中包括最先进的胰岛素给药系统产品，80多年来一直是世界糖尿病研究和药物开发领域的主导者。此外，诺和诺德还在止血管理、生长保健激素以及激素替代疗法等多方面居世界领先地位。

中国机构中，金斯瑞公司专利数量较多，排名世界第十九位。TOP20产业主体中出现的中国企业较少，说明中国在本领域的产业化较少，还有待发展。金斯瑞生物科技股份有限公司是全球化的生物科技集团公司。植根于领先的基因合成技术，金斯瑞现已建立四大平台，包括生命科学受托研究机构（CRO）平台、生物医药合同研发生产（CDMO）平台、细胞治疗平台及工业合成生物产品平台。

（1）合成生物学主要产业主体的专利数量及趋势

图4-10列出了合成生物学领域TOP10产业主体年度专利数量，从中可以看出该领域主要机构的起步时间和发展趋势。

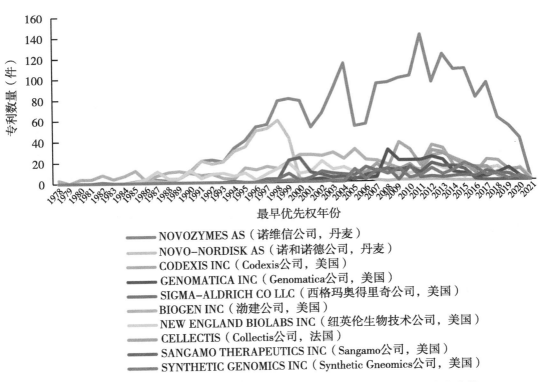

图 4-10　1978—2021 年全球合成生物学领域 **TOP10 产业主体专利年变化趋势**

诺维信公司、渤建公司、诺和诺德公司、纽英伦生物技术公司的专利布局的时间较早，在1986年以前就开始进行专利布局。

诺维信公司于 1982 年开始布局合成生物学相关专利 1 件；1986—2004 年诺维信公司专利数量迅速增加，于 2004 年达到第一个专利数量高峰；2004—2011 年诺维信公司关于合成生物学的专利数量在波动中呈增长趋势，领先其他专利权人较多；2012—2019 年，诺维信公司在本领域的专利布局有所减少，但专利数量仍领先于本领域的其他专利权人。

渤建公司 1978 年起布局 3 件专利，分别为 EP13828A1 "Recombinant DNA coding for polypeptide – have specificity of hepatitis B viral antigens in detection or antibody stimulation（PT 19.6.80）"、EP182442A2 "New recombinant DNA molecules – useful in cloning and expressing DNA sequence coding for hepatitis B virus antigenic poly：peptide for use in vaccines" 和 EP374869A1 "Recombinant DNA encoding hepatitis B virus polypeptide antigens"，这三件专利均与重组 DNA 有关；1980—2004 年渤建公司专利数量连续且保持稳定增长，但专利总量保持在 30 件以下；2005 年达到专利数量的小高峰，达到 31 件；2006 年后渤建公司专利数量逐渐下降，2016 年后专利数量在 10 件以下，说明渤建公司近年减少了在合成生物学领域的专利布局。

诺和诺德公司 1985 年起布局了 2 件专利，分别为 EP189998A1 "New DNA sequences of synthetic gene encoding glucagon expression" 和 WO1986005805A1 "New DNA sequence contg. sequence for promoter"，两件专利均与编码 DNA 序列有关；1985—1999 年，诺和诺德公司在合成生物学领域的专利数量迅速增加，于 1998 年达到专利数量的巅峰；2000 年至今，诺和诺德公司专利数量不连续、数量少，平均专利年数量在 10 件以下，可推测诺和诺德公司已逐渐脱离合成生物学市场，布局其他领域。

纽英伦生物技术公司专利布局时间始于 1985 年。1985 年至今，纽英伦生物技术公司的专利数量保持较为稳定的状态，每年的专利数量在 10 件左右。Codexis 公司、Sangamo 公司和西格玛奥德里奇公司的首个专利布局时间均在 1994 年，但 Codexis 公司的专利数量增长时期始于 2008 年，2008 年至今，Codexis 公司在合成生物学领域的专利数量保持连续且较为稳定。Sangamo 公司在 1999—2000 年、2007—2015 年的专利数量较多，2016 年后 Sangamo 公司几乎没有在合成生物学领域进行专利布局。西格玛奥德里奇公司的专利数量在 1999 年后保持连续稳定的状态。

Collectis 公司、Genomatica 公司和 Synthetic Genomics 公司的专利布局时间较晚。Collectis 公司首次专利布局年为 2000 年，2000—2013 年，Collectis 公司专利数量保持稳定增长，2014 年至今专利数量逐渐下降。Genomatica 公司首次专利布局年为 2001 年，2001—2007 年专利数量少且不连续，2008—2013 年专利数量保持在 20 件左右，2014 年至今专利数量有所下降。Synthetic Genomics 公司首次专利布局年为 1998 年，但直到 2005 年才开始布局较多的专利，2005—2015 年 Synthetic Genomics 公司专利数量呈小幅度增长趋势，2017 年至今 Synthetic Genomics 公司的专利数量呈下降趋势。

（2）合成生物学主要产业主体的专利布局

图 4-11 为合成生物学 TOP20 产业主体的专利布局。图 4-11 中横坐标轴为各产业主体在各国家/地区（国际组织）的专利数量，纵坐标轴为专利公开国家/地区（国际

组织）。

从图 4-11 中对比可看出，TOP20 产业主体的布局较为广泛，主要布局国家/地区（国际组织）包括美国、欧洲、中国、日本、澳大利亚、加拿大、印度、巴西和韩国等，反映出了这几家大型公司完善的专利布局战略。其中诺维信公司、渤建公司和诺和诺德公司的布局最广、专利分布数量相对较多。全球主要产业主体在法国、丹麦、匈牙利、英国、芬兰、菲律宾、阿根廷等国家的专利布局数量较少。TOP20 产业主体中的中国企业——金斯瑞公司的主要专利布局国家为中国，在美国、世界知识产权组织和欧洲有少量布局，说明中国产业主体在产业竞争力方面实力不足。

4.2.5　全球合成生物学领域高质量专利分析

本研究检索到的全部专利中，10% 以上的专利强度专利评分为 70 分，故定义 Innography 数据库中专利强度不低于 70 分的专利为高质量专利。本部分针对合成生物学专利中专利强度不低于 70 分的 6 165 件高质量专利进行分析。

（1）全球高质量专利申请趋势分析

合成生物学高质量专利申请趋势如图 4-12 所示，1978 年最早申请的 4 件高质量专利之一是渤建公司的关于重组 DNA 分子的相关专利，US4710463A "Recombinant DNA molecules capable of expressing HBV core and surface antigens"，专利强度区间为 90~100 分；另外 3 件也是渤建公司关于重组 DNA 分子的相关专利，包括 US6268122B1 "Rcombinant DNA molecules and their method of production"、EP0374869A1 "Recombinant DNA molecules and their method of production" 和 DK171727B1 "Rekombinante hepatitis B virus DNA-molekyler, værtsorganismer transformeret hermed, HBV-antigenspecifikke polypeptider, DNA-sekvenser kodende for HBV-antigenspecifikke polypeptider, metoder til pavisning af hepatitis B virus-antistoffer, metoder til fremstilling af nævnte DNA-molekyler, fremgangsmader til fremstilling af nævnte polypeptider og midler til pavisning af HBV-infektion"，这 3 件专利强度区间为 70~80 分。

高质量专利申请数量在 1978—2003 年持续增加，2003—2013 年为高质量专利申请数量的高峰时期，2013 年后，高质量专利数量逐渐下降。

（2）全球高质量专利国家/地区分布分析

从图 4-13 中可以看出，合成生物学高质量专利主要来源于以下国家/地区（国际组织）：美国（4 417 件）、丹麦（583 件）、欧洲专利局（410 件）、日本（180 件）、世界知识产权组织（162 件）、中国（110 件）和英国（100 件），可以看出绝大部分高质量专利来源于美国，占比高达 71.65%。美国在合成生物学领域的专利数量与质量都位于前列，说明美国在合成生物学领域的技术突破与科研水平位于世界前列。

（3）高质量专利主要产业主体分析

合成生物学高质量专利的主要产业主体分布如图 4-14 和表 4-3 所示，在高质量专利产业主体中，诺维信公司的高质量专利数量最多，其次是渤建公司和 Sangamo 公司。TOP10 产业主体共申请高质量专利 3 698 件，占全部高质量专利的 59.98%，可见本领域

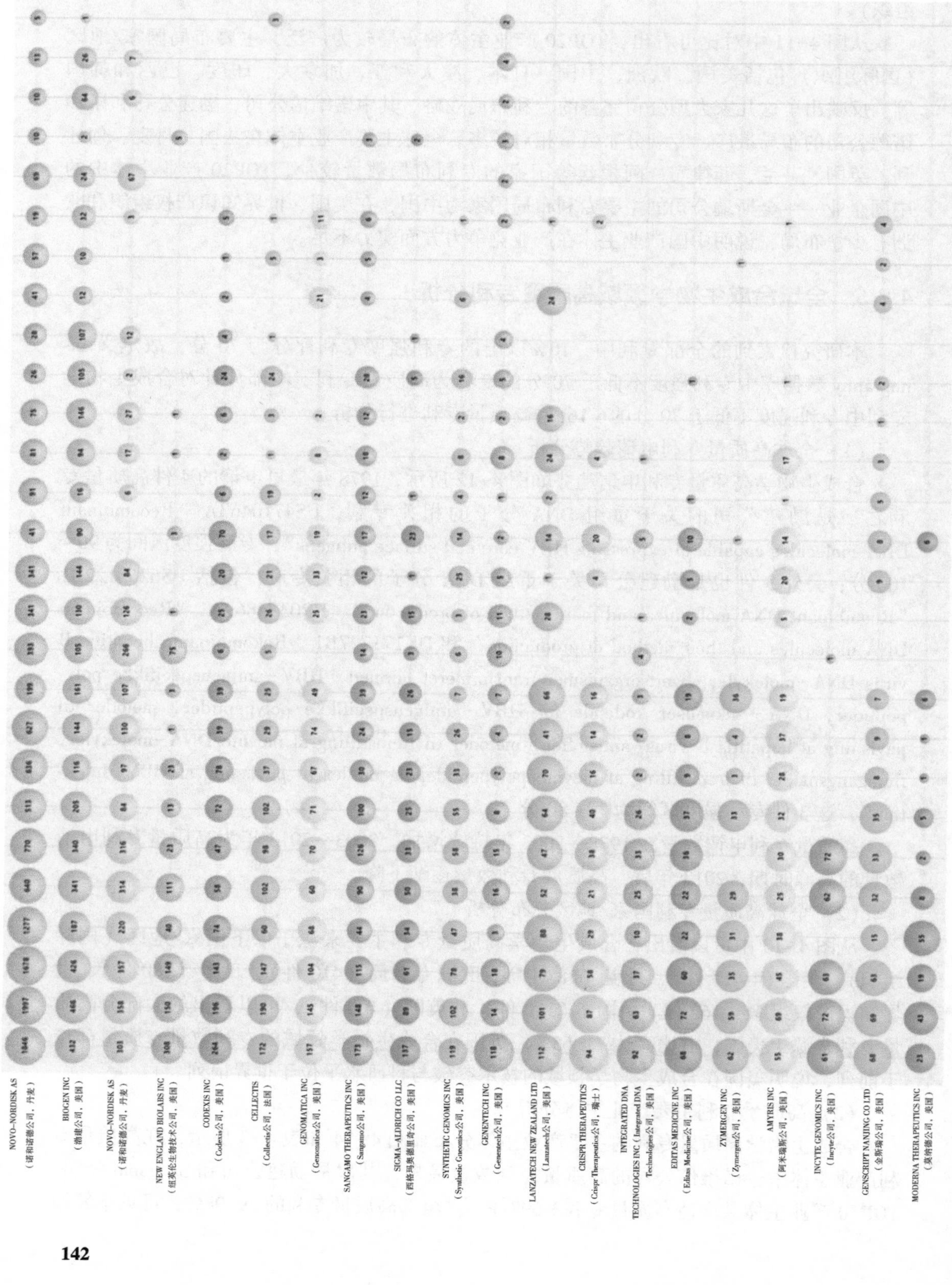

图4-11 合成生物学TOP20产业主体的专利布局（单位：件）

NOVO-NORDISK AS（诺和诺德公司，丹麦）

BIOGEN INC（渤健公司，美国）

NOVO-NORDISK AS（诺和诺德公司，丹麦）

NEW ENGLAND BIOLABS INC（新英伦生物技术公司，美国）

CODEXIS INC（Codexis公司，美国）

CELLECTIS（Cellectis公司，法国）

GENOMATICA INC（Genomatica公司，美国）

SANGAMO THERAPEUTICS INC（Sangamo公司，美国）

SIGMA-ALDRICH CO LLC（西格玛奥德里奇公司，美国）

SYNTHETIC GENOMICS INC（Synthetic Genomics公司，美国）

GENENTECH INC（Genentech公司，美国）

LANZATECH NEW ZEALAND LTD（Lanzatech公司，新西兰）

CRISPR THERAPEUTICS（Crispr Therapeutics公司，瑞士）

INTEGRATED DNA TECHNOLOGIES INC（Integrated DNA Technologies公司，美国）

EDITAS MEDICINE INC（Editas Medicine公司，美国）

ZYMERGEN INC（Zymergen公司，美国）

AMYRIS INC（阿米瑞斯公司，美国）

INCYTE GENOMICS INC（Incyte公司，美国）

GENSCRIPT NANJING CO LTD（金斯瑞公司，中国）

MODERNA THERAPEUTICS INC（莫德纳公司，美国）

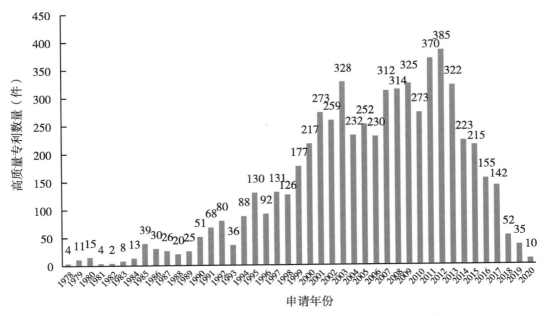

图 4-12 1978—2020 年合成生物学高质量专利申请趋势

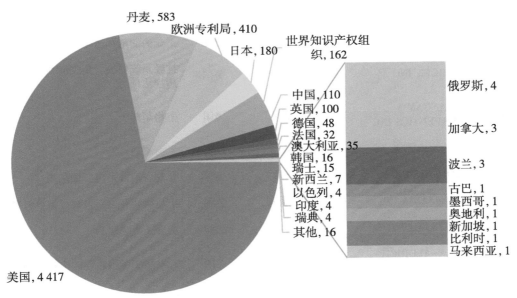

图 4-13 1977—2022 年合成生物学高质量专利来源
国家/地区（国际组织）分布（单位：件）

的高质量专利大部分掌握在少数机构手中，也说明本领域的核心技术主要由少数专利权人掌握。

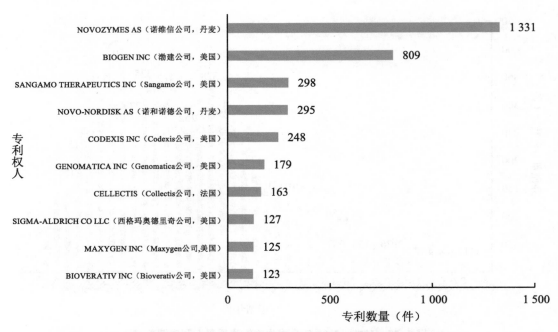

图 4-14   1977—2022 年合成生物学高质量专利的主要产业主体分布

表 4-3   合成生物学高质量专利主要产业主体信息

排名	专利权人名称	专利权人中文名称	所属国家	研究领域
1	NOVOZYMES AS	诺维信公司	丹麦	工业酶制剂和微生物制剂
2	BIOGEN INC	渤建公司	美国	神经系统免疫、免疫和血液系统疾病疗法
3	SANGAMO THERAPEUTICS INC	Sangamo 公司	美国	生物制药
4	NOVO-NORDISK AS	诺和诺德公司	丹麦	生物制药
5	CODEXIS INC	Codexis 公司	美国	开发、销售蛋白质催化剂
6	GENOMATICA INC	Genomatica 公司	美国	生物材料开发，包含可持续材料
7	CELLECTIS	Collectis 公司	法国	抗癌类生物制药
8	SIGMA-ALDRICH CO LLC	西格玛奥德里奇公司	美国	开发用于基因组学的生物化学试剂
9	MAXYGEN INC	Maxygen 公司	美国	生物技术，开发免疫药物
10	BIOVERATIV INC	Bioverativ 公司	美国	生物技术，开发血液疾病药物

　　合成生物学主要产业主体的高质量专利数量趋势如图 4-15 所示。诺维信公司自 1988 年起持续有高质量专利产出，1994—2013 年为其高质量专利产出较多的年份，

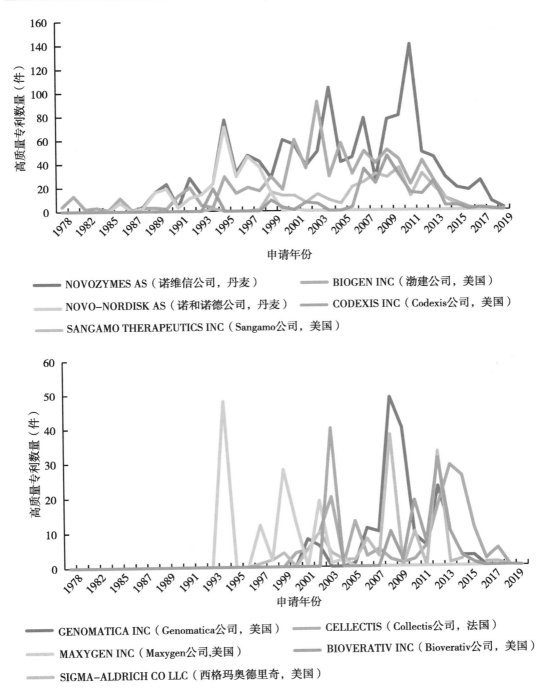

图 4-15 1978—2019 年合成生物学主要产业主体的高质量专利数量趋势

2011 年达到 140 件，2013 年后高质量专利数量逐渐下降。渤建公司自 1978 年起持续有高质量专利产出，2001—2013 年为其高质量专利数量较高的时期，2003 年高质量专利达到 92 件，2003 年后高质量专利数量在波动中呈下降趋势。Sangamo 公司的高质量专利申请高峰阶段为 2006—2013 年，2010 年的高质量专利数量高达 36 件。诺维信公司 1994—1999 年持续有本领域的高质量专利产出，但 1999 后高质量专利极少。Codexis 公司和 Genomatica 公司的高质量专利数量均集中在 2007—2013 年。Collects 公司 2000—2017 年持续有高质量专利产出，2012—2014 年达到高质量专利数量的高峰。西格玛奥德里奇公司、Maxygen 公司和 Bioverativ 公司高质量专利数量产出年份不持续，且在 1997 年后较为集中。

从高质量专利的主要专利权人来看，高质量专利集中于 20 世纪 90 年代和 21 世纪。可以推测，合成生物学的发展期始于 20 世纪 90 年代，技术突破期始于 21 世纪。

4.3 中国合成生物学专利技术发展态势分析

4.3.1 中国合成生物学专利年代趋势分析

截至 2022 年 7 月 8 日，合成生物学领域中国专利总量为 1 144 件，图 4-16 为合成生物学领域中国专利总量的年变化情况，其中年份按整个专利家族的最早优先权年份进行统计。中国最早的一件相关专利于 1993 年申请。中国在合成生物学领域的专利数量总体呈上扬态势，1993—2007 年专利数量增长幅度较小，2007 年以后专利数量大幅增长，年平均专利数量在 70 件以上。与全球合成生物学专利相比，中国在合成生物学领域起步晚，增长慢，数量少，但发展速度较快，未来仍有持续发展的趋势。

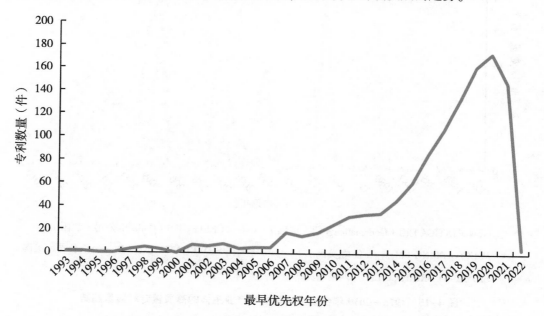

图 4-16 1993—2022 年合成生物学领域中国专利年份变化趋势

图 4-17 为中国合成生物学技术生命周期图，每个节点的专利权人数量为横坐标，专利数量为纵坐标，通过专利权人和专利数量的逐年变化关系，揭示中国在合成生物学

专利技术所处的发展阶段。由图 4-17 可见，中国在合成生物学领域经历了较长的萌芽期（1993—2008 年），在 20 世纪 90 年代至 2008 年，合成生物学以美国为主要国家实现了技术突破，中国在此阶段内逐渐认识到合成生物学的重要地位，并开始跟跑世界强国，对合成生物学技术进行探索。2008 年后，中国从多方面促进了合成生物学的发展，合成生物学专利数量进入迅速增长时期。

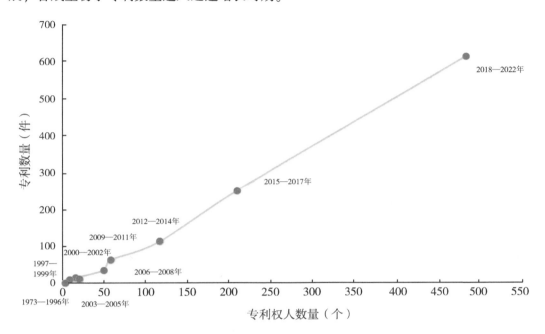

图 4-17　1973—2022 年中国合成生物学领域技术生命周期

在学术活动方面，中国举办了一系列相关会议共议合成生物学的学科建设与发展，如 2008 年的香山科学会议、2010—2012 年的"三国六院"系列会议、2015 年合成生物学青年论坛、2019 年国际合成生物学论坛等，合成生物学作为交叉学科，学科自身特点决定了合成生物学的发展需要融合不同领域和背景的学者共同参与。

在行业交流平台的搭建方面，中国通过搭建科技结盟共同推进合成生物学的进步，例如，2017 年中国科学院深圳先进技术研究院建立合成生物学研究所，2017 年国内首个合成生物学面向产业的高技术协会——深圳市合成生物学协会成立；2019 年亚洲合成生物学协会在深圳成立。行业协会的成立为合成生物学的发展提供了交流平台。

我国成立了多个研究中心和重点实验室，如天津大学与爱丁堡大学合作建设的系统生物学与合成生物学联合研究中心、中国科学院合成生物学重点实验室、清华大学合成与系统生物学研究中心、上海交通大学分子酶学和合成生物学研究室、中国科学院广州先进技术研究所合成生物学工程研究中心等[214]。

在战略层面上，2010 年以来我国在合成生物学领域的顶层战略规划逐步加强。"十二五""十三五""十四五"科技创新战略规划中，合成生物技术已被列为重点发展方向。"973"计划和"863"计划等大型资助计划都曾将合成生物学列为重点资助方向，资助了一批涉及能源、医药、农业等领域的合成生物学研究项目。2018 年，我国核拨 8.37 亿元优先部署"基因组人工合成与高版本底层细胞""人工元器件与基因线路""人工细胞合成代谢与复杂生物系统""使能技术体系与生物安全评估"4 个专项任务[215]。2019 年，国家继续核拨 6 亿元经费部署"人工基因组合成与高版本底盘细胞构建""人工元器件与基因回路""特定功能的合成生物系统""使能技术体系与生物安全评估""部市联动项目"5 个专项的基础研究。

在国家多方面支持下，中国合成生物学专利数量 2010 年后进入快速增长时期，2018 年达到专利数量的巅峰且有持续增长的趋势（图 4-17）。与全球专利申请趋势相比，中国专利数量仍呈数量少、比重低的特点，也反映出中国在合成生物学领域处于起步较晚的跟跑状态，目前处于技术成长期。

4.3.2 中国合成生物学专利地域分析

图 4-18 和图 4-19 是中国合成生物学专利来源省域分布与趋势，结合中国合成生物学的专利地区分布情况分析，中国合成生物学专利来源地区主要以沿海地区的省市为主，包括江苏、上海、北京、广东、山东和天津等。

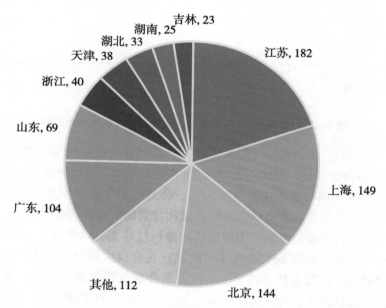

图 4-18　1993—2021 年中国专利来源区域分析（单位：件）

江苏在中国合成生物学领域的专利数量最多，专利质量较高。江苏的优质合成生物学企业数量较多，包括南京金斯瑞生物科技有限公司、南京百斯杰生物工程有限公司和苏州泓迅生物科技股份有限公司，这些企业在合成生物学领域技术较为先进，拥有多项高质量专利，成为江苏的主要专利权人。除此之外，江南大学、南京农业大学、东南大学、南京工业大学和江苏省农业科学院等科研院所也是江苏的主要专利权人。

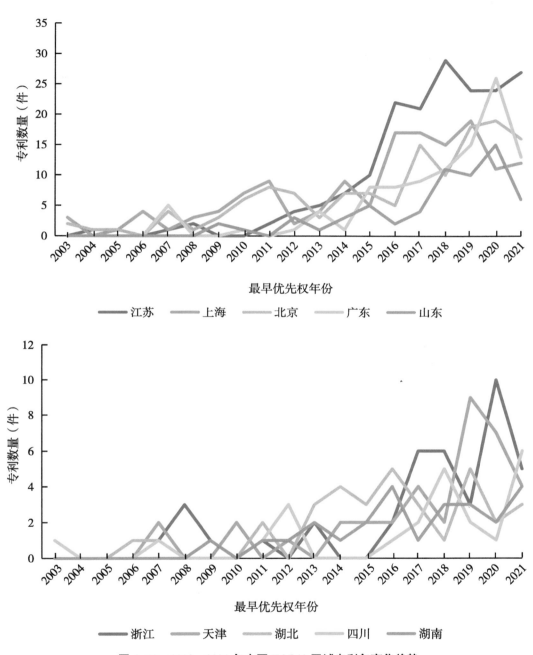

图 4-19　2003—2021 年中国 TOP10 区域专利年变化趋势

上海的专利权人以科研院校为主体。上海交通大学、中国科学院上有机化学研究所、复旦大学、中国科学院分子植物科学卓越创新中心和中国科学院上海应用物理研究所等优秀科研院所在合成生物学领域实现了大量技术突破，成为上海市合成生物学领域的主要专利权人。

　　北京以科研院校为主要专利权人，包括清华大学、中国科学院微生物研究所、北京理工大学、北京大学、中国科学院化学研究所、中国科学院过程工程研究所、中国农业科学院植物保护研究所和中国农业科学院蔬菜花卉研究所等在合成生物学领域布局了大量专利，此外，北京蓝晶微生物科技有限公司作为合成生物学领域的初创企业，聚焦全生物可降解材料，取得了重大技术突破，成为主要专利权人之一。

　　广东、山东、浙江和天津依托科研院所，在合成生物学领域的专利分布也较多。可以推测，由于地理位置的影响，合成生物学领域的企业在北京和沿海地区分布较多，因此沿海地区的专利分布数量较多。企业分布较少的地区则依托科研院校实现合成生物学的基础技术突破。以上省市的专利增长趋势与中国专利年代变化趋势一致，在 2010 年后迎来发展的高峰时期，且仍呈现上升趋势。

　　总体来看，中国合成生物学技术形成以沿海地区为主导、其他地区跟进发展的体系，跟进发展区域包括湖北、湖南和吉林等。合成生物学作为交叉学科，其特点是汇聚性与前沿性，因此沿海省市的合成生物学技术发展更为迅速。

4.3.3　中国合成生物学技术主题分析

　　分析中国合成生物学领域的 IPC（国际专利分类号）分布情况可以了解到该领域覆盖的技术类别，以及各技术分支的研发与创新热度。通过对合成生物学专利的 IPC 小组进行分类，可以看出中国合成生物学专利的 IPC 小组主要集中于生物化学领域，具体分布及专利数量如表 4-4 和图 4-20 所示。

表 4-4　1993—2021 年合成生物学专利 TOP10 IPC 小组数量分布

序号	IPC	专利数量（件）	IPC 释义
1	C12N 1/21	154	引入外来遗传物质修饰的微生物本身及其组合物；繁殖、维持或保藏微生物或其组合物的方法；制备或分离含有一种微生物的组合物的方法及其培养基
2	C12N 15/70	142	与大肠杆菌及其载体有关的 DNA 重组技术
3	C12R 1/19	94	与大肠杆菌有关的突变或遗传工程
4	C12N 15/11	80	遗传工程涉及 DNA 或 RNA 片段，及其修饰形成
5	C12Q 1/68	75	核酸的测定或检验方法；核酸的组合物及其制备方法
6	C12N 15/10	64	分离、制备或纯化 DNA 或 RNA 的方法
7	A61P 35/00	62	抗肿瘤药
8	C12N 15/66	57	经裂解和连接将基因插入载体中以形成重组载体的一般方法；非功能性衔接子或连接物（如含限制性核酸内切酶顺序的衔接子）的使用
9	C12N 15/81	56	用于酵母的 DNA 重组技术
10	C12N 15/62	53	编码融合蛋白质的 DNA 序列

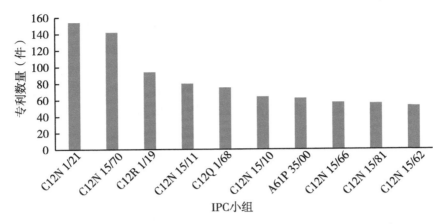

图4-20　1993—2021 年中国合成生物学 TOP10IPC 小组数量分布

图 4-21 展示了中国合成生物学的专利技术热点情况，由于中国在合成生物学领域的数量较少，因此本研究针对专利的内容进行聚类，对排名前十的技术热点进行学科归类。可以看出，中国的合成生物学技术热点主要集中于生物领域，如生物技术、生物信息学和遗传学，在农业领域、计算机领域和医学领域也有技术分布，表明中国已开始探索合成生物学领域的技术应用。

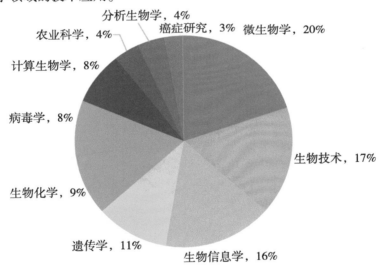

图4-21　1993—2021 年中国合成生物学 TOP10 技术热点

4.3.4　中国合成生物学领域主要产业主体分析

结合中国合成生物学的专利权人类型，科研机构（502 件）与企业（593 件）的专利申请数量相差较小，科研机构与企业形成"双核心"的体系。

科研院所的主要专利权人包括江南大学、上海交通大学、清华大学、中国科学院上海有机化学研究所、天津大学和中国科学院微生物研究所等，在科研机构申请的合成生物学专利中，约有30%的专利已失效。在技术领域，科研机构的专利主要集中于生物技术（63件）、微生物学（55件）、生物信息学（50件）、遗传学（33件）、生物化学（32件）、病毒学（29件）、计算生物学（22件）、农业科学（13件）等。由此可见，在科研院所的专利中，以生物学为基础，结合计算机学、农学、医学和化学等学科，在合成生物学领域实现了技术突破，如图4-22和图4-23所示。

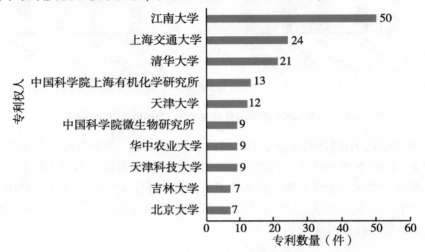

图4-22　1993—2021年中国合成生物学科研院所专利权人TOP10

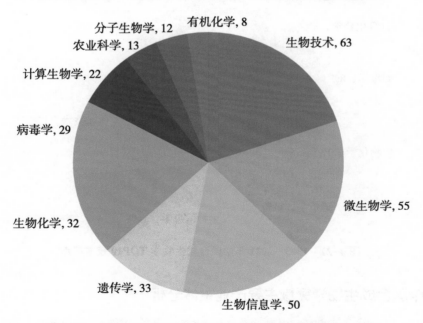

图4-23　1993—2022年中国合成生物学科研院所专利权人专利
技术应用分布TOP10（单位：件）

　　企业的专利权人与科研机构相比，呈现专利权人多、专利分布散的特点，进一步说明中国合成生物学领域的企业呈现小而散的特点，企业竞争力不足。在企业专利中，约有27%的专利已失效，失效专利的比例相对科研院校而言少一些。在技术领域，企业的专利主要集中于病毒学（54件）、微生物学（43件）、生物信息学（31件）、生物技术（27件）、生物化学（27件）、遗传学（21件）等。与科研机构的专利技术分布相比，企业的专利技术分布更集中于医学领域，如病毒、免疫、遗传等领域，二者共同关注生物信息学和生物化学等领域，如图4-24和图4-25所示。

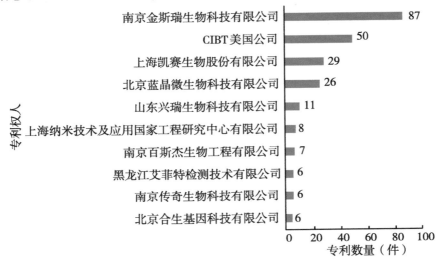

图4-24　1993—2021年中国合成生物学企业专利权人TOP10

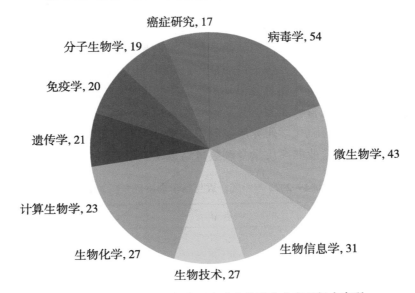

图4-25　1993—2022年中国合成生物学企业专利权人专利
技术应用分布TOP10（单位：件）

4.3.5　中国合成生物学领域高质量专利分析

本部分针对合成生物学专利中专利强度不低于 70 分的 619 件高质量专利进行分析，约占全部专利的 10%。

（1）中国高质量专利申请趋势分析

中国合成生物学高质量专利趋势如图 4-26 所示，高质量专利数量在 2015 年前数量较少，2015 年后，中国在合成生物学领域的高质量专利逐年增加，2018 年达到 22 件，说明中国在合成生物学领域的专利质量逐渐提高，实现了合成生物学领域的技术突破。

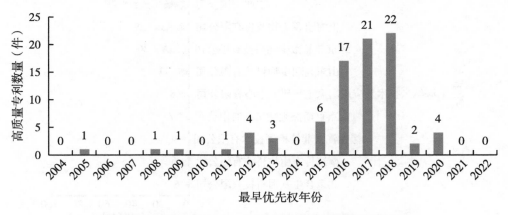

图 4-26　2004—2022 年中国合成生物学高质量专利趋势

（2）中国高质量专利地域及专利权人分析

中国合成生物学高质量省市分布如表 4-5 和图 4-27 所示，可以看出中国高质量专利主要分布在东部地区，尤其是沿海省市和科研院所聚集的地区。其中江苏省的高质量专利数量最多，结合专利权人分析，高质量专利 TOP10 专利权人中有 3 个分布在江苏，因此江苏省的高质量专利与专利总数量均位于第一；北京市分布着清华大学和博雅辑因等专利权人，具有一定的科研实力，高质量专利数量居于第二位；上海市依托上海交通大学和中国科学院上海有机化学研究所等科研机构，拥有较多高质量专利。从高质量专利权人分布方面分析，企业的高质量专利数量略多于科研院所。

表 4-5　2004—2021 年中国合成生物学高质量专利 TOP10 省市

排名	省市	高质量专利数量（件）
1	江苏	30
2	北京	15
3	上海	13
4	广东	13
5	山东	11

（续表）

排名	省市	高质量专利数量（件）
6	天津	10
7	湖北	6
8	重庆	5
9	吉林	5
10	湖南	4

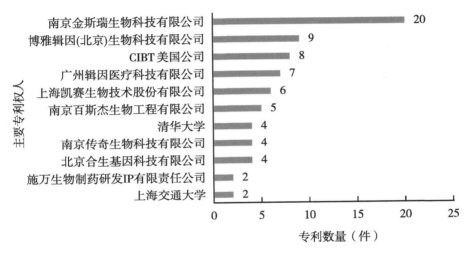

图4-27　2004—2021年中国合成生物学高质量专利 TOP10 专利权人

4.4　全球与中国合成生物学领域专利技术发展现状

4.4.1　全球合成生物学进入专利数量剧增、技术飞速成长时期

全球合成生物学领域的专利数量总体呈上扬态势，并于 2007 年开始迅速增长；中国专利年代趋势整体较为平缓，2007 年以后相关专利数量提升较快；全球合成生物学 2011—2021 年平均专利数量大约是中国的 10 倍，对比之下，中国在全球合成生物学领域的专利数量基数小、增长慢。

全球合成生物学技术经历了较长的萌芽期（1977—1995 年），随后进入初步发展期（1996—2009 年），2010—2018 年是生命科学迅速发展的 10 年，在探索合成生物学新使命的过程中，全球合成生物学专利技术呈稳定增长趋势，合成生物学领域的专利权人与专利数量持续增加，目前处于技术成长期。

4.4.2 合成生物学技术形成以美国为主导，欧洲、中国、丹麦、日本跟进的全球发展体系，中国专利数量可观但质量有待提高

作为合成生物学领域全球专利家族数量最多的国家，美国在合成生物学领域具有起源早、活跃度高、质量优、成长期长的特点。如前文图 4-3 所示，截至 2021 年，美国在合成生物学领域的专利家族数量占全球总量的 59.00%，是合成生物学领域最主要的技术来源国家；欧洲专利局、中国、丹麦也是全球合成生物学专利的主要来源国家/地区（国际组织）。

受到政策推动、国家支持及科技突破的影响，不同的国家/地区（国际组织）之间的专利数量增长时期不同。前文图 4-5 展示了合成生物学领域 TOP5 国家/地区（国际组织）的专利数量年变化趋势。总体看来，丹麦在合成生物学领域的技术布局逐渐弱化，美国、中国与欧洲等地域的专利增长势头强劲，具有持续增长的潜力。中国近年的专利数量增长明显，专利技术布局意识和产业化实力逐渐增强[216]。

前文图 4-6 展示了合成生物学领域主要国家/地区（国际组织）的技术流向，可以看出，美国是全球合成生物学最受重视的目标市场，主要国家/地区（国际组织）均在美国进行了较多的专利布局，欧洲与丹麦同样是全球主要的专利布局市场，相较之下，中国与日本的合成生物学市场并未受到足够多的重视，流向中国、日本的专利数量较少。

通过对主要国家进行专利强度分析可以发现各国专利质量分布。从图 4-28 可以看

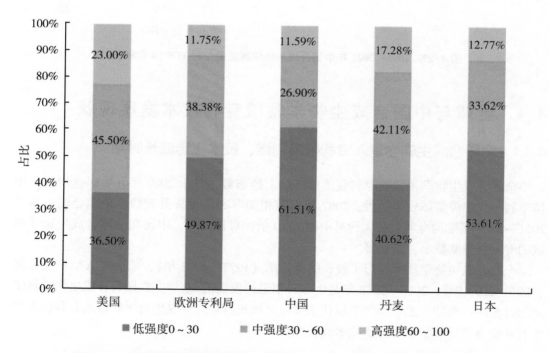

图 4-28 全球合成生物学领域主要来源国家/地区（国际组织）专利质量对比

出，虽然近年来中国的专利数量增长明显，但专利质量并未跟上专利数量增长的步伐，60%以上的专利均为低强度专利，专利存在"重申请轻保护转化"的问题。

4.4.3　合成生物学产业主体形成以企业为主导、科研机构协同发展的体系，新兴企业发展形势良好，成熟企业重心有所转移，中国产业化发展较弱

欧美生物科技企业在全球合成生物学技术升级、应用拓展、资源统筹方面发挥引领性作用，专利数量 TOP20 产业主体均为相关企业，主要来自丹麦、美国、法国、瑞士，中国仅一家公司上榜。其中，以丹麦诺和诺德公司、诺维信公司和美国 Biogen 公司为代表的企业在合成生物学领域的技术、产品与市场逐渐成熟，近 5 年来专利数量减少，其产业重心已向其他领域转移；而以美国 Codexis、Genomatica、Lanzatech 公司和法国 Collectis 公司为代表的合成生物学新兴企业，虽然专利申请起步较晚，但 2000 年后专利数量保持增长趋势，表明新兴企业在技术方面实现持续突破，并保持良好的发展形势，极有可能是未来合成生物学产业发展中的后起之秀。

全球合成生物学的产业主体主要聚焦于生物制药、生物医疗、生物制剂、生物能源与生物平台五大应用领域。在生物制药领域，法国 Collectis 公司和美国 Sangamo 公司等生物制药企业结合合成生物学本身包含的工程思维，通过对细胞进行分子层面的改造，将细胞作为药物生产工厂或使其具备相应的治疗功能；在生物医疗领域，美国 Biogen 公司、Editas Medicine 公司和 BlueBird 公司等生物医疗企业利用合成生物学技术进行新型治疗方法的开发，目前大多数生物医疗与生物制药企业处于临床试验阶段，未来合成生物学在医疗健康领域具有较大的应用价值；在生物制剂领域，美国的 Sigma-Aldrich 公司、Integrated DNA Technologies 公司和丹麦的诺维信公司等生物制剂企业利用合成生物学技术实现化学试剂量产或提供 DNA 产品，为生物制剂企业提供了新的生产途径与生产开发方向；美国的 Genomatica 公司、Amyris 公司、LanzaTech 公司等生物能源企业利用合成生物学平台，为全球化石能源寻找替代品，致力于开发可再生能源与低碳节能；美国的 Ginkgo Bioworks、Zymergen、中国的恩和等生物平台企业对合成生物学领域多维度、多应用的技术进行整合，为合成生物学领域的研究者提供解决方案或技术支持，为传统企业拓展了新的价值领域。

与欧美合成生物学产业化迅速成长的趋势不同，中国科研机构与企业在合成生物学领域的专利数量相差较小，科研机构与企业形成"双核心"的体系（图 4-29）。中国科研院所的主要专利权人包括江南大学、上海交通大学、清华大学、中国科学院上海有机化学研究所、天津大学和中国科学院微生物研究所等。在科研机构申请的合成生物学专利中，约有 32% 的专利已失效。与科研机构相比，中国企业虽然在合成生物学领域的失效专利较少（23%），但呈现专利权人多、专利分布较散的特点，进一步说明中国合成生物学领域的企业呈现小而散的特征，在合成生物学领域的企业竞争力不足。

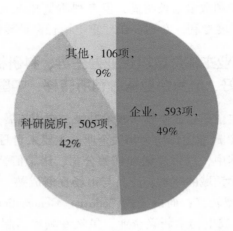

图 4-29　中国合成生物学专利权人类型分布

4.4.4　合成生物学技术分类形成以生物学为主导、多领域交叉互补的体系，中国以生物学为主导，结合计算机学、医学、植物学等学科领域进行了专利布局

专利作为技术的载体，在拓展技术创新空间、揭示技术发展方向领域具有重要作用。全球合成生物学专利技术主要集中于生物学领域，结合多个学科在多领域实现了技术应用。从 IPC 的角度分析，全球合成生物学专利主要集中于生物化学、酶学、遗传学等领域；根据 IPC 小组内容划分，全球专利技术主要由实验设备、方法技术和物质制备 3 个方面构成，涉及核苷酸和酶等物质。实验设备方面主要包括细胞培养基和微生物培养基的制备；方法技术层面主要包括 DNA 重组、引入外来遗传物质、微生物的测定或检验方法、制备或分离含微生物的组合物；物质制备层面包括制备医药配制品、抗肿瘤药、蛋白质、核酸和微生物；合成生物学技术涉及的物质主要包括糖类、DNA、RNA、微生物本身和酶。

从 IPC 角度分析，中国合成生物学领域的专利技术分布与全球基本一致，以生物化学为主导，结合计算机学、医学、植物学等学科在多个领域实现了分布。将中国的相关专利数据导入智慧芽专利数据库，按照应用领域分类进行分析，得到结果如表 4-6 所示。中国的合成生物学专利主要集中于生物化学设备与方法、化学仪器与方法、植物学与医药科学四大应用领域。生物化学仍是合成生物学专利的重点，与其他学科交叉融合是合成生物学领域专利的主要特征。

在生物化学设备与方法领域中，中国专利技术主要包括重组 DNA 技术、使用载体引入遗传物质、基于微生物进行物质制备、氧化还原酶的制备、水解酶的制备、引入外来遗传物质修饰细胞、细胞培养等技术。该应用领域是中国合成生物学领域专利的主要集中方向，也是全球合成生物学专利的集中方向。

在化学仪器与方法领域，中国专利技术主要包括肽的制备和糖衍生物的制备，集中

表4-6 中国合成生物学专利应用领域分布及详细信息

主要应用领域	专利数量（件）	专利年变化趋势（2004—2022年）	主要专利权人及其专利数量（件）	专利权利转移数量（件）	专利法律状态及数量（件）
生物化学设备与方法	894	专利数量（件）／年份	江南大学（39） 南京金斯瑞生物科技有限公司（29） 上海凯赛生物技术股份公司（23）	80	有效专利（317） 失效专利（252） 在审专利（304）
化学仪器与方法	322	专利数量（件）／年份	南京金斯瑞生物科技有限公司（18） 上海交通大学（10）	28	有效专利（130） 失效专利（75） 在审专利（102）

（续表）

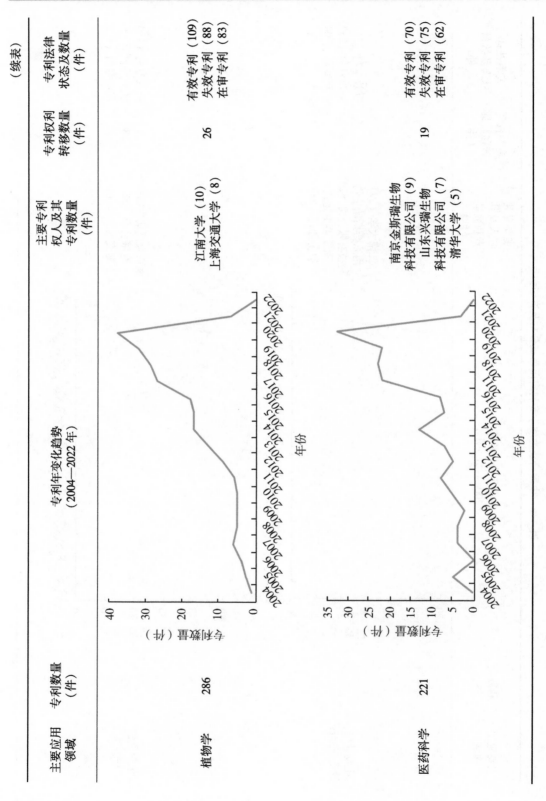

主要应用领域	专利数量（件）	专利年变化趋势（2004—2022年）	主要专利权人及其专利数量（件）	专利权利转移数量（件）	专利法律状态及数量（件）
植物学	286		江南大学 (10) 上海交通大学 (8)	26	有效专利 (109) 失效专利 (88) 在审专利 (83)
医药科学	221		南京金斯瑞生物科技有限公司 (9) 山东兴瑞生物科技有限公司 (7) 清华大学 (5)	19	有效专利 (70) 失效专利 (75) 在审专利 (62)

于有机化学领域。此领域的专利权人主要以企业为主,专利转移数量较多,有效专利占比较大。

在医药科学领域,中国专利技术主要包括药物制备(抗肿瘤药、抗感染药等)、疫苗制备、遗传物质分析、药物输送、疾病治疗(血液疾病、神经系统疾病、代谢疾病等)等技术领域。医学领域是合成生物学技术的重要应用领域,在全球初创企业中,渤建公司、Collectis 公司、Sangamo 公司等均为医药公司,我国合成生物学企业目前在医药领域几乎没有布局,进行专利申请的多为科研院所。

在植物学领域中,大部分中国专利技术与农作物有关,如番茄、水稻、玉米等,包括作物育种、植物基因编辑、基因表达与合成等技术,专利权人主要以农业类的科研院所为主。

4.5 小结

本部分分别从专利时间、专利地域、技术主题、产业主体和专利质量 5 个主要方面对全球和中国的专利态势进行分析,展现了合成生物学领域的专利总体情况,并对比全球与中国的专利技术发展现状。分析发现,合成生物学领域形成了以美国为主导、其他主要经济体跟进的全球发展体系,各国抢占核心技术,积极推进专利成果转化与产业应用,在全球形成生物经济竞争的局势,合成生物学将为全球带来巨大的技术颠覆与经济价值。目前中国在合成生物学领域尚处于基础研究阶段,与美国、欧洲等经济体存在一定的技术差距,随着国家对合成生物学领域发展的重视,中国在合成生物学领域的基础研究与产业应用正迅速发展,在未来中国会在合成生物学领域比肩国际先进水平。

5 全球合成生物学产业发展

合成生物学汇聚并融合了生命科学、工程学和信息科学等诸多学科，是现代生物学最具发展潜力的领域之一。它以工程化设计为理念，构建标准化的元器件和模块，融会工程科学原理，采用自下而上的策略，对已存在的系统或体系进行全新的合成与改进，以揭示生命规律并构筑新一代生物工程体系，为生命科学开创了一种全新研究模式。继"DNA 双螺旋发现"和"人类基因组测序计划"之后，合成生物学正在开启新的生物技术革命。作为一个新兴的"汇聚"型学科，随着 DNA 合成技术的进步和合成生物学理念的深入，合成生物学已经在多个研究方向取得了长足发展。本部分概述了合成生物学的基本研究内容以及在天然产物、医学、能源和工业等领域的研究进展，并展望了合成生物学的发展前景。

5.1　合成生物学产业发展现状、产业环境和发展趋势

合成生物学是关于设计和重新合成生命的一门新兴交叉融合性学科，是近年来发展最为迅猛的前沿交叉学科之一。2000 年，Eric Kool 对合成生物学进行了重新定义标志着这一学科的出现。2003 年，美国麻省理工学院主办了第一届 iGEM，是合成生物学领域的国际性学术竞赛。合成生物学相继被 *MIT Technology Review*、*Science*、*Nature* 等顶级杂志评为改变世界的重大科学突破。世界经济论坛、麦肯锡公司、大西洋理事会、经济合作与发展组织、美国战略与国际研究中心等机构纷纷发布报告，认为合成生物学是最值得关注的科技发展趋势之一。

合成生物学在医学、制药、化工、能源、材料、农业等领域都有广阔的应用前景。政府部门、科学界和产业界力图通过推动战略谋划、加强技术研发、扩大产品应用等多种措施来促进合成生物学产业发展。全球主要国家对合成生物学展开了系统的研究，产生了许多具备领域特征的研究理论、技术、监管和应用创新，特别是基因线路工程的建立、使能技术的工程化平台建设与生物信息大数据的开源应用正在全面推动合成生物学的发展。面向未来技术、面对新的挑战，亟须开展长期的学科研究和政策研究，并对适应学科发展的政策进行探索与实践，以保障合成生物学更加快速和健康的发展。

2000 年，Eric Kool 对合成生物学进行了重新定义标志着这一学科的出现，基因线路工程的建立、使能技术的工程化平台建设与生物信息大数据的开源应用正在全面推动合成生物学的发展。合成生物学进入全球共识、合作与竞争的快速发展时期，欧盟、美

国、中国等国家/地区从学科发展、政策制定和战略布局等多维度促进合成生物学发展，本研究系统梳理了全球合成生物学领域发展和战略布局演进路径。合成生物学经历了2000—2007 年的学科萌发期和产业导入期，2008—2015 年的政策窗口期、学科发展期和产业扩张期后，从 2016 年至今已经进入了政策、学科和产业全面发展的快速增长期，是 21 世纪发展最迅猛的前沿交叉学科之一。

合成生物学被广泛应用于各种产业，在推动科学革命的同时，合成生物技术正快速向实用化、产业化方向发展。美国、欧盟、澳大利亚通过项目资助、技术集成和联合研发等多种方式来参与到合成生物学的研究应用和产业转化。鉴于合成生物学的巨大应用前景，资本和市场的敏锐嗅觉也立马捕捉到这一点，协同科研机构竞相投入合成生物学产业的投资开发之中，以抢占合成生物学发展先机。2004 年，美国盖茨基金会向 Amyris 公司投资 4 250 万美元用于青蒿素的研发；2012 年美国 Exxon Mobil 公司与 Synthetic Genomic 公司签订了合作协议，投入 6 亿美元进行微藻生物燃料的研发；2019 年澳大利亚国立大学发起约 2 000 万澳元的"提高作物抗逆性和产量的智能植物和解决方案"研究项目；2021 年，蓝晶微生物获得近 2 亿元人民币融资用于数字原生研发平台的搭建和生物材料 PHA 管线的自主研发推进。在应用技术方面，以人工合成基因组技术在代谢工程、蛋白工程、细胞工程、基因工程、制药工程中的运用拓展了合成生物学的应用前景。合成生物技术应用涵盖平台开发、医药、化工、能源、食品和农业等重点领域。

5.2　主要产品类型

5.2.1　使能技术

（1）基本元件与基因重组技术

生物合成学的基本元件包括启动子、基因编码序列、终止子、转录调控蛋白因子、核糖体结合位（RBS）、调控小 RNA 分子等。人们开始系统定量表征自然界的天然元件，并开发了许多基于天然元件的突变人工元件。除了上述基础的元件外，人们还开发了一些新型的元件，如基因间序列元件、DNA 位点标签元件、RNA 适配子元件等，并着力不断扩大这些人工元件的种类和数量。这些元件共同构成合成生物学的元件库。

基因重组技术又称重组 DNA 技术（recombinant DNA technique），按照人们的意愿，利用重组 DNA 的工具在体外重新组合脱氧核糖核酸（DNA）分子，再将重组分子导入到受体细胞中，并使它们在相应的细胞中增殖的遗传操作。这种操作可把特定的基因组合到载体上，并使之在受体细胞中增殖和表达，因此不受亲缘关系限制。

合成生物学的目标就是简化设计和构建生命体系的过程，使生物合成更简单快捷。Knight 建立了一套新的名为"BioBricks"的克隆策略，使生物组件的标准化装配成为可能，就像传统的机械制造那样，各种组件具备一定的标准的接口，它们之间能以标准的方式连接装配形成更大的组件。每个 BioBrick 都是一段 DNA，它包含特定的信息以及编码相对应的特定功能。例如，启动子、核糖体结合位点、蛋白质编码序列、终止子，或是它们的组合。每个 Biobrick 的上下游包含特定的酶切位点，只需要通过酶切连接反应，就可以将任意一个标准化后的 BioBrick 组件插入到其他的 BioBrick 组件的上游或者下游，并且，新的组合序列仍然是标准化的 BioBrick 组件。迭代这样的操作，可以利用简单的手段，从简单的组件出发，构建大规模的复杂系统。Shetty 等利用 BioBrick 组件顺利地构建了 BioBrick 载体，并利用这些载体成功组装了其他的标准化的 BioBrick 组件。

（2）代谢途径的模块化表达

越来越多的研究表明，利用合成生物学工具，模块化表达不同功能的异源基因，能够有效地协调大量异源基因的高表达，优化代谢途径，避免过量代谢中产物的积累，提高目的产物的积累效率，另外，还可以促进人工代谢途径的构建。在代谢工程中，为了得到有价值的目的产物，科学家们需要克服一些基因的过表达、不匹配的辅因子间的氧化还原不平衡、有害中间产物的富集等障碍，这就需要借助分子生物学的手段模块化表达不同功能的基因，然后选择最适合的模块组合导入相应的代谢途径中，以得到最优的代谢途径。1,4-丙二醇（1,4-Butanediol，BDO）是一种合成高附加值纤维材料的重要前体。由于 BDO 在生物体内并没有发现现成的代谢途径，所有的代谢途径都需要从异源生物中获得。Genomatica 公司利用 biopathway prediction algorithms 的热力学模型研究了符合热力学规律的潜在 BDO 合成途径，筛选出 7 个最优的反应步骤。随后，以 4-羟基丁酸（4-hydroxybutyrate）为分界点，将 7 个异源基因分为上游和下游两个模块，每个模块分别有 4 个和 3 个异源基因。上游模块和下游模块基因表达经过优化后，被转入大肠杆菌中表达，从无到有实现了 18 g/L BDO 的产量。

（3）基因编辑

在合成生物学的应用中，基因组编辑（genome editing）是异源合成途径的重构及模块优化的基本操作手段。所谓基因组编辑是在基因组水平上对 DNA 序列进行定点改造修饰的遗传操作技术。该技术被誉为"后基因组时代生命科学研究的助力器"。其原理是通过构建一个人工内切酶，在靶位点切断 DNA，产生 DNA 双链断裂（double-strand break，DSB），进而诱导细胞内的 DNA 修复系统进行非同源末端连接（nonhomologous end joining，NHEJ）和同源重组修复（homologous recombination，HR）。通过这两种修复途径，基因组编辑技术可以实现定点基因敲除、特异突变引入和定点修饰。

第一个使用定制 DNA 核酸内切酶的基因组编辑策略就是锌指核酸内切酶（简称ZFN）。ZFN 是异源二聚体，其中每个亚基含有一个锌指结构域和一个 Fok I 核酸内切酶结构域，ZFN 技术是通过这两部分发挥作用的。锌指蛋白（简称 ZFP）通过与特定的靶序列结合发挥重要的转录调控作用，不同的 ZFP 具有类似的 Cys2、His2 或 Cys4 结构框架，ZFP 结合 DNA 的特异性与框架外特定氨基酸的变异有关。Fok I 是一种非特异性的核酸内切酶，Fok I 结构域必须二聚化才具备核酸酶活性。将人工构建的锌指蛋白与改造后的 Fok I 限制性内切酶融合，就得到 ZFN，它能靶向切割特定序列，产生

DSB。每对 ZFNs 的结合序列的间隔区域通常为 5~7 bp，以确保 Fok Ⅰ 二聚体的形成。一般采用模块组装法和寡聚体库工程化筛选构建法来构建 ZFN，ZFNs 的构建需要花费的时间长，工作量也较大，目前只有少数实验室在运用这一技术平台。

类转录激活因子效应物核酸酶（TALEN）技术是基于 TALE（transcription activator-like effector）结构域的基因打靶技术，TALE 是植物病原体黄单胞菌分泌的一类效应蛋白因子，能够特异地结合 DNA，此结合域有一段高度保守的重复单元，该单元中仅第十二和第十三位的氨基酸不同。TALEN 中通常使用的切割结构域来自无序列特异性的 Fok Ⅰ 核酸内切酶，Fok Ⅰ 的使用与优化主要得益于 ZFN 的研究成果。需要说明的是，由于每个 TALE 单体只靶向 1 个核苷酸，针对每一个靶位点的上下游各设计 1 个 TALEN，Fok Ⅰ 通常需要以二聚体的形式发挥其切割 DNA 序列的功能。TALENS 技术很好地解决了 ZFNS 技术存在的构建困难、成本高及周期长等问题。但是 TALEN 技术也并非完美无缺，由于针对不同靶点，每次都须构建新的 TALE array，工作程序烦琐。

CRISPR/Cas9 是继锌指核酸内切酶（ZFN）和类转录激活因子效应物核酸酶（TALEN）之后出现的第三代基因组定点编辑技术。与前两代技术相比，成本低、制作简便、快捷高效的优点，使其迅速风靡于世界各地的实验室，成为科研、医疗等领域的有效工具。

基因组的自由编辑一直是生物学家的梦想，但大部分 DNA 编辑工具均作用缓慢、价格昂贵且效率低下。为了解决这个问题，哈佛医学院等机构开发出快速且简单的基因组规模编辑工具，能够利用"查找和替换"改写活细胞的基因组。TAG 终止密码子是大肠杆菌基因组中最稀有的，只有 314 个，这也让它成为替换的首要目标。研究人员利用多重自动基因组改造（MAGE）方法，用同义的 TAA 密码子位点来特异性地替换 32 种大肠杆菌菌株中的 TAG 终止密码子。Wang 等曾于 2009 年在 *NATURE* 杂志上介绍过这种方法。他们利用这种方法能够测定单个的重组频率，证实每次修饰的可行性，并鉴定出相关的表型。

（4）人工智能

合成生物学以人为设计和构建生命系统为目标，近年来在生物医疗技术和药物的研发、蛋白质和其他化合物的生产以及环境保护等领域展现出巨大的发展潜力。有别于传统生命科学，合成生物学具备多学科交叉、多技术融合的特征，遵循工程学本质，在人工设计的指导下，基于特定底盘细胞，自下而上地对生物元件、线路模块、代谢网络和基因组等进行标准化表征、通用化设计构建、可控化运行，并持续学习和优化。

随着合成生物学涉及的功能和潜在应用的不断拓展，运用合成生物学的复杂性和跨学科知识需求也在迅速增长。然而，生命系统极其精密，包含大量不同的基因和调控元件，而元件之间又以海量不同的组合形成模块、网络，难以精确描述和预测，因此即使设计小型的基因线路也需要反复调试。工程学思维和方法是克服这一难题的利器，即大规模测试不同元件、线路模块、网络和底盘的组合，积累海量实验数据，从而指导合成生物系统的理性设计和优化。合成生物自动化设施（biofoundry）是工程学平台搭建的一大核心,依照"设计—构建—测试—学习"(design-build-test-learn,DBTL)的闭环策略组织工艺流程,通过自动化、高通量生物学试验试错获得符合预期的合成生物系统。但当前工程化试错存在海量的试错空间,试验成本极其高昂,并且缺乏标准化、定量的表征手段和智能化试错、优化、学习理论与技术的系统性支撑,阻碍了工程化研究平台指导合成生物系统设计与改造的发展。因此,需要运用一种方法将新知识和新技术流程很好地集成到合成生物学工程中,以提高试错效率、降低试错成本。

5.2.2 平台工具

合成生物学主要利用生物、生物体外等工程化信息平台来生产所需的产品。哈佛大学和波士顿大学发现基于纸张的体外平台由此发展出价格低廉、无菌的非生物合成生物学技术。Novome Biotechnologies 公司构建的人类肠道细菌基因工程微生物药物平台是第一个使用工程菌控制肠道定居的平台。Prokarium 公司研究的沙门氏菌平台作为微生物免疫疗法治疗非肌层浸润性膀胱癌患者。Vedanta Biosciences 公司自主开发的平台技术可以精准控制菌群药物的组成结构,解决了传统供体依赖性肠道微生物药物组分不一的核心难题。合成生物学标杆企业 Amyris 公司搭建的自动化菌株改造平台是目前全球企业界最大型的工程化平台之一,Amyris 公司与美国传染病研究所于 2020 年合作开发新型 COVID-19 RNA 疫苗平台。

提供工具服务的公司主要制造 DNA 构建及集成系统,如平台开发、软件服务等。平台型公司的典型代表 Amyris 搭建的自动化菌株改造平台,是目前全球企业界最大型的工程化平台之一。Synthego 公司提供"全栈式"基因工程服务,利用机器学习、自动化和基因编辑构建了全栈基因组工程平台。在平台基础上,美国 Benchling 公司和英国 Synthace 公司以软件产品为主体,更有效地设计和构建自定义 DNA 序列。

5.2.3 应用产品

合成生物学发展的原动力是人们对可再生性生物燃料的追求,人们期望利用合成生物学的方法,将自然界中大量存在的可再生的糖类和纤维素物质转化为燃料,以取代石油等不可再生能源。而现今合成生物学的应用已经扩展至很多领域,如生物燃料生产、天然产物合成、生物医药、合成新物种等。

(1)医药

合成生物学在医药领域的产品种类繁多,包括疾病诊断、疫苗、抗生素、药物、基因治疗、细胞工程等相关产品。Amyris 公司在 2013 年 4 月成功开发出能生成青蒿素化学前体的人工酵母,是新兴的合成生物学领域取得的第一项成果。诺华公司开发的癌症细胞疗法 Kymriah 将工程活细胞用于医学治疗,是第一个经美国食品药品监督管理局(FDA)获批的细胞疗法。BlluebirdBio 公司的全球首个 β-地中海贫血病基因疗法 Zynteglo 获欧盟批准上市。Azitra 公司从人体分离得到的表皮葡萄球菌为基础创建了专有菌株,且已获得 FDA 的资格认定用来治疗竹节状毛发综合征管线 ATR-12 儿科罕见病。新冠疫情暴发以来，Ginkgo 公司推出了 SAR-CoV-2 试剂盒，与 Totient 公司合作进行治疗性抗体发现和优化，与 Synlogic 公司合作开发新型疫苗平台，并与 Morderna 公司在内的其他疫苗开发商合作缩短生产时间并提高疫苗产量。

（2）能源环境

合成生物学在能源环境领域中的应用主要为利用微生物合成高能生物燃料或遗传改造微生物使其能将生物质转化为乙醇、蛋白质等。佐治亚理工学院与联合生物能源研究院的科学家通过转基因工程改造细菌，让它们能合成蒎烯，有望替代 JP-10 用在导弹发射及其他航空领域。美国能源部联合生物能源研究所的研究人员构建出一个动态传感器调节系统，可以在脂肪酸燃料或化学品生产过程中控制相关基因的表达，调节微生物体内的代谢变化，使葡萄糖生产生物柴油的产量提高 3 倍。Glowee 公司通过利用海洋生物的生物发光基因，然后将该基因引入常见的非致病性细菌来提供基于微生物发光的产品。从事碳回收的生物企业 Deep Branch 公司开创了利用微生物将工业排放的二氧化碳转换为高价值蛋白质的生产工艺，用于生产清洁且可持续的鱼类和禽类饲料，碳足迹减少达 75%。

（3）化工

合成生物学通过系统设计和改造来实现生物路线对化学路线的逐步替代，化学品、材料、工业酶、工业流体和个人护理等产品的市场开发进度较快。Amyris 公司将植物糖转化为各种碳氢化合物分子，包括法呢烯和长链碳氢化合物等。Genomatica 公司将生物基丁二醇的工艺商业化，开发聚酰胺中间体和长链化学品。Lygos 公司将低成本的糖类转化为丙二酸等化学物质。Oxford Biotrans 公司研发产生高价值化学药品的酶学加工工程技术。日本研究人员注意到，某些放线菌分泌的一种氨基肉桂酸拥有非常坚固的结构，并根据这一发现对大肠杆菌进行基因重组，再利用它使糖分发酵，制作出 400℃ 左右高温下也不会变性的生物塑料，是当前同类塑料中最耐热的。Zymergen 公司利用源自生物的单体来制作聚酰亚胺透明薄膜 Hyaline，这一系列薄膜产品透明、柔韧性好且牢固，适合应用于折叠式智能手机、穿戴式电子产品等柔性电子产品。

（4）食品

食品类生物合成公司主要开发的产品包括人造肉、油、酒、蛋白质、食品添加剂和天然功能成分等。2020 年，Beyond Meat 公司的人造肉上市后备受瞩目。Impossible Foods 公司利用毕赤酵母生产大豆血红蛋白并将其添加到植物汉堡中，以提高肉质口感和风味。Perfect Day 公司和 Clara Foods 公司通过合成生物学技术开发合成蛋白类产品，如牛奶、蛋清、奶酪等。Endless West 公司通过分析酒中的成分创制无须发酵的酒，该公司已推出了分子威士忌 Glyph，主要由从天然植物和酵母中提取出成分并和食用酒精混合制成。Calyno 公司的高油酸大豆油是第一款进入美国食品供应市场的基因编辑大豆油，富含油酸，更健康。

（5）农业

合成生物学在农业方面的产品主要用于农作物种植及畜牧生产。Pivot Bio 公司正在开发一种微生物解决方案，可以替代氮肥，减少氮径流，并消除相关的一氧化二氮产生。Oxitec 公司研发基因改造昆虫控制疾病或作物害虫的传播。Apeel Sciences 公司开发的植物基涂层可以延长番茄和苹果等易腐食品的保质期。AgriMetis 公司开发的天然产物衍生的化合物可以保护作物免受杂草、真菌病和害虫的侵害。Light Bio 公司致力于通过将自然发光真菌中的遗传物质插入植物中，从而创造发光植物。Agrivida 公司通过开发新一代酶解决方案以满足动物营养和健康需求，其首款产品酵素植酸酶 Grain 可以提高饲料的消化率，减少动物体内的营养抑制剂。GreenLight Biosciences 公司致力于开发创造高性能的 RNA 农作物，使其精确靶向免疫于特定害虫且不会伤害有益昆虫或在土壤、水中留下残留物。

5.3　主要企业类型

目前，基于合成生物学理念所成立的公司主要从事的领域：开发使能技术，如 DNA 合成和测序；制造 DNA 构件及集成系统，如软件服务；利用合成生物学平台生产所需产品，如生物体改造平台。不同的技术应用方向让合成生物学的落地更加多元化，且已具备成熟的市场规模。

具体来说，开发使能技术的公司为行业提供了关键产品，如 DNA 测序、合成、基因编辑、生物信息学或细胞培养基产品。该领域的公司包括 Thermo Fisher Scientific、Atum（DNA2.0）、Blue Heron Biotech（Eurofins）、Integrated DNA Technologies、GenScript、Ginkgo Bioworks、Cellectis、CRISPR Therapeutics、Editas Medicine、Intellia Therapeutics 和 Sangamo BioSciences 等。

生物元件和集成系统的公司主要有 Scarab Genomics、enEvolv、New England BioLabs、Bota Biosciences、Codexis、DowDuPont、Novozymes、BASF、Synthetic Genomics 和 Zymergen 等。

产品导向型的公司由于市场领域多种多样，其分布也比较分散，主要包括工业化学品、医疗保健、食品和饮料、农业、消费品以及化妆品和皮肤护理等。由此可见，合成生物已展现出巨大的应用潜力，众多公司的建立也说明其已具备成熟的市场规模。Antheia 公司基于酵母发酵过程来生产活性药物成分；Genomatica 公司已将生物基 BDO 和生物基丁二醇的工艺商业化；Demetrix 公司致力于通过使用发酵技术来生产大麻素，目前正在进行 100 多种大麻素的商业化探索；Tepha 公司通过发酵工艺生产一类新型可吸收生物材料 TephaFLEX 聚合物，用以制作医疗耗材，包括手术缝合线、手术网片、手术膜和复合网片等；蓝晶微生物主要聚焦全生物可降解材料 PHA 和植物天然药用分子；LanzaTech 公司利用微生物将废气转化为燃料和化学物质；AgriMetis 公司开发天然产物衍生的化合物来保护作物免受杂草、真菌病和害虫的侵害。

提供工具服务的公司主要制造 DNA 构建及集成系统，如平台开发、软件服务等。平台型公司的典型代表 Amyris 公司搭建的自动化菌株改造平台，是目前全球企业界最大型的工程化平台之一。Synthego 公司提供"全栈式"基因工程服务，利用机器学习、自动化和基因编辑构建了全栈基因组工程平台。在平台基础上，美国 Benchling 公司和英国 Synthace 公司以软件产品为主体，更有效地设计和构建自定义 DNA 序列。

合成生物学领域的典型企业如下。

Amyris 公司：合成生物学领域首家纳斯达克上市公司，其菌株改造平台是行业最早的工程化平台之一，功能包括 DNA 设计、DNA 组装、DNA 质量控制、菌株转化、高通量筛选、数据分析、放大实验等。该公司业务包括清洁美容、保健和香料香精等。2020 年营业收入为 1.73 亿美元；2021 年前三季度营业收入为 2.77 亿美元。

Precigen 公司：美国上市公司，主要技术包括 UltraVector 基因设计和制造平台、细胞信息系统、LEAP-细胞识别和选择等，业务覆盖医疗保健、食品、能源和环境科学等领域。2020 年营业收入为 1.03 亿美元；2021 年前三季度营业收入为 0.8 亿美元。

TwistBioscience 公司：美国上市公司，开创了用硅芯片"书写"DNA 来制造合成DNA 的新方法。主营业务包括保健、药物研究和工业化学品等。2020 年前三季度营业收入为 0.9 亿美元。

GinkgoBioworks 公司：总部位于美国，专注于利用基因工程设计、生产工业用途微生物。拥有广泛的代码库、菌种工程、蛋白质工程和发酵平台，能够高通量生产和评估菌株，为客户定制微生物。2020 年营业收入为 0.77 亿美元。

Codexis 公司：美国上市公司，从事开发用于能源、医药和环境工业的生物催化剂、酶及微生物，核心技术为 CodeEvolver 蛋白质工程技术平台。2020 年营业收入为 0.69 亿美元，2021 年上半年营业收入为 0.43 亿美元。

Synthego 公司：该公司已募集超过 2.5 亿美元资金，其 GMP 级 sgRNA 制造工艺被生物制药客户用于基因治疗和基于 CRISPR 的基因编辑的研发，2021 年 4 月推出高通量细胞工程平台 EclipseTM。

Zymergen 公司：美国上市公司，拥有全球最大受 IP 保护的基因组数据库，结合人工智能（AI）和机器学习定向改造基因工程细菌高效代谢产生目标产物，目前已实现生物基聚酰亚胺薄膜产业化。2020 年营业收入为 0.13 亿美元，2021 年前三季度营业收入为 0.14 亿美元。

ImpossibleFood 公司：融资额超过 15 亿美元，是植物人造肉领域的领先者，主要通过发酵的方式萃取出大豆中天然存在的血红蛋白，来用于制作植物肉产品。

上海凯赛生物技术股份有限公司：中国国内上市公司，是全球领先的利用生物制造规模化生产新型材料的企业之一，目前主要产品包括生物法长链二元酸、生物基戊二胺和生物基聚酰胺等。2020 年营业收入为 10.14 亿元，2021 年前三季度营业收入为 16.33 亿元。

安徽华恒生物科技股份有限公司：中国国内上市公司，采用生物发酵法和酶法生产小品种氨基酸，在国际上首次实现 L-丙氨酸厌氧发酵法的产业化，目前丙氨酸产品规模全球领先。2020 年营业收入为 4.87 亿元，2021 年前三季度营业收入为 6.21 亿元。

北京蓝晶微生物科技有限公司：成立于 2016 年年底，打造了以关键生物平台分子为基础，覆盖功能材料、消费品和医疗健康的产品体系。2021 年 2 月和 8 月分别获得近 2 亿元和 4.3 亿元融资金额，目前 PHA 工厂已经在江苏盐城落地。

5.4　投融资环境

据"CB Insight 中国"数据显示，合成生物学应用前景广阔，其市场潜力以万亿美金计。2021 年，合成生物学领域相继迎来收获期。合成生物学企业 Zymergen 公司成功登陆纳斯达克，市值已超 45 亿美元；Ginkgo Bioworks 公司官宣通过特殊目收购的公司合并上市，交易金额达到 175 亿美元。2021 年 9 月，Synbiobeta 公司发布合成生物学2021 年第二季度市场报告。报告显示，仅 2021 年第一季度和第二季度，合成生物学领域的投资就高达 89 亿美元，超过 2020 年全年的投资。2021 年成为合成生物学投资创纪录的一年，融资金额几乎达到自 2009 年以来所有年份的融资金额总和。

如今合成生物学成为资本最看好赛道之一，全球合成生物融资快速增长。中国合成生物学投融资在 2019 年后重新保持增长，2021 年，中国合成生物学获得投融资 16 起，较 2020 年增长 10 起；获得 22.95 亿元的融资金额，较 2020 年增长 1.36 亿元。在 2021年 16 起投融资事件中，各个初创公司融资轮次均有涉及，资本对中国合成生物学公司进展保有持续关注。从技术发展、政策、投融资等方面综合来看，合成生物学正处于行业成长期，凭借其在各个领域的广泛应用前景，未来有望推动生产制造升级，带来新一轮产业革命。

6 合成生物学技术在细胞农业领域的产业应用

合成生物学作为交叉学科，为农业生产提供了颠覆性的发展路径和创新性的解决方案，使农业生产从牧场转移到实验室。目前，合成生物学在农业生产领域的主要技术之一为细胞农业技术，即基于组织工程和发酵细胞等生物制造方式对肉类、蛋类、奶类、水产品等进行实验室生产，它突破了传统农业生产的瓶颈，使农业生产不受自然资源和气候变化和约束。细胞农业具有节约自然资源、减少碳排放量、提高食品安全性等优点，为解决全球粮食生产问题与营养问题提供了新的方案。全球多个国家积极推进细胞农业的基础研究和产业布局，美国、新加坡、以色列、荷兰和中国等多个国家相继对细胞农业技术提供政策支持，完善监管条例，鼓励相关企业建设，推进技术研发与突破。细胞农业作为可持续的农业生产方式，目前在人造肉和人造奶领域的基础研究逐渐成熟，相关企业发展较快，初创企业数量增长，企业融资形势稳中向好。

本部分首先对全球主要国家和地区在细胞农业领域的政策现状进行研究，发现全球主要经济体对细胞农业技术的发展呈支持性态度，政策侧重点包括促进基础研究、开放商业市场、完善安全监管等。然后基于专利技术的角度，研究人造肉和人造奶的产业竞争格局；对人造肉和人造奶典型企业的市场布局和融资情况进行统计分析，研究全球产业应用现状，并基于典型企业的专利技术发展路线图，研究人造肉和人造奶技术的演化路径，识别关键技术，分析企业技术布局。本研究中的人造肉和人造奶技术指细胞培养类型的技术，不包含以植物为主要原料的人造肉和人造奶技术。

6.1 数据来源

对人造肉和人造奶的专利文献数据进行收集，构建人造肉和人造奶检索式，在 DII 数据库中进行相关专利的检索，检索时间截至 2022 年 9 月 8 日，检索式见表 6-1。通过阅读专利、去除噪声获取细胞农业的专利数据集，将同族专利按照一项专利家族来进行统计，共得到 775 项专利，展开得到 3 070 件人造肉和人造奶领域的专利。

表 6-1　合成生物学领域专利检索式构建

组成部分	技术分支/企业类型	检索式	编号
合成生物学技术	DNA 人工合成、合成 sh-RNA、人工 shRNA、DNA 折纸术、合成启动子、DNA 化学合成、DNA 酶促合成、合成/人工基因簇、人工/合成基因网络、生物积块、人工/合成哺乳动物基因、人工/合成基因回路、人工/合成基因元件、基因开关、基因振荡器、人工核苷酸、合成碱基对、人工碱基对	TS = （ "artificial-gene" OR "artificial-genes" OR "synthetic-gene" OR "synthetic-genes" OR artificial-genome OR artificial-genomics OR synthetic-genome OR synthetic-genomics OR artificial-gene * -cluster * OR synthetic-gene * -cluster * OR artificial-gene * -network * OR synthetic-gene * -network * OR artificial-mammalian-gene * OR synthetic-mammalian-gene * OR artificial-gene-circuit $ OR synthetic-gene-circuit $ OR genetic-circuit $ OR artificial-genetic-element $ OR synthetic-genetic-element $ OR artificial-genetic-device $ OR synthetic-genetic-device $ OR synthetic-DNA OR DNA-artificial-synthesis OR DNA-chemical-synthesis OR synthetic-promoter OR synthetic-nucleic-acid $ OR synthetic-*nucleotide OR artificial-nucleic-acid $ OR artificial-*nucleotide OR synthetic-base-pair $ OR artificial-base-pair $ ORdna-origami OR synthetic-shRNA OR artificial-shRNA OR "gene-switch" OR "gene-oscillator" ）	#1
	合成/人工氨基酸、合成/人工酶、非天然氨基酸、蛋白质折叠预测、蛋白质分子机器	TS= （ （ （synthetic-amino-acid $ OR artificial-amino-acid $ OR synthetic-enzyme * OR artificial-enzyme * OR noncanonical-amino-acid $ OR unnatural-amino-acid $ ） near sysnthesi * ） OR DNA-enzymatic-synthesis OR protein-molecular-machine $ ）	#2
	人工细胞、合成细胞、人工多细胞体系、合成原细胞、囊泡生物反应器	TS = （ cell-factory OR cell-factories OR artificial-cell $ OR synthetic-cell $ OR artificial-multicell * -system * OR synthetic-protocell $ OR vesicle-bioreactor $ ）	#3
	合成生物系统、人工生物系统	TS = （ synthetic-biology OR synthetic-biological OR synthetic-biosystem * OR artificial-biosystem * OR synthetic-life OR synthetic-lives）	#4

（续表）

组成部分	技术分支/企业类型	检索式	编号
合成生物学产业	合成生物学企业	IP=（C12N＊ OR C12P＊ OR C12Q＊ OR C12S＊ OR C40B＊ OR C07H＊）AND AE=（Atum OR Blue Heron Biotechnology Inc OR Integrated DNA Technologies ORGenScript OR Genscript Corp OR Genscript Holdings Hong Kong Ltd OR Genscript Nanjing Co Ltd OR Nanjing Genscript Co Ltd OR Ginkgo Bioworks OR Ginkgo Bioworks Inc OR Cellectis OR Cellectis AB OR Cellectis SA OR CRISPR Therapeutics OR Editas Medicine OR Sangamo Biosciences OR Scarab Genomics OR enEvolv OR New England BioLabs OR Bota Biosciences OR Codexis OR Novozymes OR Synthetic Genomics OR Zymergen OR DNA Script OR Synthego OR Synthace OR Moderna Therapeutics OR Precigen OR Poseida Therapeutics OR Amyris OR Sapphire Energy OR Synlogic OR Bluepha OR LifeFoundry OR Twist Bioscience OR Genomatica OR Lygos OR Cathay Biotech OR LanzaTech OR Bolt Threads OR Modern Meadow OR Light Bio OR Pivot Bio OR Agrivida OR GreenLight Biosciences OR AgriMetis OR edanta Biosciences OR Novome Biotechnologies or Prokarium or Eligo Bioscience or Antheia or Demetrix OR Tepha OR Azitra OR Bluebird Bio Inc OR Bellicum Pharm Inc OR Edigene Inc OR LEGEND BIOTECH USA INC OR NANJING LEGEND BIOTECH CO LTD OR TAIAN XIBEI LEGEND BIOTECH CO LTD OR Horizon Discovery OR SyngenTech OR Synceres Biosciences OR Kite Pharma OR Novvi OR Precision Biosciences OR Avecia Biologics Ltd OR Molecular Assemblies OR Evonetix OR Atg Biosynthetics OR Oxford Genetics OR Synthorx OR Biogen OR Sigma Aldrich OR Toolgen OR Caribou Biosciences OR Intellia Therapeutics OR SGI-DNA）	#5
	人造肉产业	TS=（cultur＊-based＊-meat＊ OR culture＊-meat＊ OR cell＊-cultur＊-meat＊ OR（artificial＊-meat＊ NOT plant＊）OR "cell-base＊ meat"）OR AE=（Mosa Meat OR Meatable OR Impossible Food OR beyond meat OR Memphis Meats OR Eat Just OR Future Meat Technologies OR Aleph Farms OR Upside Foods OR Biotech Foods OR Avant Meats OR Integriculture OR Mission Barns OR SuperMeat OR Wild Type）	#6

（续表）

组成部分	技术分支/企业类型	检索式	编号
合成生物学产业	人造奶产业	TS＝（（milk－protein $ OR casein－protein $ OR animal－free milk OR animal－Protein $ ）AND（Cell－base * OR recombin * OR bio-synthesis * ））OR AE＝（TurtleTree Labs OR Finless Foods OR Perfect Day OR Ventria Bioscience OR Symbicom）	#7
噪声词		TS＝（cell * －telephone OR cell * －phone OR cell * －culture OR logic－cell * OR fuel－cell * OR battery－cell * OR load－cell * OR geo－synthetic－cell * OR memory－cell * OR cellular－network OR ram－cell * OR rom－cell * OR maximum－cell * OR electro-chemical－cell * OR solar－cell * OR photosynthe * OR photo－synthe * ）	#8
最终检索式		（（#1 OR #2 OR #3 OR #4）NOT #8）AND IP＝（C12N * OR C12P * OR C12Q * OR C40B * OR C07H * ）OR #5 OR #6 OR #7	

6.2　合成生物学技术的细胞农业政策分析

麦肯锡全球研究院在 2020 年 5 月发布的对外报告中预测：全球经济活动中大约 60% 的物质产品可以用生物技术生产，包括 1/3 的天然生物材料和 2/3 的非生物材料；合成生物学在未来的 10~20 年，每年创造 2 万亿~4 万亿美元的直接经济效益。全球多个经济体对生物经济发展作出规划。在细胞农业领域，全球领先国家包括美国、荷兰、新加坡、以色列、英国等，其政策时间轴如图 6-1 所示。

美国高度重视生物经济的发展。2020 年 5 月，美国参议院通过《2020 年生物经济研发法案》，明确将建立国家生物经济研发计划的目标，指出美国在工程生物学领域具有领导优势，但由于国际竞争激烈，美国如果不投入资源积极建设，将有可能失去其竞争优势。在细胞农业领域，美国积极推进基础研究与监管工作。2019 年 3 月，美国食品药品监督管理局与美国农业部宣布了双方会共同监管美国的细胞培养肉行业，并推出了细胞培养海鲜需要的材料清单。2020 年 9 月，美国国家科学基金会拨款 350 万美元，在未来 5 年内资助加利福尼亚大学戴维斯分校的培养肉联合会。尽管目前美国关于细胞农业的政策不多，但美国已占据全球细胞培养肉和人造奶市场的主要地位，多家全球知名初创企业成立于美国，如 Perfect Day 公司和 Impossible Foods 公司。

2005 年，荷兰开展了第一个大规模细胞培养肉项目，由荷兰马斯特里赫特大学的 Mark Post 教授指导，谷歌创始人投资，生产了世界上第一个实验室制作的汉堡，2013

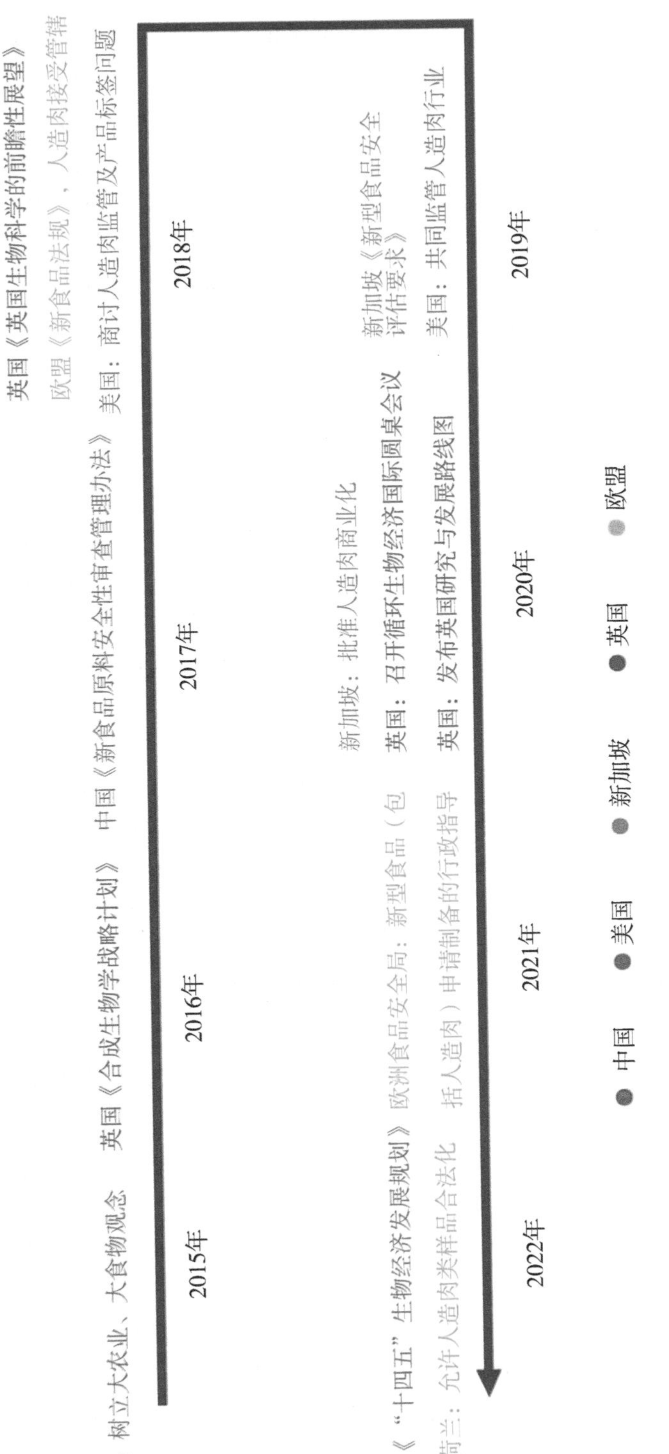

中国：树立大农业、大食物观念　英国《合成生物学战略计划》　中国《新食品原料安全性审查管理办法》

英国《英国生物科学的前瞻性展望》
欧盟《新食品法规》，人造肉接受管辖
美国：商讨人造肉监管及产品标签问题

| 2015年 | 2016年 | 2017年 | 2018年 |

中国《"十四五"生物经济发展规划》　欧洲食品安全局：新型食品（包
荷兰：允许人造肉类样品合法化　　　括人造肉）申请制备的行政指导

新加坡：批准人造肉商业化
英国：召开循环生物经济国际圆桌会议
英国：发布英国研究与发展路线图

新加坡《新型食品安全
评估要求》
美国：共同监管人造肉行业

| 2022年 | 2021年 | 2020年 | 2019年 |

● 中国　● 美国　● 新加坡　● 英国　● 欧盟

图6-1　全球主要国家/地区细胞农业政策演进路径

175

年，该汉堡在伦敦的新闻发布会上被品尝，引起了细胞培养肉在国际范围内的广泛关注[217]。2022 年 3 月，荷兰众议院允许细胞培养肉类的样品合法化，标志着荷兰在细胞培养肉类领域向商业合法化迈出了重要的一步。

长期以来，新加坡大力支持细胞农业的发展。由于新加坡国内 94% 的食品供给依赖进口，食物供应与安全成为新加坡亟待解决的问题。新加坡计划到 2030 年全国 30% 的食品供给来源于新加坡国内，细胞农业推动了新加坡农业目标的实现。2019 年 11 月，新加坡发布了《新型食品安全评估要求》，包含对细胞培养肉的安全评估，涉及生产工艺流程、细胞系的选择、产品特性，以及所使用的培养基、细胞纯度与遗传稳定性等相关信息。2020 年 12 月，新加坡成为世界上第一个通过细胞培养肉安全审核的国家，美国替代性蛋白创业企业 Eat Just 公司获得新加坡食品局的批准，允许将其生产的"细胞鸡肉"用于制作鸡块，并在新加坡销售，新加坡促进了细胞培养肉商业化愿景的实现。

在细胞农业领域，以色列学术界、食品行业与政府之间建立了紧密的联系，共同推进蛋白质替代品的研发与创新，推进以色列成为该领域的领导者。以色列的目标是成为细胞培养肉类的技术创新中心和蛋白质替代品原材料的全球供应商，使细胞培养肉等蛋白质替代品成为以色列经济增长的关键。目前，以色列社会各界合作促进细胞农业发展的成果显著，创立了细胞农业领域的知名初创企业 Aleph Farms 公司和 Future Meat Technologies 公司。以色列将继续大力支持推动细胞农业的发展，支持细胞农业的创新，促进全球蛋白质替代品行业的转型。

欧盟重视对细胞农业产品的监管，尤其是细胞培养肉的监管。欧盟 2018 年起施行《新食品法规》，新修订的《新食品法规》指出，由动物、植物、微生物、真菌或藻类的细胞培养物或组织培养物组成，分离或生产的食品被认为是该法规列出的新食品类别之一。根据《新食品法规》对新食品内涵的定义以及细胞培养肉的流程，细胞培养肉可以被列为管辖范围。2021 年 3 月，欧洲食品安全局发布新型食品申请制备的行政指导，该指导详细解释了新食品的审核过程，为公众与政府之间建立了专门的交流平台。

英国作为全球第一个发布《合成生物学技术路线图》的国家，在细胞农业领域积极探索农业转型新途径。早在 1931 年，英国首相丘吉尔指出"为了吃鸡胸肉或鸡翅，我们应该避免养整只鸡的荒谬，这些部分在适当的介质下可以分开"，这与细胞培养肉的观念一致。英国巴斯大学专注研究基于组织工程的细胞农业，包括细胞培养肉和人造油。英国阿伯里斯特威斯大学是世界上第一个也是唯一一个探索原代猪细胞特性的机构，以求找到最有效的细胞培养肉的生产方式。剑桥大学与荷兰的 Meatable 公司展开合作，开发细胞培养肉系统。2018 年 9 月，英国生物技术与生物科学研究理事会发布《英国生物科学的前瞻性展望》，提出英国将积极推动农业食品、可再生资源、健康三大领域的产业转型，促进生物经济与其他产业融合发展并计划部署和资助相关研究活动。2020 年 6 月，英国召开循环生物经济国际圆桌会议，提出发展循环生物经济的十大行动计划，包括投资自然与生物多样性，全面思考土地、粮食和卫生系统的发展等。

2020 年 7 月，英国政府发布《英国研究与发展路线图》，提出发展研究和创新，通过建立可持续农业和食品供应链的创新，加强抵御风险的能力，建设更健康、绿色、可持续发展的英国。

日本积极推动包括合成生物农业在内的生物经济的发展。2019 年 6 月，日本生物经济市场规模达到 57 万亿日元（约 0.5 亿美元），占 GDP 总量的 10.4%，其中农业食品行业占 46.8%。日本在《生物战略 2019》中规划，到 2030 年日本将实现世界最先进的生物经济社会的目标，并在 2019 年投资 62 亿日元的预算，在生物制造技术等领域展开研究；2020 年 6 月，日本发布《生物战略 2020》，聚焦新冠疫情防控与恢复正常经济秩序，确保到 2030 年成为世界先进的生物经济社会。

中国作为粮食大国，高度重视农业发展与转型问题。中国正在以碳中和为目标，积极推进生物经济的发展。2015 年中央农村工作会议上，习近平总书记提出"树立大农业、大食物观念"；2022 年两会期间，习近平总书记在讲话中提到"要从传统农作物和畜禽资源向更丰富的生物资源拓展，发展生物科技、生物产业，向植物动物微生物要热量、要蛋白"；2022 年 5 月 10 日，中国印发了《"十四五"生物经济发展规划》，提出未来 5 年将以医疗健康、食品消费、绿色低碳、生物安全四大领域为重点，细胞培养肉类和细胞农业技术被确定为研发投资的重点，将发展合成生物学技术，探索研发人造蛋白等新型食品，实现食品工业化迭代升级，降低传统养殖业带来的环境资源压力。这是中国最高级别经济发展指导方针中首次提到替代蛋白，显示出细胞农业在促进农业生产方式转型方面的重要意义，中国将抓住细胞农业赋予的创新机会，实现肉蛋白制品的全新供应体系。目前中国的细胞培养企业数量仅有 3 家，尚处于基础研究阶段，分别是香港的 Avant Meats 公司，主要生产细胞培养鱼肉；南京农业大学教授、国际食品科学院院士周光宏团队成立的南京周子未来食品科技有限公司；2020 年 7 月成立的年轻企业 CellX（食未科技）公司。

6.3 人造肉和人造奶技术的产业竞争格局分析

6.3.1 全球人造肉和人造奶技术的竞争格局分析

细胞农业为传统畜牧业创造了新的生产方式，即采用体外细胞培养的方式获取等效农产品，可以有效地缓解传统畜牧业造成的环境压力。细胞农业作为可持续的农业生产方式，目前在人造肉和人造奶领域的基础研究逐渐成熟，人造肉和人造奶相关的初创公司相继成立，并且数量逐渐增加。生物食品制造成为生物领域的投资热门方向，具有巨大的市场发展潜力，2021 年波士顿咨询公司研究报告预测，未来 15 年内人造肉和人造奶等替代蛋白质食品将占据全球可食用蛋白质市场的 22%，预计产业规模达到 2 900 亿美元。产业发展潜力引发各国加强对知识产权的保护，以人造肉和人造奶为代表的细胞农业技术引起了全球新一轮的生物技术竞争。

（1）全球人造肉技术的竞争格局研究

人造肉领域的全球专利分布情况反映了技术的发展情况，也代表产业的发展方向。本研究检索到全球人造肉专利106件，经同族专利扩展及合并专利申请号后，共395件专利。从全球人造肉领域专利的最早优先权国家/地区（国际组织）和公开国家/地区（国际组织）来看（图6-2），来源于美国的专利数量占全球人造肉领域专利总量的一半以上，表明美国在人造肉领域占有研发主导地位；中国在人造肉领域的专利数量为22件，占比21%，在人造肉领域具备一定的技术基础，需要进一步加强技术研发。全球人造肉领域的专利布局主要集中在美国、中国、欧洲、澳大利亚、日本、韩国、加拿大和新加坡等（图6-3）。人造肉领域专利布局分布与政策支持力度密切相关，例如，新加坡对人造肉产业的开放支持政策，使专利权人加大了人造肉在新加坡的专利布局，以支持人造肉产业在新加坡的发展。专利公开数量较多的国家代表专利权人的产业布局目的地，这些国家对人造肉产业具有超前规划性和引导性，该类地区的产业政策动向、相关法律条文和监管政策方向值得关注。

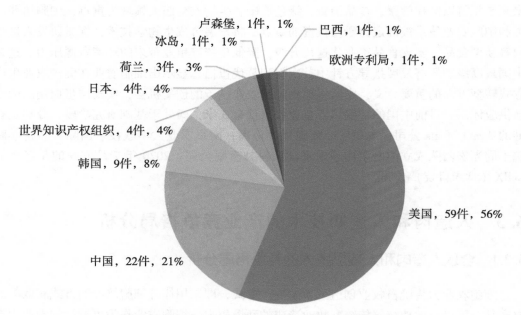

图6-2 全球人造肉专利最早优先权国家/地区分布

全球人造肉领域排名前十（TOP10）的专利权人以企业为主，如表6-2所示。中国有2家企业和2所高校位于TOP10专利权人，表明中国在人造肉领域已有一定的研究基础，并开始了对人造肉产业化的探索。

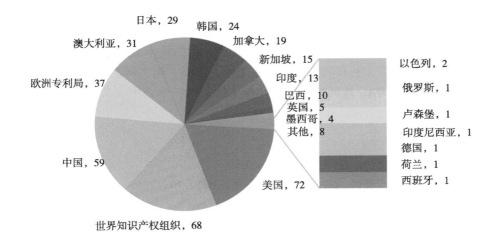

图6-3 全球人造肉专利公开国家/地区分布（单位：件）

表6-2 全球人造肉领域TOP10专利权人信息

排名	专利权人	专利数量（件）	国家	专利领域
1	UPSIDE FOODS	18	美国	细胞培养器、细胞培养基和动物细胞培养方法等
2	ALEPH FARMS	8	以色列	细胞培养基、生物反应器和生产人造肉的细胞类型
3	AVANT MEATS	6	中国	体外细胞培养方法，包括细胞分离、裂解、过滤等技术
4	CellX（食未科技）公司	6	中国	利用植物支架进行人造肉的生产和微载体的制备
5	西北农林科技大学	6	中国	制造人造肉支架
6	MOSA MEAT	5	荷兰	利用无血清的培养基培养细胞、无菌培养设备、改性多糖水凝胶
7	BIO TECH FOODS	4	西班牙	无菌培养基、热蒸汽灭菌方法和生物反应器等
8	EAT JUST	4	美国	制备植物蛋
9	INTEGRICULTURE	4	日本	细胞培养管理系统及细胞生长引导系统
10	江南大学	4	中国	无血清培养系统

（2）全球人造奶技术的竞争格局研究

相较于人造肉技术，人造奶技术起源的时间较早，第一项专利始于1986年，与乳蛋白的重组表达有关。检索到全球人造奶专利444件，经同族专利扩展及合并专利申请号后，共2 681件专利。从全球人造奶领域专利的最早优先权国家/地区（国际组织）和公开国家/地区（国际组织）来看（图 6-4），来源于美国的专利数量占全球人造奶领域专利总量的一半以上，美国在人造奶领域占有研发主导地位；中国在人造奶领域的专利数量为 57 件，占比 13%，与美国相比有一定的技术差距。

全球人造奶领域的专利布局主要集中在美国、欧洲、澳大利亚、中国、日本等区域（图 6-5），表明这些国家/地区被人造奶产业主体关注，是未来人造奶投资、生产和销售的主要地区。

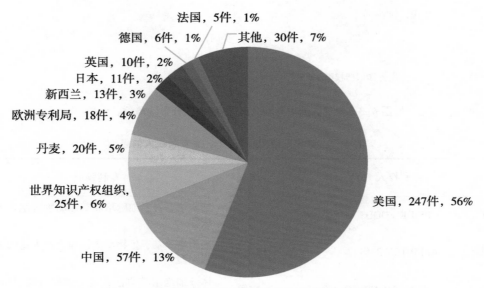

图 6-4　全球人造奶专利最早优先权国家/地区分布

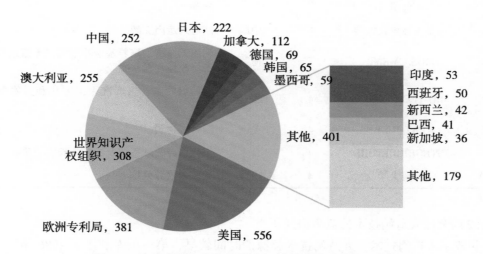

图 6-5　全球人造奶专利公开国家/地区分布（单位：件）

从专利权人分布看，企业在人造奶领域投入大量的技术研发，已经成为人造奶领域技术的领先者。如表6-3所示，全球排名前五（TOP5）的专利权人主要来自美国，表明美国在人造奶技术研发及产业化推进方面领先全球。

表6-3　全球人造奶领域 TOP5 专利权人信息

排名	专利权人	专利数量（件）	国家	专利领域
1	SYMBICOM	30	瑞典	乳腺生物反应器，涉及乳蛋白的重组表达
2	VENTRIA BIOSCIENCE	28	美国	转基因植物作为反应器生产乳蛋白
3	PERFECT DAY	22	美国	利用重组乳蛋白和重组非动物蛋白生产人造奶，利用重组微生物宿主细胞生产重组组分
4	ALPINE ROADS	7	美国	重组植物细胞生产牛奶蛋白、转基因植物和新型重组蛋白等
5	ABBOTT	6	美国	重组酪蛋白的核苷酸序列、在细菌系统中表达修饰过的重组酪蛋白质粒等

6.3.2　中国人造肉和人造奶技术的竞争格局分析

中国人造肉和人造奶产业正处于技术研发、企业建设与市场探索阶段。相较于人造奶产业，人造肉产业的发展更成熟。

中国在人造肉领域已经成立了3家相关企业，尚处于基础研究阶段，分别是香港的AVANT MEATS 公司、南京的周子未来食品科技有限公司和上海的 CellX（食未科技）公司。Avant Meats 公司是中国乃至亚洲首家研发人造鱼肉的公司；周子未来食品科技有限公司是中国最早开展人造肉研发的科技企业之一，致力于打造中国首家人造肉规模化生产研发平台，实现细胞水平的肉类生产，2019年，周子未来食品科技有限公司研发出中国第一块人造肉，打破了人造肉的技术壁垒；CellX（食未科技）公司成立于2020年，目前已初步建立细胞系、培养基、新型工艺和创新产品四大技术研发平台和多条培养肉产品研发管线。

中国的3家人造肉企业的产品研发内容各有侧重，尽管目前尚未推出产品，但已突破技术壁垒，掌握核心技术。CellX（食未科技）公司的专利数量达到6件，专利内容包括人造肉的生物支架和微载体的制备；周子未来食品科技有限公司目前有1件相关专利，内容与体外诱导和分化肌肉干细胞有关；AVANT MEATS 公司主要通过体外细胞培养生产人造肉，专利内容涉及从动植物来源分离组织和增加蛋白质的表达等，在澳大利亚、加拿大和韩国进行了专利布局。

目前中国在人造奶领域没有成立相关企业，通过非合成生物学方法制造的植物奶在市场更受欢迎，人造奶在技术、成本和规模方面还存在不足，尚不能被消费者广泛接受。

6.4 人造肉和人造奶技术的产业化和技术路线分析

6.4.1 全球人造肉和人造奶技术的产业化和技术路线分析

（1）全球人造肉主要企业试水北美洲和新加坡，企业融资形势向好

本部分针对人造肉领域专利数量最多、专利质量高、全球专利布局较广的 Upside Foods 公司进行商业与融资分析。

人造鸡肉是 Upside Foods 公司生产规模最大的产品。2021 年 11 月，Upside Foods 公司在美国加利福尼亚旧金山湾区开设了工程、生产和创新中心，成为全球最大的人造肉类工厂。

从 Upside Foods 公司的全球专利布局分析，美国是 Upside Foods 公司专利布局件数最多的国家，同时在欧洲、澳大利亚、加拿大和中国有少量布局。作为人造肉领域成立较早、发展较快的美国公司，Upside Foods 公司更注重在美国的发展。2021 年 9 月，Upside Foods 公司与米其林厨师 Dominique Crenn 达成合作，在旧金山的 Atelier Crenn 餐厅销售细胞培养的鸡肉产品。

目前 Upside Foods 公司的商业市场较少，规模有限，其人造肉产品的价格比动物肉价格高，主要销售地为美国，消费群体大部分为素食主义者。随着新生产中心的成立，Upside Foods 公司将进行大规模生产，计划上市并拓宽市场规模。

从融资方面来看，截至 2022 年 9 月，Upside Foods 公司共获得 8 轮融资，累计融资金额达到 6 亿美元以上，融资金额及时间如表 6-4 所示。2022 年 4 月，该公司获得的 4 亿美元融资，创造人造肉行业融资金额纪录，Upside Foods 公司将利用这笔资金扩大团队规模、进行消费推广以及加速商业化进程，为多类型的人造肉产品建造商业化生产基地，开发人造肉细胞培养基和必要材料的供应链。

以 Upside Foods 公司为代表的人造肉行业展现出重要的市场发展潜力，经过全球范围内的专利布局，人造肉产业主体已经为市场开发及商业化进程做好铺垫。

表 6-4　Upside Foods 公司融资时间及金额

融资时间	轮次	融资金额（万美元）
2015 年 9 月	种子轮	25.0
2016 年 3 月	种子轮	280.0
2016 年 11 月		5.3
2017 年 8 月	A 轮	1 700.0
2018 年 1 月		490.0
2020 年 1 月	B 轮	16 000.0

融资时间	轮次	融资金额（万美元）
2020 年 4 月	B-Ⅱ轮	2 500.0
2022 年 4 月	C 轮	40 000.0

Upside Foods 公司在人造肉领域共有 18 件专利，88 件专利家族，技术路线如图 6-6 所示。图 6-6 代表 Upside Foods 公司在人造肉领域的核心技术发展方向。

整体来看，Upside Foods 公司在人造领域的专利技术联系密切，大多集中于 2020 年后，主要包括细胞培养类专利和人造肉培养过程中的灭菌与储存技术两部分。Upside Foods 公司专利技术布局与人造肉的培养过程密切相关，从人造肉细胞系培养拓展至增加细胞培养密度，同时研制细胞培养基的生长因子，探索细胞培养肉的无菌保存技术，开发人造肉培养装置，在培养成人造肉后探索模仿动物肉纹理基质的技术，最终形成与动物肉口感外观近似的人造肉产品。从技术演化的角度来看，Upside Foods 公司技术链完整，专利继承性高、专利引用网络密布，反映出 Upside Foods 公司重视技术的布局与升级改进，并持续性推动技术突破，在人造肉培养的关键步骤进行知识产权布局。

（2）全球人造奶主要企业与世界乳企合作，融资稳定增长

本部分针对人造奶领域专利数量 TOP5、企业发展成熟、产品商业化程度高的美国 Perfect Day 公司进行市场布局分析。

Perfect Day 是全球第一家利用生物发酵技术生产酪蛋白和乳清蛋白的公司，也是人造奶领域最早进行产品销售与企业合作的公司。2018 年年末，Perfect Day 公司与美国 ADM 公司签署联合开发协议，将发酵牛乳蛋白原料商业化；2020 年年初，Perfect Day 公司与旧金山冰激凌生产商 Smitten 公司合作，在当地销售使用发酵牛乳蛋白的冰激凌；2020 年，Perfect Day 公司创立子公司 The Urgent，2021 年，The Urgent 收购冰激凌企业 Coolhaus 公司，将生产人造乳蛋白产品；2022 年，Perfect Day 公司与雀巢公司合作，利用合成生物学技术，从经过基因工程改造的菌群中生产一种类似牛奶的饮料，为人造奶产业开拓新市场。

从专利布局来看，Perfect Day 公司的全球布局范围比 Upside Foods 公司更广。Perfect Day 公司的市场布局主要包括美国、欧洲、加拿大、中国、日本、墨西哥和印度等，尽管目前 Perfect Day 公司的产品仅在美国部分地区进行少量售卖，但其未来的市场定位是广泛的。

从融资方面来看，截至 2022 年 9 月，Perfect Day 公司共获得 7 轮融资，累计融资金额达到 6.8 亿美元以上，融资金额及时间如表 6-5 所示。C 轮投资以来，Perfect Day 公司致力于进行新产品研发和研制渠道开发，在生产能力和成本控制方面得到了一定的提升。Perfect Day 公司将采取合作的方式，与新一代餐饮公司、乳业公司和政府组织进行合作，实现人造奶产业的市场化生产与销售。

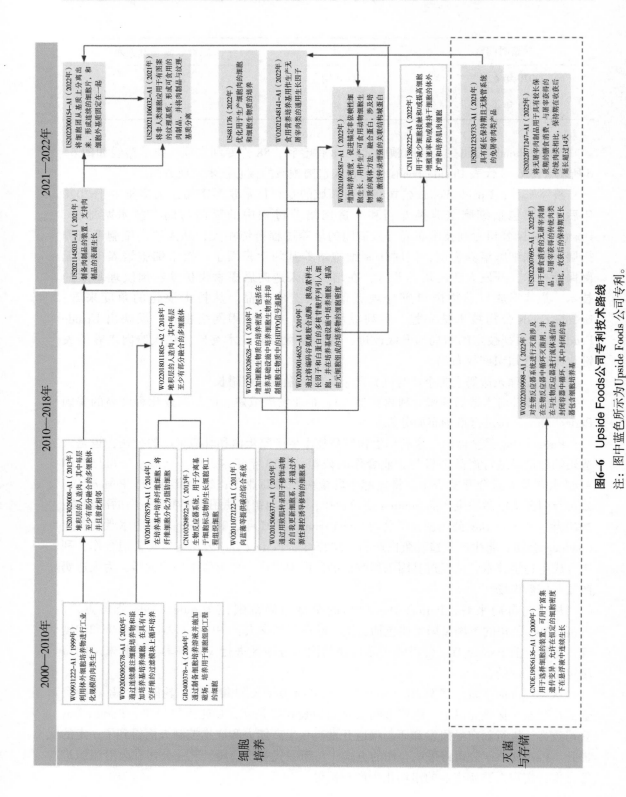

图6-6　Upside Foods公司专利技术路线

注：图中蓝色所示为Upside Foods公司专利。

表 6-5　Perfect Day 公司融资时间及金额

融资时间	轮次	融资金额（万美元）
2014 年 5 月	种子轮	6.0
2014 年 9 月	天使轮	200.0
2018 年 2 月	A 轮	5.3
2019 年 2 月	B 轮	3 480.0
2019 年 12 月	C 轮	14 000.0
2020 年 7 月	C+轮	16 000.0
2021 年 9 月	D 轮	35 000.0

以 Perfect Day 公司为代表的人造奶行业推动农业生产方式从传统农场向实验室转变，作为新兴的绿色生产方式，人造奶生产过程可以有效地节约自然资源，其市场主体将持续推动人造奶规模化生产和商业化进程。

人造奶的代表企业 Perfect Day 公司在人造奶领域共有 11 件专利，103 件专利家族，Perfect Day 公司的专利核心技术路线如图 6-7 所示。Perfect Day 公司的专利技术 2016 年开始布局，制作与动物奶口感和外观相似的组合物是 Perfect Day 公司的技术基础，该组合物由 κ-酪蛋白、β-酪蛋白、脂质、风味化合物、甜味剂和灰分组成，不含动物源性成分，可以用来制作黄油、奶酪、酪蛋白酸盐和酸奶等物质。经过技术改良，2018 年 Perfect Day 公司布局了利用重组乳蛋白和重组非动物蛋白制作酸奶、奶酪、牛奶和黄油等乳制品，此类乳制品不包含（或少量包含）牛奶蛋白和过敏性表位的乳蛋白，有利于减少由动物乳制品引起的过敏反应。2020 年后，Perfect Day 公司使用重组微生物宿主细胞生产重组组分，涉及消除或调节单酯酶活性的技术，通过生产重组组分来制备食品。2020—2022 年，Perfect Day 公司将技术中心置于制备重组乳蛋白。总体来看，Perfect Day 公司技术重点明显，技术不断升级改造，形成专利引用网，反映了人造奶的技术核心是乳蛋白的重组表达与细胞工厂技术。

6.4.2　中国人造肉和人造奶技术的产业化分析

中国在人造肉领域的 3 家相关企业 Avant Meats 公司、周子未来食品科技有限公司和 CellX（食未科技）公司的市场定位、发展水平和融资情况各不相同，详见表 6-6。

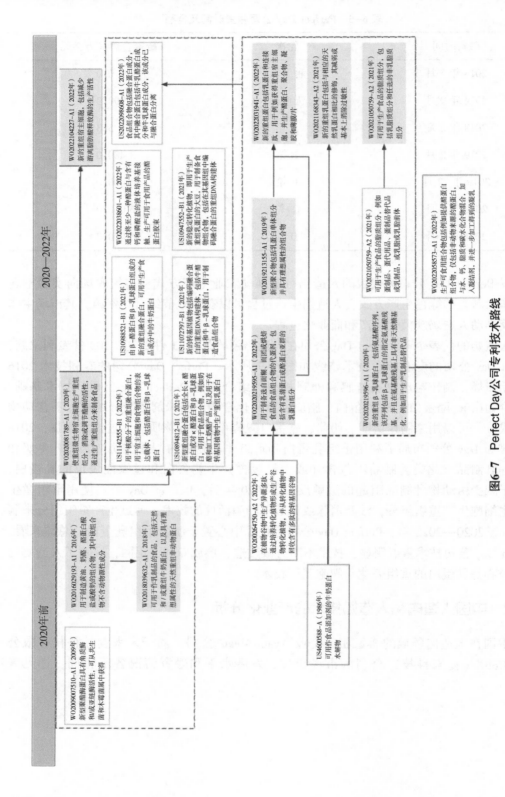

图6-7 Perfect Day公司专利技术路线

注：图中蓝色所示为Perfect Day公司专利。

表 6-6 中国人造肉企业融资金额

企业	融资时间	轮次	融资金额（万美元）
Avant Meats 公司	2020 年 12 月	种子轮	310
	2022 年 6 月		500
周子未来食品科技有限公司	2021 年 10 月	A 轮	978
CellX（食未科技）公司	2022 年 5 月	A 轮	1 398

Avant Meats 公司主要在亚洲地区进行市场布局。相较于欧美地区，鱼肉更符合亚洲人的饮食习惯，并且海鲜的市场定价较高，人造鱼肉更具有成本优势，因此 Avant Meats 公司重点研发人造鱼肉。在融资方面，Avant Meats 公司自成立以来共获得两轮投资，总金额约 810 万美元。周子未来食品科技有限公司成立于 2009 年，经过 10 年的技术探索，2019 年成功研发出中国第一块人造肉。该公司的目标是实现人造肉的量产，目前已在细胞提取与干性维持、细胞悬浮放大生产、无血清培养基以及产品研发方面取得关键性突破。2021 年，周子未来食品科技有限公司完成 A 轮融资，金额达到 978 万美元。CellX（食未科技）公司成立时间较晚，目前处于基础研究阶段，于 2022 年完成近 1 398 万美元的 A 轮融资，主要用于拓展技术平台。

6.5 小结

本部分分析了全球主要国家/地区（国际组织）在细胞农业领域的政策信息，从专利数量、专利布局和产业主体 3 个方面对全球和中国的人造肉及人造奶产业竞争格局进行分析，选取从事人造肉和人造奶研发的主要企业进行技术路线和融资分析，挖掘市场潜力，展现了合成生物学在细胞农业领域的应用现状，对比全球与中国在人造肉和人造奶领域的产业现状，以期为人造肉和人造奶的产业化提供参考。

7 合成生物学发展对我国的启示

　　全球合成生物学的发展对我国具有重要的启示，这些启示不仅涉及科学技术领域，还包括经济、社会和伦理等多个层面。合成生物学的健康发展需要政府、学术界、产业界和社会各界共同努力，形成合力，以期在全球科技竞争中取得优势，并为人类福祉作出贡献。

　　合成生物学作为一个新兴的高科技领域，其发展水平在某种意义上代表了一个国家全球合成生物学的发展对我国具有重要的启示，这些启示不仅涉及科学技术领域，还包括经济、社会和伦理等多个层面。合成生物学的健康发展需要政府、学术界、产业界和社会各界共同努力，形成合力，以期在全球科技竞争中取得优势，并为人类福祉作出贡献。

　　合成生物学作为一个新兴的高科技领域，其发展水平在某种意义上代表了一个国家在生命科学和生物技术领域的国际竞争力。我国应加大科研投入，推动原创性研究，加快科技成果的应用。合成生物学是一门高度交叉的学科，需要多学科知识结合与创新型人才。国家应加强相关领域的教育与培训，同时吸引海内外顶尖人才，为我国合成生物学的发展提供强有力的人才支撑。要强化"政产学研用金"的合作模式，促进政府、企业、高校、研究机构、资本市场和应用场景之间的有效沟通与协作，建立创新链、产业链、价值链紧密连接的新型研发与应用机制。

　　合成生物学的发展需要与国家的可持续发展战略相结合，利用合成生物学的技术解决环境、能源、医疗等领域的问题，推动绿色生产和循环经济的发展。要积极参与国际合作与交流，引进先进的理念和技术，同时展示我国在合成生物学领域的成就，推动全球范围内的合作与共赢。构建有利于科技创新和产业化进程的投融资体系，鼓励银行、风险投资等多种渠道对合成生物学领域的企业和项目进行支持。加强合成生物学研究成果的产业化和市场化进程，搭建技术转化平台，促进科研成果快速转化为实际产品和应用。加强合成生物学领域的知识产权保护，激励科研人员的创新动力，保障企业和个人的研发成果能够得到合理的经济利益。

　　随着合成生物学的快速发展，诸多伦理与法律问题也随之而来。我国需建立和完善相关的法律法规，确保科技的进步不会带来道德风险和法律争议，保障社会的公共利益。加强对合成生物学技术的风险管理，提高公众对于合成生物学的认知和接受度。通过科普教育、媒体传播等方式，提升社会公众对于这一新兴技术的了解和支持在生命科学和生物技术领域的国际竞争力。我国应加大科研投入，推动原创性研究，加快科技成果的应用。合成生物学是一门高度交叉的学科，需要多学科知识结合与创新型人才。国家应加强相关领域的教育与培训，同时吸引海内外顶尖人才，为我国合成生物学的发展提供强有力的人才支撑。要强化"政产学研用金"的合作模式，促进政府、企业、高校、研究机构、资本市场和应用场景之间的有效沟通与协作，建立创新链、产业链、价值链紧密连接的新型研发与应用机制。

合成生物学的发展需要与国家的可持续发展战略相结合，利用合成生物学的技术解决环境、能源、医疗等领域的问题，推动绿色生产和循环经济的发展。要积极参与国际合作与交流，引进先进的理念和技术，同时展示我国在合成生物学领域的成就，推动全球范围内的合作与共赢。构建有利于科技创新和产业化进程的投融资体系，鼓励银行、风险投资等多种渠道对合成生物学领域的企业和项目进行支持。加强合成生物学研究成果的产业化和市场化进程，搭建技术转化平台，促进科研成果快速转化为实际产品和应用。加强合成生物学领域的知识产权保护，激励科研人员的创新动力，保障企业和个人的研发成果能够得到合理的经济利益。

随着合成生物学的快速发展，诸多伦理与法律问题也随之而来。我国需建立和完善相关的法律法规，确保科技的进步不会带来道德风险和法律争议，保障社会的公共利益。加强对合成生物学技术的风险管理，提高公众对于合成生物学的认知和接受度。通过科普教育、媒体传播等方式，提升社会公众对于这一新兴技术的了解和支持。

7.1　中国合成生物学发展现状

我国非常重视合成生物学的研究与发展。2010 年以来，我国在合成生物学领域的顶层战略规划逐步加强，开展了大量的学术活动和科技界与政府管理机构的互动，香山科学会议、"三国六院"会议、《"十三五"国家科技创新规划》等均将合成生物技术列为引领产业变革的颠覆性技术。在国家宏观战略指引下，近年来合成生物学科学研究和产业发展高歌猛进，已成立了多个研究中心和重点实验室，如 2008 年中国科学院批准上海生命科学研究院成立合成生物学重点实验室，2015 年上海交通大学联合其他机构成立了上海合成生物学创新战略联盟，2017 年中国科学院批准深圳先进技术研究院成立合成生物学研究所，2018 年教育部批准天津大学建设合成生物学前沿科学中心，2019 年科学技术部支持天津与中国科学院共建国家合成生物技术创新中心等。同时，领域内多个合成生物学重大项目获得资金支持，国家重点基础研究发展计划开设"合成生物学"专题，国家重点研发计划开设"合成生物学"重点专项等。

近年来，我国合成生物学在科学研究和应用开发领域取得了许多具备学科特征的原始发现和创新成果，在染色体合成与染色体工程、基因组编辑、生物底盘构建、定量工程生物学、生物元件工程和基因回路工程、天然活性物质和有机化工产品的人工合成代谢、计算机生物模拟等基础研究方面原始创新成果凸显，成为国际合成生物学领域中的一支重要力量。同时，我国合成生物制造产业也快速进步和发展，国内一批合成生物学初创企业快速发展。氨基酸、维生素等传统产品的技术升级不断推进，在一些重要产品上已经能部分绕开专利封锁。在新产品开发上，国外拥有长链醇、1,4-丁二醇、对苯二甲酸等一系列重要大宗化学品的生物制造技术，而我国科学家在肌醇、3-羟基丙酸、己二酸等化合物的生物制造技术上实现世界领先。我国在新酶设计、新合成途径设计这些最前沿、决定未来产业布局的研究方向上，保持与国际并行[218]。

7.2 中国合成生物学发展存在的问题

快速发展的同时，也必须清醒地认识到我国合成生物学发展仍处于起步较晚、跟跑且争取迎头追赶的状态，诸多发展中的深层次问题仍有待进一步解决。

7.2.1 顶层设计逐步加强，中长期发展规划滞后，制度引领不够强化聚焦

我国从顶层设计上明确了合成生物学的重要战略地位，并逐步加强了该领域的国家宏观战略谋划。"十二五""十三五""十四五"科技创新战略规划中，合成生物技术均被列为重点发展方向。"973"计划和"863"计划等大型资助计划都曾将合成生物学列为重点资助方向，资助了一批涉及能源、医药、农业等的合成生物学研究项目。但相较于欧美各国围绕合成生物学发展建设健全的宏观战略指引，无论是基础研究、战略规划、财政支持、机构建设，还是伦理规范，我国在合成生物学领域的长期、短期技术发展路线整体规划，以及技术发展实施路径、生物伦理监管体系构建等仍处于空白地带。目前，合成生物学领域的专项政策规划并未出台，如何实现从基础研究到技术创新，从工程平台建设到产品开发与产业转化等多层次、分阶段的发展方式和发展路径仍有待进一步聚焦与明确。

7.2.2 初创企业快速发展，优质产业主体匮乏，自主创新能力尚显不足

近年来，合成生物学初创企业进入了高速发展的时期。目前国内生物合成行业的主要代表企业为凯赛生物、蓝晶微生物、恩和生物、华恒生物、衍进科技和迪赢生物等。凯赛生物主要聚焦聚酰胺产业链，蓝晶微生物主要聚焦全生物可降解材料，恩和生物搭建了集成"全链条生产"生物制造平台，迪赢生物开发了全球独创的 QuarXeq 双链RNA 探针捕获技术。但相比较而言，欧美发达国家已初步建立起合成生物学产业格局，合成生物学初创企业快速发展，大型跨国公司纷纷介入。我国合成生物学公司数量相对较少，且企业规模较小，缺乏大型产业巨头和优质企业玩家。虽然近年不断有新的创新型合成生物公司出现，但主要为平台工具服务和应用产品导向型公司，涉及使能技术开发的公司较少，产业主体规模和竞争力均有待进一步拓展和提升。

7.2.3 科研机构加快发展，学术资源融合度低，推动能力未有效发挥

在政府和相关机构的支持下，我国成立了多个研究中心和重点实验室，如天津大学与爱丁堡大学合作建设的系统生物学与合成生物学联合研究中心、中国科学院合成生物

学重点实验室、清华大学合成与系统生物学研究中心、上海交通大学分子酶学和合成生物学研究室、中国科学院广州先进技术研究所合成生物学工程研究中心等。但相较于欧美国家全球化优势互补的研究网络而言，我国合成生物学的科研还存在着融合度不高和产业脱节的深层次矛盾，表现为国内研究团体与国际学术网络的交流合作尚显不足，共同产出较少；同时，国内研究机构创新成果的产业化应用实践较少，对产业的推动力量较弱，产学研促进作用仍有待进一步加强。

7.2.4　研究成果层出不穷，科学研究体系内卷，技术原始创新尚显不足

经过多年的努力，我国合成生物学研究快速发展，科研体系不断健全，科研生态不断优化。我国在染色体合成与染色体工程、基因组编辑、生物底盘构建、定量工程生物学、生物元件工程和基因回路工程、天然活性物质和有机化工产品的人工合成代谢、计算机生物模拟等方面也取得一系列原始发现和创新成果。据统计，我国合成生物学领域发文量已跃居全球第二位，但高效的产出背后仍然存在着基础研究和关键核心技术的原始创新不足等问题。我国合成生物学研究在方法学创新、基因组信息分析和基因组网络编辑、医学应用等方向比较薄弱，需要实质性加强。同时，许多科研人员过于重视科研数量，而忽略科研质量，导致科研短平快，破局方法是要完善科研体制，把基础研究交给精英，把应用研究交给市场。

7.2.5　产品种类加快升级，产业应用场景存在局限，首创产品开发力度不足

在合成生物学研究和技术的推动下，我国生物制造产业也快速进步和发展。氨基酸、维生素等传统产品的技术升级不断推进，一些重要产品已经能部分绕开专利封锁。在新产品开发上，我国科学家在肌醇、3-羟基丙酸、己二酸等化合物的生物制造技术上实现世界领先。根据美国伍德罗·威尔逊国际学者中心的统计，全球至少已有超过81家企业（或研究机构）的116个合成生物学产品得到了开发，产品涉及药物、化学品、生物燃料、工业流体、材料和食品等，其中92个产品由美国主导开发，我国合成生物学产业化应用产品种类较少，尤其是在医药、工业酶、工业流体、农业和食品等诸多领域产品开发较少。同时，面对国际市场竞争，我国生物制造产业中玉米等重要发酵原料成本高昂始终是一大劣势，且我国能从头创建的化学品全新生物合成途径还非常少，新酶设计开发等重大瓶颈有待进一步解决。

7.2.6　科企融资力度加大，资本来源相对单一，金融市场活跃度不够

全球合成生物学投资异常活跃，合成生物学有很大潜力成为未来几十年一直充满活力并不断成长的投资领域。我国在合成生物学领域具有一些典型的商业案例，并逐步实现生产工艺的提升与经济成本的下降，如凯赛生物的维生素C规模生产、蓝晶微生物聚羟基脂肪酸酯生物合成等，但由于缺乏类似美国的地区性质体化、集群式的科研团体，如波士顿—硅谷科技集群，资本融资在我国的显示度不够突出，科创类企业金融投

资力度明显不足，获得资本青睐的企业屈指可数。当前我国在此方面的资本来源主要依靠政府的项目扶持，多元化的投资和融资模式是未来合成生物学产业发展的重要推动力量。

7.3 中国合成生物学政策发展启示与建议

合成生物学是多学科会聚范式，其发展离不开与会聚研究能力相适应的生态系统。会聚生态系统涉及科研、教育、管理、合作以及资助等诸多方面，在全球合成生物学发展大背景下，针对我国合成生物学发展中存在的中长期发展规划滞后、优质产业主体匮乏、学术资源融合度低、技术原始创新不足、产业应用场景存在局限和企业资本来源单一等问题，建议从加强政策规划引导、产业主体培育、学术资源整合、科研体系构建、应用场景拓展、多元金融投资等方面切入，形成"政产学研用金"多层次、多维度的综合性协作网络。

7.3.1 加强宏观政策引领，制定学科发展路线，打造规划布局一盘棋

合成生物学的发展需要从国家宏观层面进行整体布局，要加强战略研究和顶层设计，注重各行业领域整体联动性，形成政策布局一盘棋。先布棋盘，后落棋子，首先，围绕国家重大需求，统一战略部署，制定我国合成生物学科技、产业发展路线图。路线图要确定战略方向和重点突破点，实现从基础研究到技术创新，从工程平台建设到产品开发和产业转化多层次、分阶段的快速与稳定发展。其次，会聚研究很大程度上依赖于多个领域、多个行业的政策协同与规划，要制定相应的研发、生产、应用各环节以及与其衔接的配套政策和规范体系，明确相应的主管部门，厘清权责，建立科学、理性、有效、可行的管理原则。最后，要研究制定科学技术标准、环境安全标准、过程可重复和结果可测度的计量标准，明确新产品的申报与审批路径，加强风险评估和监管，建立市场准入规范。

7.3.2 培育优质产业主体，拓宽产业发展路径，形成协同发展新格局

合成生物学产业涉及人们衣、食、住、行等生活的各个方面，要合理规划产业布局、从横纵双向维度拓展和延伸产业发展路径，形成协同发展新格局。首先，要合理规划我国的产业分布。培育长江三角洲、珠江三角洲和京津冀综合性生物产业基地以及东北地区、中西部地区专业性产业基地，进一步细化产业布局，突出地方优势，合理配置资源，形成以高校和科研机构密集城市为中心的生物技术集群。其次，要强化企业创新主体地位。全面提升企业创新能力，支持初创公司快速发展，帮助公司在创业初期完善技术，为其提供接触投资者的机会等。最后，扩充产业全球化布局，打造高端产业优势，擘画国内国际并进格局。在国际经济贸易活动中运用好知识产权国际规则，鼓励核心技术、核心产品做好国际产业布局，提高国际市场竞争力。

7.3.3 统筹整合学术资源，强化国际开放合作，构筑科技创新共同体

构建全球科技创新共同体对于合成生物学发展至关重要，国内和国际学术资源要突破学科和地域界限，科研与产业要注重跨界统筹联动，以知识流通、科技融通和人文互通为纽带，形成创新主体优势的全球性学术资源大集合。首先，要扩大科技创新开放合作，构建高水平国际开放合作新格局，深化合作共赢伙伴关系，主动融入全球创新网络，以开放科学和开源技术为路径，促进国内国际的创新要素高效流动，营造国际化科研环境。其次，要优化我国的科技力量布局。明确高校、科研机构和企业的定位，增强体系化科技创新能力，建成高水平国家实验室体系，系统布局重点领域创新基地，形成各类创新主体充分发挥作用、优势互补的科技力量协同。最后，重视基础研究、创新学科体系的建设，培养跨学科人才队伍，倡导跨学科的团队合作，培育造就高水平的研究梯队。同时，结合国家和地方政府的系列人才工程，积极引进人才。

7.3.4 构建高效研究体系，明确科研创新导向，激发科技创新大智慧

合成生物学研究体系的构建要以科研、项目和产品为导向，形成以科技自主创新为核心，项目成果实施为路径，应用产品转化为目的的全面创新。首先，要结合国际研究发展趋势，进一步加强基础研究，开展前沿领域探索与关键技术研发，争取更多的原创性成果，形成我国在合成生物学科技领域更多的国际领跑方向。其次，要加大重大项目支持和实施力度，攻克关键核心技术和"卡脖子"技术难题，促进科技成果的转化应用和产业化。合成生物学要成为一个大学科，有大前景，一定需要一个影响深远的大科学、大计划或大项目来铺路，如"人类基因组计划"，它的空前成功给世界留下了无限遐想空间，可以利用重大项目的制定和实施带动学科的发展。最后，加大创新研发的投入。增加国家重点基础研究、高科技研究支撑计划的支持力度，完善自然科学基金管理和资助模式，优化学科研究发展的外部环境。

7.3.5 拓展成果应用场景，强化产品首创精神，抢占未来市场制高点

合成生物学产品的开发，必将在解决人口与健康、资源与环境、能源与材料重大难题的过程中发挥重要作用，要具备首创精神，强化科技赋能，加大创新技术产品保障，拓展创新成果应用场景，创造更多科技供给。首先，科技创新与经济发展的竞争历来就是速度的比拼，要提高科技理解力，增强技术产品敏感度，科学研判创新发展趋势，拓展创新成果应用场景，对瞄准的创新技术产品超前布局，加大投入，加速赶超。其次，要加大创新技术产品的保障。加快产品标准的研制，推动新技术及产品加快进入市场，及时评价有关产品的安全性和可行性，建立相关审批绿色通道，缩短产品准入的批复周期。最后，加强知识产权保护和规则研究。国内机构要主动参与相关规则的制定和修订工作，鼓励核心技术产品做好国际专利布局，加快促进技术要素与资本要素融合，促进知识产权的市场转化，从而形成现实生产力。

7.3.6 完善多元金融支持，创新企业融资方式，增强科创企业原动力

合成生物学产业的发展离不开金融支持，要加强政策性金融支持，创新企业主体融资方式，发挥资本市场的作用，以多层次、多主体和多渠道的金融投资促进合成生物学发展。首先，加强政策性财税支持。制定促进产学研结合的税收政策，实行鼓励自主创新的财税政策，制定针对创业风险投资企业的税收优惠政策，对生物环保、生物制造产业实行优惠的财税政策。其次，创新企业主体融资方式。鼓励生物技术企业构建股权融资和债务融资等多元的资本结构，加强与国际专业生物创业投资基金的合作，探索知识产权质押贷款等，支持开展未上市生物企业股权转让。最后，发挥资本市场作用，促进科技创新的融资。发挥科创板、创业板、新三板服务科技企业融资的作用，鼓励区域性股权市场设立科技创新板块，扩大科技型企业储备。支持创投机构聚焦科技型生物企业，发挥私募股权支持科技创新的基础作用，推动生产要素向更具前景、更有活力的科技创新领域转移和聚集。

7.4 中国农业合成生物学发展现状

农业合成生物学的应用旨在帮助和保护农作物及畜牧生产，其在提高农业生产力、改良农作物及畜禽品质、降低生产成本、减少化肥农药施用以及实现可持续发展等方面的潜力日益凸显。

7.4.1 基础研究

农业合成生物学领域的代表性科学研究主要包括以下 6 个方面。①人工细胞合成。自 2010 年开始，科研领域陆续实现了首个人工细胞、真核细胞染色体、酵母基因组、非天然碱基、酵母单染色体和功能性定制细胞器等的生物合成。②细胞工厂。异源合成人类所需的各种植物/动物天然产物和表达平台，如利用工程细胞工厂从头合成生物活性异黄酮、萜类化合物、抗菌肽、乳蛋白和植物蛋白肉等。③种质改良。包括微生物群组功能研究、代谢通路重塑、遗传性状改良和畜禽疾病诊疗。例如，利用合成微生物群落协同促进植物生长，利用原核系统生产代谢物和 CRISPR/Cas9 进行作物改良，以及畜禽重大疾病生物疫苗及基因开关控制植入细胞治疗等。④二氧化碳（CO_2）固定。主要是优化改造农作物光合作用系统，提升光能转化效率。例如，人工设计高光效的"光呼吸"替代路径，缩短光呼吸原本迂回复杂的反应路径；研发人工叶绿体组装平台，实现自动化人工叶绿体，吸收太阳能并固定 CO_2；我国科学家采用"搭积木式"策略实现了 CO_2 到淀粉的人工合成。⑤生物固氮。主要是减少氮肥使用，提供经济、环保和高效的氮素供应方式。例如，利用电/光催化合成氨可直接在土壤中运行并提供作物生长所需的氮源；人工联合固氮体系创制与田间示范，构建高效泌铵固氮菌底盘微生物。⑥农业环境解决方案。主要是改良农业土壤环境，改造农业病虫害基因，加强农

业废弃物综合利用，创新的解决方案突破农作物环境胁迫因素的制约。例如，通过农业生物传感器实现污染物、养分、非生物胁迫等因素的快速反应，基于微生物功能特性开发生物防治产品，利用脱氮或脱磷微生物处理农业废水等。

7.4.2　应用研究

农业合成生物学领域的应用型研究主要包括以下 7 个方面。①植物天然产物开发。Amyris 公司于 2013 年利用人工酵母合成青蒿素是新兴的合成生物学领域第一项重大成果。近年来，萜类、苯丙素类和生物碱等系列植物天然产物的人工合成细胞工厂被成功创建。②农作物性状改良。GreenLight Biosciences 公司开发高性能的 RNA 农作物，使其精确靶向免疫于特定害虫且不会伤害有益昆虫。③畜禽动物改良。Revivicor 公司研发的基因编辑猪，其细胞表面缺失过敏原 α-半乳糖分子，可用于生产食品以及器官移植。④病虫害防控。Oxitec 公司研发的基因改造昆虫可控制疾病或作物害虫的传播；AgriMetis 公司开发的天然产物衍生化合物能保护作物免受杂草、真菌和害虫的侵害；Apeel Sciences 公司开发的植物基涂层可以延长番茄和苹果等易腐农产品的保质期。⑤食品、农产品加工。Perfect Day 公司人工改造酵母菌底盘，构建人造奶细胞工厂；Exxon Mobil 公司改造富油微拟球藻，使其含油量从 20% 提高到 40% 以上。⑥肥料生产。Pivot Bio 公司开发微生物肥料替代氮肥，减少氮径流，并消除相关的一氧化二氮的产生。⑦饲料及添加剂制备。Agrivida 公司开发的首款产品酵素植酸酶 Grain 可以提高饲料的消化率、减少动物体内的营养抑制剂。

7.4.3　农业合成生物学未来发展方向

近年来，随着合成生物学的快速发展，其在提高农业生产力、改良作物、降低生产成本、减少化肥农药施用以及实现可持续发展等方面的潜力日益凸显。可以预见，合成生物学必将影响未来农业走向，为农业领域带来巨大的变革。未来农业合成生物学将更多地关注以下 5 个方面。①改造、优化当前农作物光合作用系统，使之在全球气候变化下保持最佳光能转化效率。②生物固氮减少氮肥使用，提供经济、环保和高效的氮素供应方式。③重塑代谢通路，改良作物遗传性状，以及通过异源合成人类所需的各种植物天然产物。④改良农业土壤环境，改造农业病虫害基因，创新解决方案以突破农作物环境胁迫因素的制约。⑤农业生物传感器用以实现环境污染物、养分、非生物胁迫和其他环境因素的快速反应等。

7.5　中国农业合成生物学发展的启示建议

2010 年以来，我国在合成生物学领域的顶层战略规划逐步加强，如香山科学会议、《"十四五"国家科技创新规划》均将合成生物技术列为发展引领产业变革的颠覆性技术。在农业科学领域，合成生物学能够利用其应用导向的设计思路在作物育种改良、固氮增效、动植物疫病防控等方面发挥巨大潜力。我国虽然在农业合成生物学基础研究创新、前沿领域探索与关键技术研发等方面取得了一些突破性进展，但仍面临学科起步较晚、基础相对较薄、产业发展缓慢、复合型领军人才缺乏等困难。因此，应对标发达国家，进一步瞄准世界农业科技发展前沿，从政策布局、科研体制、产业格局和人才培育等方面，强化对农业合成生物学的战略部署，快速提升我国在该领域的国际竞争力，发挥其对乡村振兴、现代农业建设的引领和支撑作用。

7.5.1　强化顶层设计，加强战略部署

合成生物学在农业领域的发展需要从政府层面进行系统布局，"先布棋盘，后落棋子"。一是要加强农业合成生物学的顶层设计和战略部署，围绕国家农业发展重大需求，制定我国农业合成生物学科技、产业发展路线图。路线图要确定战略方向和重点突破点，实现从基础研究到技术创新，从工程平台建设到产品开发与产业转化多层次、分阶段的快速和稳定发展。二是要制定研发、生产、应用各环节配套政策和规范体系，明确相应的主管部门，厘清权责，建立科学、理性、有效、可行的管理原则。三是要制定科学技术、环境安全、过程可重复和结果可测度的技术标准，明确新产品的申报与审批路径，加强风险评估和监管，建立市场准入规范。

7.5.2　聚焦关键技术，推动自主创新

农业合成生物学的研究要以科技自主创新为核心，以项目成果实施为路径，以应用产品转化为目的。一是要结合国际研究发展趋势加强基础研究，开展前沿领域探索与关键技术研发，以形成自主知识产权的合成生物学技术为主攻方向，加强对高通量育种芯片、高效基因分型、全基因组选择和融合基因编辑等关键新技术的研究。二是要加大重大项目支持和实施力度，攻克关键核心技术和"卡脖子"技术难题，开展和合成生物学联合攻关，加快培育优质突破性重大农作物新品种，构筑精准设计遗传育种体系，提高粮食和其他农业产品的产量和质量，强化作物园艺、植物保护、畜牧兽医和农产品质量与加工领域基础研究，推动绿色超级稻、高光效/固氮玉米等新品种创制，畜禽新品种培育，以及新一代生物疫苗、生物肥料和酶制剂等生物制品的研发，努力抢占合成生物学农业应用技术发展制高点。三是要扩大科技创新开放合作、优化研究发展的外部环境，主动融入全球创新网络，以开放科学和开源技术为路径，促进国内国际创新要素双循环高效流动，营造国际化科研环境。

7.5.3　培育产业主体，拓展应用场景

合成生物学的发展必将为未来农业带来颠覆性的变化，因而要强化农产品科技赋能，培育优质产业主体，以更多科技供给来提升我国农业的国际竞争力。一是要强化创新主体地位，培育企业首创精神。支持初创公司快速发展，增强企业技术产品敏感度，对瞄准的创新技术产品超前布局，加大投入，加速研发。二是要加大创新技术产品的保

障。加快产品标准的研制，推动新技术及产品加快进入市场，及时评价有关产品的安全性和可行性，建立相关审批绿色通道，缩短产品准入的批复周期。三是要加强知识产权保护、鼓励企业全球化布局。打造高端农业优势，擘画国内国际并进格局，在国际经济贸易活动中运用好知识产权国际规则，鼓励核心技术、核心产品做好国际布局，提高国际市场竞争力。

7.5.4　加强人才队伍建设，优化科技力量

合成生物学的人才培养应强调和倡导勇于创新、开放、合作的意识和理念。一是要重视学科和教育体系建设，培养跨学科人才队伍。根据学科交叉的需要，精心设计提升学生创新能力的教育计划，支持跨学科教育和培训，通过协同多方教育资源，逐步建立系统的合成生物学跨学科培训体系。二是要倡导跨学科的团队合作，培育高水平研究梯队。重点培养一批战略研究、技术创新和工程开发型人才，结合国家和地方政府的系列人才工程，积极引进人才。三是要优化我国的科技力量布局。明确高校、科研机构和企业的定位，增强体系化科技创新能力，建成高水平国家实验室体系，系统布局重点领域创新基地，形成各类创新主体充分发挥作用和优势互补的科技力量协同。

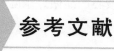

参考文献

［1］ 张先恩. 中国合成生物学发展回顾与展望［J］. 中国科学：生命科学，2019，49（12）：1543-1572.

［2］ HOBOM B. Surgery of genes at the doorstep of synthetic biology［J］. Medizinische Klinik，1980，75：14-21.

［3］ RAWLS R L. 'Synthetic biology' makes its debut［J］. Chem. Eng. News，2000，78：49-53.

［4］ Tavassoli A. Synthetic biology［J］. Org. Biomol. Chem.，2010，8：24-28.

［5］ 赵国屏. 合成生物学：开启生命科学"会聚"研究新时代［J］. 中国科学院院刊，2018，33：1135-1149.

［6］ GARDNER T S，CANTOR C R，COLLINS J J. Construction of a genetic toggle switch in Escherichia coli［J］. Nature，2000，403：339-342.

［7］ ELOWITZ M B，LEIBLER S. A synthetic oscillatory network of transcriptional regulators［J］. Nature，2000，403：335-338.

［8］ CELLO J，PAUL A V，WIMMER E. Chemical synthesis of poliovirus cDNA：Generation of infectious virus in the absence of natural template［J］. Science，2002，297：1016-1018.

［9］ GIBSON D G，GLASS J I，LARTIGUE C，et al. Creation of a bacterial cell controlled by a chemically synthesized genome［J］. Science，2010，329：52-56.

［10］ MALYSHEV D A，DHAMI K，LAVERGNE T，et al. A semi-synthetic organism with an expanded genetic alphabet［J］. Nature，2014，509：385-388.

［11］ ZHANG Y，PTACIN J L，FISCHER E C，et al. A semi-synthetic organism that stores and retrieves increased genetic information［J］. Nature，2017，551：644-647.

［12］ Bale J B，Gonen S，Liu Y，et al. Accurate design of megadalton-scale two-component icosahedral protein complexes［J］. Science，2016，353：389-394.

［13］ BOYKEN S E，CHEN Z，GROVES B，et al. De novo design of protein homo-oligomers with modular hydrogen-bond network-mediated specificity［J］. Science，2016，352：680-687.

［14］ HSIA Y，BALE J B，GONEN S，et al. Design of a hyperstable 60−subunit protein icosahedron ［J］. Nature，2016，535：136−139.

［15］ BALE J B，GONEN S，LIU Y，et al. Accurate design of megadalton − scale two − component icosahedral protein complexes ［J］. Science，2016，353：389−394.

［16］ RO D K，PARADISE E M，OUELLET M，et al. Production of the antimalarial drug precursor artemisinic acid in engineered yeast ［J］. Nature，2006，440：940−943.

［17］ PADDON C J，WESTFALL P J，PITERA D J，et al. High−level semi−synthetic production of the potent antimalarial artemisinin ［J］. Nature，2013，496：528−532.

［18］ GALANIE S，THODEY K，TRENCHARD I J，et al. Complete biosynthesis of opioids in yeast ［J］. Science，2015，349：1095−1100.

［19］ ENGINEERING BIOLOGY RESEARCH CONSORTIUM. Engineering biology for climate & sustainability：A research roadmap for a cleaner future ［EB/OL］. 2022. http：//roadmap. ebrc. org. doi：10. 25498/E4SG64.

［20］ 刘晓，张学博. 合成生物学信息参考 2022 年 11 月：气候与可持续发展的工程生物学研究路线图 ［EB/OL］. 2022 − 11 − 02. https：//mp. weixin. qq. com/s? __biz＝MzAwOTM5MzA5Mg＝＝&mid＝2647606354&idx＝1&sn＝c-dbfe87e3b2f0368e1a403dcc10e3ede&chksm＝835ba2f9b42c2bef15ae3d10ccaed-7f8351ace29e37a299c2bd16c344669469e2c6a687edd2d&scene＝27.

［21］ ENGINEERING BIOLOGY RESEARCH CONSORTIUM. Engineering biology & materials science：A research roadmap for interdisciplinary innovation ［EB/OL］. 2021−01−01. https：//roadmap. ebrc. org/wp−content/uploads/2021/01/Engineering−Biology−Materials−Science_30Jan2021. pdf.

［22］ 美国工程生物学研究联盟. 微生物组工程：下一代生物经济研究路线图 ［EB/OL］. 中国科学院上海营养与健康研究所，上海生命科学信息中心，上海市生物工程学会，译. 2020 −11−01. https：//www. ssbt. org. cn/upload/20201120102936_423. pdf.

［23］ 中国科学院上海生命科学信息中心，上海市生物工程学会. 工程生物学：下一代生物经济的研究路线图 ［EB/OL］. 2019 − 06 − 01. https：//www. ssbt. org. cn/upload/20190628133406_742. pdf.

［24］ 中国科学院上海生命科学信息中心，上海市生物工程学会. 加强基因合成的安全性治理建议 ［EB/OL］. 2020 − 01 − 01. https：//www. ssbt. org. cn/upload/20200116095307_241. pdf.

［25］ 中国科学院上海生命科学信息中心，上海市生物工程学会. 合成生物学产业实践、生物安全机遇以及美国政府的潜在作用 ［EB/OL］. 2020−09−01. https：//www. ssbt. org. cn/upload/20200915111658_926. pdf.

[26] 美国科学院研究理事会. 合成生物学时代的生物防御 ［M］. 郑涛，等，译. 北京：科学出版社，2020.

[27] 中国知识管理中心.《美国创新战略》述评时间 ［EB/OL］. 2015-12-24. http：//www. cid. ac. cn/cxfz/cycxfz/201512/t20151224_320573. html.

[28] 刘斌，徐萍. 各国合成生物学战略路线图关注伦理问题 ［N/OL］. 科学新闻杂志科学时报，2011-7-10. https：//news. sciencenet. cn/sbhtmlnews/2011/7/246319. html.

[29] 吴晓燕. 英国发布生物科技领域实施计划 2019 ［EB/OL］. CaSBIO 生物经济战略论坛，2019-07-30. https：//mp. weixin. qq. com/s/XFGfvMPQkFz91sh-bTa-5Q.

[30] 中国科学院科技战略咨询研究院. 英国发布 2030 年国家生物经济战略 ［EB/OL］. 2019-01-29. http：//www. casisd. cn/zkcg/ydkb/kjzcyzxkb/kjzczxkb 2019/kjzczxkb201902/201901/t20190129_5236496. html.

[31] 刘发鹏. 合成生物学：一种两用技术的机遇和挑战 ［EB/OL］. 2018-08-27. https：//mp. weixin. qq. com/s? __biz=MzI1OTExNDY1NQ==&mid=2651533583&idx=1&sn=95b66249488551a09c76dc44a46f8351&chksm=f1824-2ffc6f5cbe99c39b10280ee04533e361d62e6a10ffd388d7d0b88347769b00afdd546-d6&scene=27.

[32] 佚名. 英国合成生物学战略计划瞄准百亿欧元市场 ［[N/OL］. 中国科学报，2016-03-29（06）. https：//news. sciencenet. cn/htmlnews/2016/3/341711. shtm.

[33] 中华人民共和国科学技术部. 一图看懂《"十三五"生物技术创新专项规划》 ［EB/OL］. 2017-05-25. https：//www. most. gov. cn/xxgk/xinxifenlei/fdzdgknr/fgzc/zcjd/202106/t20210625_175427. html.

[34] 刘晓，张学博，陈大明，等. 2022 年合成生物学发展态势 ［J］. 生命科学，2023，35（1）：63-71.

[35] 欧盟委员会联合研究中心. 新基因组技术当前和未来的市场应用 ［EB/OL］. 中国科学院上海营养与健康研究所，上海生命科学信息中心，上海市生物工程学会，译. 2021-06-01. https：//www. ssbt. org. cn/upload/202106-17144035_439. pdf.

[36] 生物经济发展研究中心. 法国生物经济战略：2018—2020 年行动计划 ［EB/OL］. 2019-01-06. http：//www. bioec. org/international/b611. html.

[37] 刘斌，徐萍. 各国合成生物学战略路线图关注伦理问题 ［N/OL］. 科学新闻杂志科学时报，2011-7-10. https：//news. sciencenet. cn/sbhtmlnews/2011/7/246319. html.

[38] 方晓东，董瑜. 法国国家创新体系的演化历程、特点及启示 ［EB/OL］.

2021-05-15. https：//www. 163. com/dy/article/GA1M4P4C0511B355. html.

[39] 王敬华，赵清华. 德国生物经济战略及实施进展［J］. 全球科技经济瞭望，
2015，30（2）：1-5，34.

[40] 许婧，刘晓. 德国联邦食品及农业部发布《国家生物经济政策战略》［EB/
OL］. 2015-04-29. https：//www. docin. com/p-1136431960. html.

[41] 中华人民共和国驻德意志联邦共和国大使馆. 德国科技创新简报（总第
26期）［EB/OL］. 2020-01-21. http：//de. china-embassy. gov. cn/kjcx/
dgkjcxjb/202001/t20200122_3160223. htm.

[42] 佚名. 德国颁布《国家生物经济战略》［EB/OL］. 2020-06-02. http：//
www. cwp. org. cn/vip_doc/17379628. html.

[43] 同济大学中德人文交流研究中心. 德国发布"国家生物经济战略"［EB/
OL］. 2020-02-25. https：//sino-german-dialogue. tongji. edu. cn/3a/
de/c7539a146142/page. htm.

[44] 中国科学院科技战略咨询研究院. 新加坡启动国家合成生物学研发计划
［EB/OL］. 2018-03-12. http：//www. casisd. cn/zkcg/ydkb/kjqykb/2018/
201803/201803/t20180312_4972123. html.

[45] 佚名. 印度促进生物技术产业发展的政策［EB/OL］. 2012-09-03. https：//
www. biodiscover. com/interview/3135. html.

[46] 生物经济发展研究中心. 培育生物经济：印度发布新的生物技术发展战略
［EB/OL］. 2014-04-02. http：//www. bioec. org/bioec/b421. html.

[47] 中国科学院科技战略咨询研究院. 印度发布2015—2020年国家生物技术发
展战略［EB/OL］. 2016-03-06. http：//www. casisd. cn/zkcg/ydkb/kjqykb/
2016/201603/201703/t20170330_4767415. html.

[48] 中国科学院科技战略咨询研究院. 印度科技部发布《2021—2025年国家生
物技术发展战略》［EB/OL］. 2021-11-10. http：//www. casisd. cn/zkcg/
ydkb/kjqykb/2021/202109/202111/t20211110_6248425. html.

[49] 祖勉，王瑛，刘伟，等. 美国"脑计划"实施特点分析及启示［J］. 中国科
学院院刊，2023，38（2）：302-314.

[50] 邓子新. 透视美国"国家微生物组计划"［N/OL］. 人民日报海外版. 2016-
06-04（09）. http：//paper. people. com. cn/rmrbhwb/html/2016-06/
04/content_1684952. htm.

[51] MEDSCI. 美国启动"国家微生物组计划"——详解"微生物组"来龙去脉
［EB/OL］. 2016-05-17. https：//general. medsci. cn/article/show_article. do?
id=3c1d6852509.

[52] 尹海华. 美国"先进细胞制造技术路线图"的启示［EB/OL］. 2017-07-
11. https：//biotech. org. cn/information/147768/.

[53] 佚名. 韩计划构建大脑地图2023年欲跻身脑研究强国［EB/OL］. 2016-05-

31. http：//korea. people. com. cn/n3/2016/0531/c205551-9065725. html.

[54] 陈柳钦. 欧盟 2020 年能源新战略——欧盟统一路线图 [J]. 中国市场, 2012（07）：56-62.

[55] 佚名. 如何正确认识"美国优先能源计划"! [EB/OL]. 2017-06-05. https：//www. sohu. com/a/146137663_408441.

[56] 韩舒淋. 重新拥抱核电，法国能源战略为何大转向？[EB/OL]. 2022-02-17. https：//www. huxiu. com/article/498828. html.

[57] 刘玲玲. 法国大力发展可再生能源 [N/OL]. 人民日报, 2020-07-15. http：//world. people. com. cn/n1/2020/0715/c1002-31783541. html.

[58] 弗雷刘. 德国能源转型（Energiewende）简介 [EB/OL]. https：//zhuanlan. zhihu. com/p/25012000.

[59] 佚名. 能源转型数字化进行时——德国能源互联网示范项目跟踪解析（上）[EB/OL]. https：//zhuanlan. zhihu. com/p/90952080.

[60] 中国科学院科技战略咨询研究院. 德国通过第七能源研究计划"能源转型创新" [EB/OL]. 2018-12-10. http：//www. casisd. cn/zkcg/ydkb/kjzcyzxkb/2018/kjzczxkb201812/201812/t20181210_5209463. html.

[61] 边文越. 引领未来的颠覆性能源技术 [EB/OL]. 光明日报, 2018-06-07. https：//www. cas. cn/kx/kpwz/201806/t20180607_4648841. shtml.

[62] 中国科学院科技战略咨询研究院. 日本发布面向 2050 年能源环境技术创新战略 [EB/OL]. 2016-05-31. http：//www. casisd. cn/zkcg/ydkb/kjqykb/2016/201606/201703/t20170330_4767344. html.

[63] 国家发展和改革委员会，国家能源局. 国家发展和改革委员会　国家能源局关于印发《能源生产和消费革命战略（2016—2030）》的通知 [EB/OL]. 2017-04-25. https：//www. gov. cn/xinwen/2017-04/25/content_5230568. htm.

[64] 杜祥琬. 对我国《能源生产和消费革命战略（2016—2030）》的解读和思考 [EB/OL]. 2017-05-04. https：//www. ndrc. gov. cn/xwdt/xwfb/201705/t20170504_954508. html.

[65] 佚名. 解读美国版精准医学 VS 中国版精准医学 [EB/OL]. 2015-12-08. https：//www. sohu. com/a/47035022_230287.

[66] The White House-Office of the Press Secretary. Fact sheet：President obama's precision medicine initiative [EB/OL]. 2015-01-30. https：//obamawhitehouse. archives. gov/the-press-office/2015/01/30/fact-sheet-president-obama-s-precision-medicine-initiative.

[67] 中国科学院科技战略咨询研究院. 美国 FDA 发布《生物类似药行动计划》 [EB/OL]. 2018-09-07. http：//www. casisd. cn/zkcg/ydkb/kjzcyzxkb/2018/zczxkb201809/201809/t20180907_5065793. html.

［68］ 全国医药技术市场协会. 美国的生物类似药相关法规［EB/OL］. 2015-06-05. http：//cpde. org. cn/NewsView-13847. aspx.

［69］ 韩志凌，李柏村，肖小溪，等. 美国联邦政府资助和管理阿尔茨海默病研究项目的实践与启示［J］. 中国科学院院刊，2023，38（2）：219-229.

［70］ 中国科学院科技战略咨询研究院. 美国癌症"登月计划"发布进展和实施路线图［EB/OL］. 2017-07-03. http：//www. casisd. cn/zkcg/ydkb/kjqykb/2016/201612/201707/t20170703_4821937. html.

［71］ 王聪. 拜登重启"癌症登月计划"：25年内将癌症死亡率降低50%，直至终结癌症［EB/OL］. 2022-02-08. https：//www. thepaper. cn/newsDetail_forward_16602455.

［72］ 中国科学院科技战略咨询研究院. 法国政府发布基因组医学计划2025［EB/OL］. 2016-08-02. http：//www. casisd. cn/zkcg/ydkb/kjqykb/2016/201608/201703/t20170330_4767298. html.

［73］ 佚名. 法国启动第四期国家抗癌战略（2021—2030）［EB/OL］. 中国高新技术产业导报，2021-04-12. http：//paper. chinahightech. com/pc/content/202104/12/content_42148. html.

［74］ French National Research Agency. The French National Research Agency（ANR）publishes report no. 13："Neurodegenerative diseases：the challenge for neuroscience"［EB/OL］. 2020-07-12. https：//anr. fr/en/latest-news/read/news/the-french-national-research-agency-anr-publishes-report-no-13-neurodegenerative-diseases-the/.

［75］ ALZHEIMER-EUROPE. France publishes neurodegenerative disease roadmap 2021-2022［EB/OL］. 2021-06-03. https：//www. alzheimer-europe. org/news/france-publishes-neurodegenerative-disease-roadmap-2021-2022.

［76］ 陈江睿. 美国材料基因组倡议实践简述［J］. 全球科技经济瞭望，2020，35（1）：1-9.

［77］ 中国科学院科技战略咨询研究院. 美国发布生物学产业化路线图加速先进化工产品制造［EB/OL］. 2015-05-09. http：//www. casisd. cn/zkcg/ydkb/kjqykb/2015/201505/201703/t20170330_4767119. html.

［78］ 中国科学院科技战略咨询研究院. 美国EBRC发布工程生物学研究路线图［EB/OL］. 2019-11-25. http：//www. casisd. cn/zkcg/ydkb/kjqykb/2019/kjqykb201908/201911/t20191125_5442178. html.

［79］ 房琳琳. 美"先进植物计划"拟培养"无声哨兵"［N/OL］. 科技日报，2017-11-27. https：//news. sciencenet. cn/htmlnews/2017/11/395260. shtm.

［80］ 佚名. 美军"昆虫联盟"生物改造计划，是农业项目还是生物武器？［EB/OL］. 环球时报，2022-05-25. http：//www. news. cn/mil/2022-05-25/c_1211650657. htm.

［81］ 中国科学院科技战略咨询研究院. 美国农业部发布未来 5 年植物基因资源发展计划 ［EB/OL］. 2017-08-16. http：//www. casisd. cn/zkcg/ydkb/kjqykb/2017/201708/201708/t20170816_4849337. html.

［82］ 中华人民共和国科学技术部.《主要农作物良种科技创新规划（2016—2020）》解读 ［EB/OL］. 2017-03-17. https：//www. most. gov. cn/xxgk/xinxifenlei/fdzdgknr/fgzc/zcjd/202106/t20210628_175464. html.

［83］ 中国社会科学院经济研究所. 德国公布《国家产业战略 2030》 ［EB/OL］. 2019 - 02 - 18. http：//ie. cssn. cn/academics/economic _ trends/201902/t20190218_4827215. html.

［84］ 中国科学院国际合作局. 华盛顿人类基因编辑国际峰会闭幕 ［EB/OL］. 2015-12-04. https：//www. cas. cn/sygz/201512/t20151204_4487613. shtml.

［85］ MEDSCI. 人类基因编辑研究声明与共识，在人体中有限制使用基因编辑技术 ［EB/OL］. 2015 - 12 - 05. https：//general. medsci. cn/article/show _ article. do？id＝a7c46032185.

［86］ 佚名. 2021 版《干细胞研究和临床转化指南》发布 ［EB/OL］. 2021-06-22. https：//www. cells88. com/zixun/hydt/4327. html.

［87］ 严伟，信丰学，董维亮，等. 合成生物学及其研究进展 ［J］. 生物学杂志，2020，37（5）：1-9.

［88］ 吴晓昊，廖荣东，李飞云，等. 合成生物学在疾病诊疗中的应用 ［J］. 合成生物学，2023，4（2）：244-262.

［89］ 申赵铃，吴艳玲，应天雷. 合成生物学与病毒疫苗研发 ［J］. 合成生物学，2023，4（2）：333-346.

［90］ 岳雪，聂少振，王素珍，等. 合成生物学在天然药物和微生物药物开发中的应用 ［J］. 中国抗生素杂志，2016，41（8）：568-576，605.

［91］ 陈洁，黄永康，王希. 合成生物学在化工新材料领域的应用及展望 ［J］. 生物技术进展，2023，13（1）：39-45.

［92］ 张媛媛，王钦宏. 合成生物能源的发展状况与趋势 ［J］. 生命科学，2021，33（12）：1502-1509.

［93］ 王晓梅，李辉尚，杨小薇. 全球农业合成生物学发展现状及对中国的启示 ［J］. 农业展望，2023，19（4）：71-76.

［94］ 李宏彪，张国强，周景文. 合成生物学在食品领域的应用 ［J］. 生物产业技术，2019（4）：5-10.

［95］ 刘晓，张学博，陈大明，等. 2022 年合成生物学发展态势 ［J］. 生命科学，2023，35（1）：63-71.

［96］ 张先恩. 中国合成生物学发展回顾与展望 ［J］. 中国科学：生命科学，2019，49（12）：1543-1572.

［97］ HILLSON N, CADDICK M, CAI Y, et al. Building a global alliance of biofoundries [J]. Nat. Commun., 2019, 10: 2040.

[98] CHEN Z, ZHOU W, QIAO S, et al. Highly accurate fluorogenic DNA sequencing with information theory-based error correction [J]. Nat. Biotechnol., 2017, 35: 1170-1178.

[99] LEE H H, KALHOR R, GOELA N, et al. Terminator-free template-independent enzymatic DNA synthesis for digital information storage [J]. Nat. Commun., 2019, 10: 2383.

[100] PALLUK S, ARLOW D H, DE ROND T, et al. De novo DNA synthesis using polymerase-nucleotide conjugates [J]. Nat. Biotechnol., 2018, 36: 645-650.

[101] PERKEL J M. The race for enzymatic DNA synthesis heats up [J]. Nature, 2019, 566: 565.

[102] 罗周卿, 戴俊彪. 合成基因组学: 设计与合成的艺术 [J]. 生物工程学报. 2017, 33: 1-12.

[103] ZHANG W, ZHAO G, LUO Z, et al. Engineering the ribosomal DNA in a megabase synthetic chromosome [J]. Science, 2017, 355: eaaf3981.

[104] LIM W A, LEE C M, TANG C. Design principles of regulatory networks: Searching for the molecular algorithms of the cell [J]. Mol. Cell, 2013, 49: 202-212.

[105] MA W, TRUSINA A, EL-SAMAD H, et al. Defining network topologies that can achieve biochemical adaptation [J]. Cell, 2009, 138: 760-773.

[106] XIE Z X, LI B Z, MITCHELL L A, et al. "Perfect" designer chromosome V and behavior of a ring derivative [J]. Science, 2017, 355: eaaf4704.

[107] WU Y, LI B Z, ZHAO M, et al. Bug mapping and fitness testing of chemically synthesized chromosome X [J]. Science, 2017, 355: eaaf4706.

[108] SHAO Y, LU N, WU Z, et al. Creating a functional single-chromosome yeast [J]. Nature, 2018, 560: 331-335.

[109] LUO J, SUN X, CORMACK B P, et al. Karyotype engineering by chromosome fusion leads to reproductive isolation in yeast [J]. Nature, 2018, 560: 392-396.

[110] 张先恩. 为 "16 合 1" 点赞 [J]. 前沿科学, 2019, 1: 17.

[111] BOEKE J D, CHURCH G, HESSEL A, et al. The genome project-write [J]. Science, 2016, 353: 126-127.

[112] OSTROV N, BEAL J, ELLIS T, et al. Technological challenges and milestones for writing genomes [J]. Science, 2019, 366: 310-312.

[113] JIN S, ZONG Y, GAO Q, et al. Cytosine, but not adenine, base editors induce genome-wide off-target mutations in rice [J]. Science, 2019, 36:

eaaw7166.

[114] ZUO E, SUN Y, WEI W, et al. Cytosine base editor generates substantial off-target single-nucleotide variants in mouse embryos [J]. Science, 2019, 148: eaav9973.

[115] ZHOU C, SUN Y, YAN R, et al. Off-target RNA mutation induced by DNA base editing and its elimination by mutagenesis [J]. Nature, 2019, 571: 275-278.

[116] CHOI G C G, ZHOU P, YUEN C T L, et al. Combinatorial mutagenesis en masse optimizes the genome editing activities of SpCas9 [J]. Nat. Methods, 2019, 16: 722-730.

[117] LIU W, LUO Z, WANG Y, et al. Rapid pathway prototyping and engineering using in vitro and in vivo synthetic genome SCRaMbLE-in methods [J]. Nat. Commun., 2018, 9: 1936.

[118] LUO Z, WANG L, WANG Y, et al. Identifying and characterizing SCRaMbLEd synthetic yeast using ReSCuES [J]. Nat Commun, 2018, 9: 1930.

[119] ZHANG W, ZHANG X, XUE Z, et al. Probing the function of metazoan histones with a systematic library of H3 and H4 mutants [J]. Dev. Cell, 2019, 48: 406-419. e5.

[120] ZHANG Y, WANG J, WANG Z, et al. A gRNA-tRNA array for CRISPR-Cas9 based rapid multiplexed genome editing in Saccharomyces cerevisiae [J]. Nat. Commun., 2019, 10: 1053.

[121] QU L, YI Z, ZHU S, et al. Programmable RNA editing by recruiting endogenous ADAR using engineered RNAs [J]. Nat. Biotechnol., 2019, 37: 1059-1069.

[122] 谢科, 饶力群, 李红伟, 等. 基因组编辑技术在植物中的研究进展与应用前景 [J]. 中国生物工程杂志, 2013, 33 (6): 99-104.

[123] 杨菊, 邓禹. 合成生物学的关键技术及应用 [J]. 生物技术通报, 2017, 33 (1): 12-23.

[124] KIM SC, SKOWRON PM, SZYBALSKI W, et al. Structural requirements for FokI-DNA interaction and oligodeoxyribonucleotide 319 deinstructed cleavage [J]. Journal of Molecular Biology, 1996, 258 (4): 638-649.

[125] 程曦, 王文义, 邱金龙. 基因组编辑: 植物生物技术的机遇与挑战 [J]. 生物技术通报, 2015, 31 (4): 25-33.

[126] BIBIKOVA M, CARROLL D, SEGAL D J, et al. Stimulation of homologous recombination through targeted cleavage by chimeric nucleases [J]. Mol. Cell Biol., 2001, 21 (1): 289-297.

[127] MOSCOU M J, BOGDANOVE A J. A simple cipher governs DNA recognition by

TAL effectors [J]. Science, 2009, 326 (5959): 1501.

[128] GARNEAU J E, DUPUIS M, VILLION M, et al. The CRISPR/Cas bacterial immune system cleaves bacteriophage and plasmid DNA [J]. Nature, 2010, 468 (7320): 67-71.

[129] JANSEN R, EMBDEN JD, GAASTRA W, et al. Identification of genes that are associated with DNA repeats in prokaryotes [J]. Mol. Microbiol., 2002, 43 (6): 1565-1575.

[130] BHAYA D, DAVISON M, BARRANGOU R. CRISPR-Cas systems in bacteria and archaea: versatile small RNAs for adaptive defense and regulation [J]. Annual Review of Genetics, 2011, 45: 273297.

[131] GASIUNAS G, SIKSNYS V. RNA-dependent DNA endonuclease Cas9 of the CRISPR system: Holy Grail of genome editing? [J]. Trends in Microbiology, 2013, 21 (11): 562-567.

[132] JINEK M, CHYLINSKI K, FONFARA I, et al. A programmable dual-RNA guided DNA endonuclease in adaptive bacterial immunity [J]. Science, 2012, 337 (6096): 816-821.

[133] RAN F A, HSU P D, WRIGHT J, et al. Genome engineering using the CRISPR-Cas9 system [J]. Nature Protocols, 2013, 8 (11): 2281-2308.

[134] JIANG W, BIKARD D, COX D, et al. RNA-guided editing of bacterial genomes using CRISPR - Cas systems [J]. Nature Biotechnology, 2013, 31 (3): 233-239.

[135] YU Z, REN M, WANG Z, et al. Highly efficient genome modifications mediated by CRISPR/Cas9 in Drosophila [J] Genetics, 2013, 195 (1): 289-291.

[136] GILBERT L A, LARSON M H, MORSUT L, et al. CRISPR-mediated modular RNA-guided regulation of transcription in eukaryotes [J]. Cell, 2013, 154 (2): 442-451.

[137] ISAACS F J, CARR P A, WANG H H, et al. Precise manipulation of chromosomes in vivo enables genome-wide codon replacement [J]. Science, 2011, 333 (6040): 348-353.

[138] WANG H H, ISAACS F J, CARR P A, et al. Programming cells by multiplex genome engineering and accelerated evolution [J]. Nature, 2009, 460 (7257): 894-898.

[139] QUINTIN M J, MA N J, AHMED S, et al. Merlin: Computer-aided oligonucleotide design for large scale genome engineering with MAGE [J]. Acs. Synthetic. Biology, 2016, 5 (6): 452-458.

[140] 王钱福, 严兴, 魏维, 等. 生物元件的挖掘、改造与标准化 [J]. 生命科

学，2011，23（9）：860-868.

[141] ZHOU Y J, GAO W, RONG Q, et al. Modular pathway engineering of diterpenoid synthases and the mevalonic zcid pathway for miltiradiene production [J]. Journal of the American Chemical Society, 2012, 134: 3234-3241.

[142] GUO J, ZHOU Y J, HILLWIGC M L, et al. CYP76AH1 catalyzes turnover of miltiradiene in tanshinones biosynthesis and enables heterologous production of ferruginol in yeasts [J]. Proceedings of the National Academy of Sciences of the United States of America, 2013, 110 (29): 12108-12113.

[143] ERMOLAEVA M D, KHALAK H G, WHITE O, et al. Prediction of transcription terminators in bacterial genomes [J]. Journal of Molecular Biology, 2000, 301 (1): 27-33.

[144] MITRA A, KESARWANI A K, PAL D, et al. WebGeSTer DB--a transcription terminator database [J]. Nucleic Acids Res., 2011, 39: 129-35.

[145] GARDNER P P, DAUB J, TATE J G, et al. Rfam: updates to the RNA families database [J]. Nucleic Acids Res., 2009, 37: 136-40.

[146] CHU X, HE H, GUO C, et al. Identification of two novel esterases from a marine metagenomic library derived from South China Sea [J]. Appl. Microbiol. Biotechnol., 2008, 80: 615-625.

[147] JEON J H, KIM J T, KIM Y J, et al. Cloning and characterization of a new cold-active lipase from a deep-sea sediment metagenome [J]. Appl. Microbiol. Biotechnol., 2009, 81: 865-874.

[148] WASCHKOWITZ T, ROCKSTROH S, DANIEL R. Isolation and characterization of metalloproteases with a novel domain structure by construction and screening of metagenomic libraries [J]. Appl. Environ. Microbiol., 2009, 75: 2506-2516.

[149] SIMON C, HERATH J, ROCKSTROH S, et al. Rapid identifi cation of genes encoding DNA polymerases by function-based screening of metagenomic libraries derived from glacial ice [J]. Appl. Environ. Microbiol., 2009, 75: 2964-2968.

[150] ETTWING K F, BUTLER M K, LE PASLIER D, et al. Nitrite-driven anaerobic methane oxidation by oxygenic bacteria [J]. Nature, 2010, 464: 543-8.

[151] WARNECKE F, LNGINBUHL P, IVANOVA N, et al. Metagenomic and functional analysis of hindgut microbiota of a wood-feeding higher termite [J]. Nature, 2007, 450: 560-565.

[152] LiU N, YAN X, ZHANG M, et al. Microbiome of fungusgrowing termites: a new reservoir for lignocellulase genes [J]. Appl. Environ. Microbiol., 2011, 77 (1): 48-56.

208

[153] 岑昊聪，李泰明. 定向进化技术在蛋白质改造中的研究进展 [J]. 轻工科技，2023，39（2）：15-18，56.

[154] ALPER H, FISCHER C, NEVOIGT E, et al. Tuning genetic control through promoter engineering [J]. Proceedings of the National Academy of Sciences of the United States of America, 2005, 102（36）：12678-12683.

[155] HARTNER F S, RUTH C, LANGENEGGER D, et al. Promoter library designed for fine-tuned gene expression in Pichia pastoris [J]. Nucleic Acids Res., 2008, 36（12）：e76.

[156] CHANG D T H, HUANG C Y, WU C Y, et al. YPA：an integrated repository of promoter features in Saccharomyces cerevisiae [J]. Nucleic Acids Res., 2011, 39：D 647-652.

[157] 金庆超，沈娜，杨郁，等. spy1 的 DNA 改组提高普那霉素的产量 [J]. 中国抗生素杂志，2015，40（3）：178-182.

[158] 高茜，朱丽英，周伟，等. RAISE 技术改组转录因子 RpoD 调控大肠杆菌的低 pH 值耐受性 [J]. 化学与生物工程，2016，33（3）：14-18，52.

[159] 杨祖明，王颖，姚明东，等. 高通量筛选技术在菌种进化中的研究进展 [J]. 化工进展，2019，38（5）：2402-2412.

[160] 崔金明，刘陈立. 合成生物学中的高通量筛选与测量技术 [J]. 中国细胞生物学学报，2019，41（11）：2083-2090.

[161] SCHMIDL S R, EKNESS F, SOFJAN K, et al. Rewiring bacterial two-component systems by modular DNA-binding domain swapping [J]. Nat. Chem. Biol., 2019, 15（7）：690-698.

[162] LIM W A, LEE C M, TANG C. Design principles of regulatory networks：Searching for the molecular algorithms of the cell [J]. Mol. Cell, 2013, 49：202-212.

[163] ELOWITZ M B, LEIBLER S. A synthetic oscillatory network of transcriptional regulators [J]. Nature, 2000, 403：335-338.

[164] MA W, TRUSINA A, EL-SAMAD H, et al. Defining network topologies that can achieve biochemical adap Cao X Q. Tang Chao—A freedom explorer in the path of quantitative biology (in Chinese) [J]. Sci. Chin., 2012, 23：6-11.

[165] 曹雪琴. 汤超. 定量生物学路上的自由探索者 [J]. 科学中国人，2012，23：6-11.

[166] WANG S W, TANG L H. Emergence of collective oscillations in adaptive cells [J]. Nat. Commun., 2019, 10：5613.

[167] ZHENG H, HO P Y, JIANG M, et al. Interrogating the Escherichia coli cell cycle by cell dimension perturbations [J]. Proc. Natl. Acad. Sci. USA, 2016, 113：15000-15005.

［168］ WANG X, XIA K, YANG X, et al. Growth strategy of microbes on mixed car-bon sources ［J］. Nat. Commun., 2019, 10: 1279.

［169］ TAKAHASHI K, YAMANAKA S. Induction of pluripotent stem cells from mouse embryonic and adult fibroblast cultures by defined factors ［J］. Cell, 2006, 126: 663-676.

［170］ SHU J, WU C, WU Y, et al. Induction of pluripotency in mouse somatic cells with lineage specifiers ［J］. Cell, 2013, 153: 963-975.

［171］ YUAN Y, LIU B, XIE P, et al. Model-guided quantitative analysis of microR-NA-mediated regulation on competing endogenous RNAs using a synthetic gene circuit ［J］. Proc. Natl. Acad. Sci. USA, 2015, 112: 3158-3163.

［172］ LIN Z, ZHANG Y, WANG J. Engineering of transcriptional regulators en-hances microbial stress tolerance ［J］. Biotech. Adv., 2013, 31: 986-991.

［173］ YANG J, XIE X, YANG M, et al. Modular electron-transport chains from eu-karyotic organelles function to support nitrogenase activity ［J］. Proc. Natl. Acad. Sci. USA, 2017, 114: E2460-E2465.

［174］ VICENTE E J, DEAN D R. Keeping the nitrogen-fixation dream alive ［J］. Proc. Natl. Acad. Sci. USA, 2017, 114: 3009-3011.

［175］ YANG J, XIE X, XIANG N, et al. Polyprotein strategy for stoichiometric as-sembly of nitrogen fixation components for synthetic biology ［J］. Proc. Natl. Acad. Sci. USA, 2018, 115: E8509-E8517.

［176］ BURÉN S, LÓPEZ-TORREJÓN G, RUBIO L M. Extreme bioengineering to meet the nitrogen challenge ［J］. Proc. Natl. Acad. Sci. USA, 2018, 115: 8849-8851.

［177］ 魏磊, 袁野, 汪小我. 合成基因线路规模化设计面临的挑战 ［J］. 生物工程学报, 2017, 33: 1-14.

［178］ 王俊姝, 祁庆生. 合成生物学与代谢工程 ［J］. 生物工程学报, 2009, 25 (9): 1296-1302.

［179］ 杨祖明, 李炳志. 代谢工程技术方法研究进展 ［J］. 生物加工过程, 2018, 16 (1): 1-11.

［180］ HANAI T, ATSUMI S, LIAO J. Engineered synthetic pathway for isopropanol production in Escherichia coli ［J］. Appl. Environ. Microbiol., 2007, 73 (24): 7814-7818.

［181］ ZHANG F, CAROTHERS J M, KEASLING J D. Design of a dynamic sensor-regulator system for production of chemicals an fuels derived from fatty acids ［J］. Nat. Biotechnol., 2012, 30 (4): 354-359.

［182］ LUO Z, LIU N, ZHOU J W. Enhancing isoprenoid synthesis in *Yarrowia lipo-lytica* by expressing the isopentenol utilization pathway and modulating intracellular hydrophobicity [J]. Metabolic Engineering, 2020, 61: 344-351.

[183] ZHANG Y W, TAO Y, LIN B X, et al. Reconstitution of the ornithine cycle with arginine: glycine amidinotransferase to engineer Escherichia coli into an efficient whole-cell catalyst of guanidinoacetate [J]. ACS Synthetic Biology, 2020, 9 (8): 2066-2075.

[184] 涂涛, 罗会颖, 姚斌. 蛋白质工程在饲料用酶研发中的应用研究进展 [J]. 合成生物学, 2022, 3 (3): 487-499.

[185] KAN S B J, LEWIS R D, CHEN K, et al. Directed evolution of cytochrome c for carbon-silicon bond formation: bringing silicon to life [J]. Science, 2016, 354 (6315): 1048-1051.

[186] KAN S B J, HUANG X Y, GUMULYA Y, et al. Genetically programmed chiral organoborane synthesis [J]. Nature, 2017, 552 (7683): 132-136.

[187] HAMMER S C, KUBIK G, WATKINS E, et al. Anti-Markovnikov alkene oxidation by metal-oxo mediated enzyme catalysis [J]. Science, 2017, 358 (6360): 215-218.

[188] ZHANG R K, CHEN K, HUANG X Y, et al. Enzymatic assembly of carbon-carbon bonds via iron-catalysed sp^3 C-H functionalization [J]. Nature, 2019, 565 (7737): 67-72.

[189] CHO I, JIA Z J, Arnold F H. Site-selective enzymatic C-H amidation for synthesis of diverse lactams [J]. Science, 2019, 364 (6440): 575-578.

[190] 曲戈, 赵晶, 郑平, 等. 定向进化技术的最新进展 [J]. 生物工程学报, 2018, 34 (1): 1-11.

[191] YU D, WANG J B, REETZ M T. Exploiting designed oxidase-peroxygenase mutual benefit system for asymmetric cascade reactions [J]. J. Am. Chem. Soc., 2019, 141 (14): 5655-5658.

[192] 曲戈, 朱彤, 蒋迎迎, 等. 蛋白质工程: 从定向进化到计算设计 [J]. 生物工程学报, 2019, 35 (10): 1843-1856.

[193] ROMERO-RIVERA A, GARCIA-BORRÀS M, OSUNA S. Computational tools for the evaluation of laboratory engineered biocatalysts [J]. Chem. Commun., 2016, 53 (2): 284-297.

[194] 卞佳豪, 杨广宇. 人工智能辅助的蛋白质工程 [J]. 合成生物学, 2022, 3 (3): 429-444.

[195] 邱忠毅. 细胞工程技术的应用 [J]. 生物化工, 2018, 4 (4): 140-143.

[196] ZHAO N L, SONG Y J, XIE X Q, et al. Synthetic biology-inspired cell engineering in diagnosis, treatment, and drug development [J]. Signal Transduction and Targeted Therapy, 2023, 8: 112.

[197] COURBET A, ENDY D, RENARD E, et al. Detection of pathological biomar-

kers in human clinical samples via amplifying genetic switches and logic gates [J]. Science Translational Medicine, 2015, 7: 289.

[198] MARTINS D P, BARROS M T, PIEROBON M, et al. Computational models for trapping ebola virus using engineered bacteria [J]. IEEE/ACM Transactions Computational Biology Bioinformatics, 2018, 15 (6): 2017-2027.

[199] FORBES N S. Engineering the perfect (bacterial) cancer therapy [J]. Nature Reviews Cancer, 2010, 10 (11): 784-793.

[200] JOSEPH H C, JASPER Z W, WENDELL A L. Engineering T cells to treat cancer: The convergence of immuno-oncology and synthetic biology [J]. Annual Review of Cancer Biology, 2020, 4: 121-139.

[201] WEBER W, SCHOENMAKERS R, KELLER B, et al. A synthetic mammalian gene circuit reveals antituberculosis compounds [J]. Proceedings of the National Academy of Sciences of the United States of America, 2008, 105 (29): 9994-9998.

[202] KEMMER C, FLURI D A, WITSCHI U, et al. A designer network coordinating bovine artificial insemination by ovulation-triggered release of implanted sperms [J]. Journal of Controlled Release, 2011, 150 (1): 23-29.

[203] HAMMOND A, GALIZI R, KYROU K, et al. A CRISPR-Cas9 gene drive system-targeting female reproduction in the malaria mosquito vector Anopheles gambiae [J]. Nature Biotechnology, 34 (1): 78-83.

[204] 王方圆, 赵德华, 亓磊. 基因组工程在医学合成生物学中的应用 [J]. 生物工程学报, 2017, 33 (3): 422-435.

[205] GIBSON D G, GLASS J I, LARTIGU C, et al. Creation of a bacterial cell controlled by a chemically synthesized genome [J] Science, 2010, 329 (5987): 52-56.

[206] XIE Z X, LI B Z, YUAN Y J, et al. "Perfect" designer chromosome V and behavior of a ring derivative [J]. Science, 2017, 355 (6329): 1046.

[207] COLEMAN J R, PAPAMICHAIL D, SKIENA S, et al. Virus attenuation by genome-scale changes in codon pairbias [J]. Science, 2008, 320: 1784-1787.

[208] MUELLER S, COLEMAN J R, PAPAMICHAIL D, et al. Live attenuated influenza virus vaccines by computer-aided rational design [J]. Nat. Biotechnol., 2010, 28: 723-726.

[209] 何亚莉, 陈林, 李天凯, 等. 基于 Web of Science 化感作用研究文献计量分析 [J]. 生物灾害科学, 2023, 46 (3): 314-325.

[210] 曾小美, 朱泽熙, 翁俊. 合成生物学产品商业化安全监管思考 [J]. 生物工程学报, 2024, 4 (3): 758-772.

[211] 都浩. 农业合成生物学研究生课程内容体系建设 [J/OL]. 生物工程学报,

2023-10-18 [2024-01-24]. https：//doi. org/10. 13345/j. cjb. 230539.

[212] 张洛，王正阳，蒋建东，等. 农业领域合成生物学研究进展分析 [J]. 江苏农业学报，2023，39（2）：547-556.

[213] 钱坤，张晓，黄忠全. 交易情景下专利价值影响因素分析 [J]. 科学学研究，2020，38（9）：1608-1620.

[214] 王方，王慧媛，陈大明，等. 合成生物学发展的情报分析 [J]. 生命的化学，2013，33（2）：19-25.

[215] 王璞玥，唐鸿志，吴震州，等. "合成生物学" 研究前沿与发展趋势 [J]. 中国科学基金，2018，32（5）：545-551.

[216] 肖海，张坤生. 我国合成生物学发展下的知识产权保护 [J]. 科技管理研究，2020，40（20）：173-181.

[217] O'RIORDAN K, FOTOPOULOU A, STEPHENS N. The first bite：Imaginaries, promotional publics and the laboratory grown burger [J]. Public Underst. Sci., 2017, 26 (2)：148-163.

[218] 曾艳，赵心刚，周桔. 合成生物学工业应用的现状和展望 [J]. 中国科学院院刊，2018，33（11）：1211-1217.